全球地表覆盖产品更新与整合

朱凌　贾涛　石若明　著

科学出版社
北京

内 容 简 介

地表覆盖产品需要持续更新以满足用户的需求。本书提出一套完整的地表覆盖产品更新方案——增量更新方式。利用协同分割技术提取多时相遥感影像初始地表变化图斑，将生态地理分区概念引入，通过构建全球生态地理分区知识库，运用大量地学先验知识识别可能的伪变化，改善了遥感瞬时成像引起的变化检测结果的不确定性。采用在线众源方式发布伪变化图斑，通过志愿者或专家的解译剔除伪变化，最终利用精化后的变化图斑更新较早时相的地表覆盖产品，得到较新时相产品。本书将为全球地表覆盖产品的生产、更新提供自动化、高精度的方法，进一步推动我国在地表覆盖遥感制图领域的研究。

本书可供遥感地表覆盖、土地利用等相关领域的研究人员和研究生作为参考书使用。

图书在版编目(CIP)数据

全球地表覆盖产品更新与整合 / 朱凌等著. —北京：科学出版社，2020. 6

ISBN 978-7-03-065295-9

Ⅰ. ①全… Ⅱ. ①朱… Ⅲ. ①遥感技术-应用-地表形态-研究 Ⅳ. ①P931. 2

中国版本图书馆 CIP 数据核字（2020）第 092529 号

责任编辑：韦 沁 / 责任校对：王 瑞

责任印制：吴兆东 / 封面设计：北京图阅感世文化传媒有限公司

科学出版社 出版

北京东黄城根北街 16 号

邮政编码：100717

http://www.sciencep.com

北京虎彩文化传播有限公司 印刷

科学出版社发行 各地新华书店经销

*

2020 年 6 月第 一 版 开本：787×1092 1/16

2020 年 6 月第一次印刷 印张：13 3/4

字数：351 000

定价：189.00 元

（如有印装质量问题，我社负责调换）

前　言

地表覆盖是地球表面各种物质类型及其自然属性与特征的综合体，是最明显和最常用的表征地表和相应的人类活动或自然过程的指标。地表覆盖的描述、制图和监测是遥感最重要和典型的应用。从20世纪80年代起，国内外研制了一系列全球、地区或国家级的1km、500m、300m和30m级别分辨率的地表覆盖产品。满足精度和时间周期要求的地表覆盖数据集在许多全球变化相关的研究中起着重要作用。随着地表覆盖产品的空间分辨率不断提高，产品的时间分辨率也是一个关注热点，地表覆盖产品需要持续更新以满足用户的需求。一个有用的全球地表覆盖产品系统必须为用户提供地表变化信息。较粗分辨率的地表覆盖变化产品只能提供长期的趋势、年际和年内地表动态，大范围和逐渐的地表变化，变化热点等信息。一般来说地表覆盖的变化经常是小尺度的，上述粗分辨率卫星数据并不适用。在非均质地带和地物过渡带粗分辨率变化信息往往是不可靠的。更精细分辨率，如Landsat TM类型卫星数据目前是较适合大范围准确观测地表覆盖及其变化的可靠数据源。

近几年，国内在地表覆盖全球制图领域开展了多项有国际影响力的研究，在全球率先成功研制了30m全球地表覆盖产品，具有里程碑的意义，彰显了我国在地表覆盖产品研制领域的实力。但地表覆盖产品仍需进行持续更新才能使数据具有更强的实用价值。目前国内深入研究地表覆盖数据更新的书籍、资料尚不丰富。本书依托国家十三五重点研发计划“地球观测与导航”重点专项中“基于国产遥感卫星的典型要素提取技术”项目的课题四“典型资源环境要素识别提取与定量遥感技术”（课题编号：2016YFB0501404），由北京建筑大学、武汉大学的科研人员协作完成。

本书回顾了全球或地区范围地表覆盖产品的主要更新方法，详细介绍采用增量更新（incremental updating）模式更新地表覆盖产品的理论及方法。增量更新指在进行更新操作时只对发生变化的目标区域进行更新，未发生变化的区域则不更新，具有更新实时快捷、处理数据量少、便于传输的特点。增量更新在获取新的地表覆盖产品的同时，还可获得一段时间的地表覆盖的变化，建立新时相产品与旧时相产品关联。

对于研制的增量更新方法采用如下的流程化方法加以论述：影像协同分割提取地表覆盖变化（增量）图斑、生态地理分区知识库辅助提取潜在的地表覆盖伪变化、基于众源数据的在线伪变化检测和全球地表覆盖增量更新。第1章介绍地表覆盖数据特点、来源及典型应用方向，以引入地表覆盖更新的概念，总领全书；第2章详细回顾国外、国内常见地表覆盖产品的更新情况，分析各种方法的利弊，引出本书所研究的方法；第3章论述增量的提取方法-协同分割多时相影像变化检测；第4章引入生态地理分区知识库，采用地学知识辅助识别地表覆盖增量中可能的伪变化；第5章结合众源数据的在线伪变化检测方法，精确确定伪变化图斑，并加以去除；第 6 章实现全球地表覆盖增量更新，获得较新时相地表覆盖产品及对产品的精度评价；第 7 章阐述了另一种地表覆盖产品的生成方法–数据整合。各个章节的撰写人分别为：第 1 章、第 2 章、第 3 章、第 6 章为北京建筑大学朱凌；第 4 章、第 5 章由武汉大学贾涛完成；第 7 章由北京建筑大学石若明完成。参与本书编写工作的还有北京建筑大学的硕士生谢振雷、陈旭、张小红、孙杨、剌怡璇、卫玄烨、靳广帅；武汉大学的肖锐副教授，博士生喻雪松、刘樾，硕士生汪胜潘、林荫、陈凯。此外，感谢国家基础地理信息中心的同仁们为本书技术方案提供的宝贵建议和为实验提供的地表覆盖产品 GlobeLand30 数据。

本书可作为研究地表覆盖制图、产品更新、地表覆盖变化检测、生态地理分区知识库应用、数据整合及全球地表环境监测方面的参考书。因作者水平有限，书中难免有纰漏，敬请各位读者批评指正。

作　者
2019 年秋

目 录

第1章　绪　　论

1.1　地表覆盖及其研究意义

地表覆盖（land cover）也称土地覆盖或土地覆被，是自然营造物和人工建筑物所覆盖的地表诸要素的综合体，具有特定的时间和空间属性，其形态和状态可在多种时空尺度上变化。地表覆盖是随遥感技术发展而出现的一个新概念，含义与“土地利用”相近，但研究角度不同。地表覆盖侧重于土地的自然属性，而土地利用侧重于土地的社会属性，二者就有明显区别。以对林地的划分为例，地表覆盖根据林地生态环境的不同，将林地分为针叶林地、阔叶林地、针阔混交林地等，以反映林地所处的生境、分布特征及其地带性分布规律和垂直差异。土地利用则从林地的利用目的和利用方向出发，将林地分为用材林地、经济林地、薪炭林地、防护林地等。但两者在许多情况下又有共同之处。故在开展土地覆盖和土地利用的调查研究工作中常将两者合并考虑，建立一个统一的分类系统（周健民，2013）。本书主要侧重在基于遥感技术的地表覆盖产品更新方面，探讨利用不同时相的遥感影像提取地表覆盖的变化，再进行地表覆盖产品的更新。

地表覆盖随着时间不断地发生变化，这一变化产生原因主要来自两个方面：自然和人为因素。自然力，如大陆漂移、冰川作用、洪水、海啸等；人为力，如森林向农业的转变，城市的扩张和森林种植的动态变化改变了地表覆盖类型。最近几十年，相比于自然因素，人为因素造成的地表覆盖的变化速度大大加快，这种史无前例的变化速度已经成为全球主要的环境问题，几乎全球所有的生态系统都在受到人类的影响。人类活动之所以会对地表覆盖变化产生巨大的影响，主要归因于技术手段的发展和人口的膨胀（Lambin and Meyfroidt，2011）。地表覆盖和土地利用的变化对于人类来说有正面的和负面的影响。森林变为耕地可以为人类提供粮食、蔬菜、水果、制作衣物的纤维等，以满足更多人口的需求，同时，森林砍伐也带来了生物多样性的减少、水土流失的加剧等后果。地表覆盖、土地利用的变化给我们带来的经济增长，常常是以生态系统的退化为代价的。

地表覆盖及其变化在全球碳循环及地表、大气的温室气体交换中起着重要作用（Loveland and Belward，1997a；Moore，1998）。例如，森林砍伐会释放二氧化碳到大气中改变地表反照率、蒸散量和云量，进而影响气候变化和生物多样性。相比之下，植树造林和再生林可从大气中吸收更多的二氧化碳。最近的证据表明，在过去的150年虽然化石燃料的燃烧是向大气和土地释放碳的主要来源，人类活动引起的土地利用/地表覆盖变化导致了大量的碳排放到大气中，也占人类排放量的很大一部分（约20%），特别是在热带地区（Giri，2012）。

获得地表覆盖分布及其动态特征对于更全面了解和掌握地球的基本特征和过程，包括土地的生产力、动植物物种的多样性、生物地球化学和水文循环是十分重要的。监测和评估地表的森林、灌木、草地、耕地、裸地、人造地表和水资源的分布和动态变化对于全球环境变化研究、日常规划和管理来说都是头等大事。掌握地表覆盖的信息对于自然资源管理和监测全球环境变化及其影响方面是必需的（Loveland and Belward，1997b）。

正是由于上述原因，目前对全球的、区域的、大洲级别和国家层面的地表覆盖及其变化信息的需求与日俱增，有很多国家和国际发展项目关注到了这种需求，如国际地圈生物圈计划（International Geosphere Biosphere Program，IGBP），是20世纪80年代由国际科学联盟理事会（International Council of Scientific Unions，ICSU）发起并组织的重大国际科学计划。IGBP是超级国际科学计划，其科学目标主要集中在研究主导整个地球系统相互作用的物理、化学和生物学过程，特别着重研究那些时间尺度约为几十年到几百年，对人类活动最为敏感的相互作用过程和重大变化。计划的最终目标是提高人类对重大全球变化的预测能力。IGBP由8个核心研究计划和3个支撑计划所组成。3个支撑计划为全球分析、解释与建模（Global Analysis，Interpretation and Model，GAIM），全球变化分析、研究和培训系统（Global Change System for Analysis Research and Training，START）及IGBP数据与信息系统（IGBP Data and Information Systems，IGBP-DIS）（陈泮勤，1987）。8个核心研究计划中的最后一个是土地利用/土地覆盖变化（Land Use and Land Cover Change，LUCC），20世纪90年代以来，全球环境变化研究领域逐渐加强了对LUCC的研究。这主要与该领域具有全球影响的两大组织IGBP和国际全球环境变化人文因素计划（International Human Dimensions Programme on Global Environmental Change，IHDP）的推动有关。这两个组织自1990年起开始积极筹划全球性综合研究计划，于1995年共同拟定并发表了“土地利用/土地覆被变化科学研究计划”，提出3个研究重点：

（1）土地利用变化的机制。通过区域性个例的比较研究，分析影响土地使用者或管理者改变土地利用和管理方式的自然和社会经济方面的主要驱动因子，建立区域性的土地利用/土地覆被变化的经验模型。

（2）土地覆被的变化机制。主要通过遥感图像分析，了解过去20年内土地覆被的空间变化过程，并将其与驱动因子联系起来，建立解释土地覆被时空变化和推断未来10~20年的土地覆被变化的经验诊断模型。

（3）建立区域和全球尺度的模型。建立宏观尺度的，包括与土地利用有关的各经济部门在内的土地利用/土地覆盖变化动态模型，根据驱动因子的变化来推断土地覆盖未来（50~100年）的变化趋势，为制定相应对策和全球环境变化研究任务提供可靠的科学依据。在未来50~100年的土地覆盖变化中，人类的土地利用活动将起到最主要的作用。因此，对自然和社会经济各种因素作用下的土地使用者和管理者的行为分析，是建立土地利用和土地覆盖变化模型的重要组成部分。这类分析通过区域性个例研究进行，为全球性模型的建立提供依据，并对后者进行验证（熊莉芸，1994）。

全球森林和土地覆盖动态观测（Global Observation of Forest and Land Cover Dynamics，GOFC-GOLD）计划（http：//www.gofcgold.wur.nl/index.php；Herold et al.，2006；Townsend et al.，2006），是国际社会的一项协调一致的努力，旨在为陆地资源的可持续管理提供地面和高空观测数据，以及为陆地碳收支核算获得准确、可靠的定量化结果。GOFC-GOLD已经为地表覆盖产品提供了详细的指南（Turner et al.，1994）。

成立于1984年的国际卫星对地观测委员会（Committee on Earth Observation Satellites，CEOS）是国际上对地观测领域权威的非政府组织，旨在协调民用星载对地观测任务，联合世界上负责对地观测卫星管理、计划的空间机构，政府间组织及国际科技组织，以共同解决关于地球的重大问题。委员会目前有23个正式成员和21个联系成员。CEOS下设5个工作组，主要关注校准-验证、数据门户、灾害管理、气候、地球观测领域共享的数据处理标准等方面的工作。

地球观测组织（Group on Earth Observations，GEO）是主要发达国家和发展中国家为响应2002年在南非约翰内斯堡举行的世界可持续发展峰会及2003年在法国举行的八国集团首脑峰会（G8）关于确认地球观测应是重要和优先行动的声明，于2005年建立的政府间多边科技合作机制（http：//www. geoportal. org. ）。GEO是目前在地球观测领域规模最大、最具权威和影响力的政府间国际组织，目前已有105个成员、132个参加组织和6个关联组织。GEO主要面向联合国2030年可持续发展议程、巴黎气候变化协定和仙台减灾框架这三大优先发展事项，在生物多样性和生态系统管理、防灾减灾、能源和矿产资源管理、粮食安全与可持续农业、基础设施和交通系统管理、公共卫生监测、城镇可持续发展、水资源管理8个社会受益领域开展工作。其目标是制定和实施全球综合地球观测系统（Global Earth Observation System of Systems，GEOSS）十年执行计划，建立一个综合、协调和可持续的全球地球综合观测系统，更好地认识地球系统，为决策提供从初始观测数据到专业应用产品的信息服务。我国作为GEO创始国之一，从其成立至今一直是GEO执行委员会的成员国和联合主席国，积极推动GEO各项工作开展。经国务院授权，科技部曹健林副部长担任GEO联合主席，科技部代表中国政府参加GEO活动，履行我国作为GEO成员国的各项权利和义务。在科技部设立GEO中国秘书处，具体依托单位是国家遥感中心。

GEO第四次部长级峰会发布了《墨西哥城宣言》，强调地球观测是支持联合国2030可持续发展议程和全球变化框架合约的重要手段，GEO是在建设全球综合地球观测系统目标下唯一的全球性政府间伙伴关系，敦促各成员国政府从国家层面促进GEO发展，加强发展中国家参与GEO及全球综合地球观测系统（GEOSS）的建设。《墨西哥城宣言》通过了“GEO十年战略执行计划（2016～2025）”，正式开启了GEO新十年的发展阶段。GEO战略执行计划是GEO未来发展的指导性文件，为未来GEOSS全球建设指明了方向。GEO战略执行计划对未来十年的GEOSS建设框架进行了规划，明确了GEOSS建设的重点，强调实施GEOSS将坚持开放、高效、灵活、可持续与可靠的基本原则。GEO一直引领着地表覆盖变化的研究，对于一些具体应用领域的社会需求，如灾害、健康、能源、气候、气象、水、生态系统、农业、生物多样性九大领域GEO也已经分析给出了关键的地表覆盖观测产品信息，详见表1.1。表1.1左列是与人类社会息息相关的GEO领域，右列是相应的主要地表覆盖观测量及为了获得GEO领域所需的产品。可以看出，地表覆盖及其变化信息可为众多影响人类社会福祉的领域提供根本的、多样的、宏观的信息。

表 1.1 给社会带来福利的 GEO 领域与全球地表覆盖观测及其用户需求间的联系（据 Giri，2012）

领域	主要的地表覆盖观测量及所需的产品
灾害：减少自然灾害和人为灾害带来的生命、财产损失	火灾监测（正在燃烧+烧过的）；地表覆盖类型的变化和灾害导致的土地退化；人口和基础设施的位置
健康：了解产生人为灾害的环境因素	产生疾病的媒介土地特性、土地变化；由于土地覆盖、土地变化对环境临界条件产生的影响；人口统计、社会经济条件及定居模式的位置和范围
能源：加强能源管理	生物燃料生产的可持续性；生物量估测（林业和农业）；风力发电和水力发电的评估和探索
气候：对气候多样性和气候变化的理解、评估、预测、缓解和适应	作为土地覆盖变化原因的温室气体排放；迫使水和能源交换的土地覆盖动态；能源燃烧的位置和程度
水资源：通过更好地了解水循环改善水资源管理	土地覆盖变化影响水文系统的动态；可用的水资源和水体、湿地的质量情况分布；用水模式（即灌溉和植被应力）和基础设施
气象：改善获得的天气信息、预报和预警	土地覆盖变化对辐射平衡和显热交换的影响；地表粗糙度；生物物理植被特征和物候
生态系统：改善陆地、海岸带和海洋生态系统的管理和保护	环境条件的变化、保护生态系统和为生态系统保护提供服务；地表覆盖和植被特征及变化；土地利用动态和驱动过程
农业：支持农业可持续发展和防治荒漠化	种植活动的监测和农作物产量的估算；森林类型和变化（如伐木）；土地退化及其对陆地资源和生产力的威胁
生物多样性：理解、监测和观察生物多样性	生态系统特征和植被监测（类型和物种）；入侵和保护物种的栖息地特征和分布；地表覆盖和土地利用的变化对生物多样性的影响

地表覆盖数据将在全球可持续发展进程中起到重要作用。2015 年 9 月联合国大会通过了“2030 年可持续发展议程”（https：//undocs. org/ch/A/RES/70/1），新议程范围广泛，涉及可持续发展的 3 个层面：社会、经济和环境，以及与和平、正义和高效机构相关的重要方面。议程包含 17 个可持续发展目标（Sustainable Development Goals，SDGs），SDGs 由 169 个子目标（targets）组成。2030 年可持续发展议程要求我们考虑新的创新手段，以应对全球发展不均衡的挑战，是为了“不让任何人掉队”。它的范围和规模如此之大，各国和地区要有效监测目标的进展情况，评估报告指标，就需要整合和利用许多新的数据集，包括统计数据、遥感数据、地理信息数据等，以期实现监测数百个子目标和相关指标的进展情况。SDGs 代表了一种数据驱动的、基于证据的衡量可持续发展进程的途径。随着 2030 年议程的实施，各成员国及国际社会现在也开始意识到利用遥感卫星观测数据和地理空间信息是实现 2030 年议程的基本输入数据（图 1. 1）。

这 17 个可持续发展目标是：

目标 1. 在全世界消除一切形式的贫困；

目标 2. 消除饥饿，实现粮食安全，改善营养状况和促进可持续农业；

目标 3. 确保健康的生活方式，促进各年龄段人群的福祉；

图 1.1 17 个 SDGs

目标 4. 确保包容和公平的优质教育，让全民终身享有学习机会；

目标 5. 实现性别平等，增强所有妇女和女童的权能；

目标 6. 为所有人提供水和环境卫生并对其进行可持续管理；

目标 7. 确保人人获得负担得起的、可靠和可持续的现代能源；

目标 8. 促进持久、包容和可持续的经济增长，促进充分的生产性就业和人人获得体面工作；

目标 9. 建造具备抵御灾害能力的基础设施，促进具有包容性的可持续工业化，推动创新；

目标 10. 减少国家内部和国家之间的不平等；

目标 11. 建设包容、安全、有抵御灾害能力和可持续的城市和人类居住区；

目标 12. 采用可持续的消费和生产模式；

目标 13. 采取紧急行动应对气候变化及其影响；

目标 14. 保护和可持续利用海洋和海洋资源以促进可持续发展；

目标 15. 保护、恢复和促进可持续利用陆地生态系统，可持续管理森林，防治荒漠化，制止和扭转土地退化，遏制生物多样性的丧失；

目标 16. 创建和平、包容的社会以促进可持续发展，让所有人都能诉诸司法，在各级建立有效、负责和包容的机构；

目标 17. 加强执行手段，重振可持续发展全球伙伴关系。

2015 年 3 月联合国统计委员会第 46 届会议批准成立了 SDGs 指标跨机构专家组（Inter-Agency Expert Group on SDG Indicators，IAEG-SDGs），对所有子目标设计能衡量其可持续性的评价指标，编制包含指标概念或定义、计算方法、建议使用的数据等内容的元数据表，形成 SDGs 指标体系，以便世界各国用于监测和评估这 17 个目标的进展情况（陈军等，2018）。全球的指标体系，由一系列共 232 个指标（indicators）组成。通过指标体系，各个国家就可以实现切实有效地汇报可持续发展的进展情况。例如，SDGs 15，分解为若干子目标，每个子目标又由一系列指标来衡量，子目标和对应的指标见表 1.2（引自

Satellite earth observations in support of the sustainable development goals, Special 2018 Edition, © 2018 European Space Agency）。

表 1.2 SDGs 15 分解子目标及指标

子目标	指标
15.1 到2020年时，根据国际协议规定的义务，养护、恢复和可持续利用陆地和内陆的淡水生态系统及其便利，特别是森林，湿地，山麓和旱地	15.1.1 森林面积占陆地总面积的比例
	15.1.2 保护区覆盖的陆地和淡水生物多样性的重要地点按生态系统类型所占比例
15.2 到2020年时，推动对所有各类森林进行可持续管理，制止森林砍伐，恢复退化的森林，大幅度增加全球的植树造林和重新造林	15.2.1 可持续森林管理的进展
15.3 到2030年时，防治荒漠化，恢复退化的土地和土壤，包括恢复受荒漠化、干旱和洪涝影响的土地，努力建立一个不再发生土地退化的世界	15.3.1 退化土地占土地总面积的比例
15.4 到2030年时，养护山地生态系统，包括其生物多样性，以便提高它们产生可持续发展不可或缺的相关惠益的能力	15.4.1 被保护区覆盖的对山区生物多样性具有重要意义的场所面积
	15.4.2 山地绿色覆盖指数
15.5 紧急采取重大行动来减少自然生境的退化，阻止生物多样性的丧失，到2020年时，保护受威胁物种，不让它们灭绝	15.5.1 红色列表索引
15.6 按国际社会的商定，公正和公平地分享利用遗传资源产生的惠益，促进适当获取这类资源	15.6.1 已通过立法、行政和政策框架以确保公平和公平分享惠益的国家数目
15.7 紧急采取行动，制止偷猎和贩运受保护的动植物物种，处理非法野生动植物产品的供求问题	15.7.1 被偷猎或非法贩运的野生动物交易比例
15.8 到2020年时，采取措施防止引进外来入侵物种，大幅度减少这些物种对土地和水域生态系统的影响，控制或去除需优先处理的物种	15.8.1 通过相关国家立法并为预防或控制外来入侵物种提供充足资源的国家比例
15.9 到2020年时，在国家和地方的规划工作、发展进程、减贫战略和核算中列入生态系统和生物多样性的价值	15.9.1 根据《2011～2020年生物多样性战略计划》爱知县生物多样性目标2制定的国家目标的进展情况
15.a 从所有来源筹集并大幅度增加财政资源，以保护和可持续利用生物多样性和生态系统	15.a.1 保护和可持续利用生物多样性和生态系统的官方发展援助和公共支出
15.b 在各级从所有来源筹集大量资源，为可持续森林管理提供资金，并为发展中国家提供适当的奖励，以推动这种管理，包括养护森林和重新造林	15.b.1 保护和可持续利用生物多样性和生态系统的官方发展援助和公共支出
15.c 在全球进一步支持打击偷猎和贩运受保护物种行为的努力，包括加强地方社区寻找可持续谋生手段的能力	15.c.1 被偷猎或非法贩运的野生动物交易比例

SDGs全球指标框架是在每年高级别政治论坛上定期报告可持续发展目标进展情况的基础。高级别政治论坛是联合国可持续发展的主要平台，在全球级别落实和审查2030年可持续发展议程方面发挥着中心作用。论坛每年在经济及社会理事会（经社理事会）主持下举行会议，每4年在联合国大会主持下举行一次国家元首和政府首脑级会议。

人们认识到，要在各级（从地方到全球）全面实现2030年议程，需要使用多种类型和新的数据来源，包括地理空间信息、卫星地球观测，以及先进的数据处理、大数据分析技术，并从所有这些数据集中提取必要的信息。地球观测为提高各国有效追踪可持续发展各个方面的能力提供了前所未有的机会。基于遥感卫星影像获得的地表覆盖数据在17个SDGs中的大部分和大约四分之一的子目标中都可以发挥作用。地表覆盖数据提供关于海洋、海岸、河流、土壤、作物、森林、生态系统、自然资源、冰雪和已建基础设施的状态及其随时间变化的准确可靠信息。这些信息对政府的所有职能、所有经济部门和社会的许多日常活动都是直接或间接相关的。卫星对地观测数据对于确定SDGs中众多指标的用处包括下面几项：

（1）卫星对地观测数据使建立SDGs全球指标框架可行。对于许多指标而言，如果不使用卫星观测，指标的测量在技术上或财政上根本不可行。

（2）使统计产出更及时，减少调查频率，减少调查对象的负担和其他费用，并为决策提供更分类的数据。

（3）卫星对地观测数据可以帮助验证国家统计数据的准确性，可以分解指标。卫星数据可以支持从传统的统计方法向基于测量数据方法的演变，由于一些挑战，包括与环境和人口有关的挑战变得更加紧迫，人们需要更精确、更明确及经常更新的证据。

全球有一些组织机构已经进行了一系列分析，提出了地球观测数据支持获得SDGs和指标的方面。虽然这些分析的结论可能略有不同，但它们在SDGs、子目标和指标的类型方面大体一致，这些SDGs、子目标和指标可由从地球观测数据中提取的信息加以支持。作为一个例子，表1.3总结了GEO和CEOS分析的主要结论。GEO、CEOS的研究表明，地球观测数据对17个SDGs中的大多数都有作用。更具体地说，169个子目标中约有40个（约占四分之一）和232个指标中约30个（约占八分之一）得到了支持（图1.2）。

表1.3　GEO、CEOS对与地球观测有关的目标、子目标和指标的初步分析

目标	支撑的子目标	支撑的指标
1 无贫穷	1.4 到2030年时，所有男子和妇女，特别是穷人和弱势者，都有获取经济资源的平等权利，并有权获得基本服务，拥有和控制土地和其他形式财产，获取遗产、自然资源、有关新技术和包括小额供资在内的金融服务	1.4.2 按性别和土地保有类型分列的拥有有保障土地保有权、有法律承认的文件并认为自己的土地权利是有保障的成年人口总数的比例
	1.5 到2030年时，增强穷人和处境弱势者的抵御灾害能力，减少他们遭受极端气候事件和其他经济、社会和环境冲击和灾害的概率和受其影响的程度	

续表

目标	支撑的子目标	支撑的指标
2 零饥饿	2.3 到2030年时，实现农业生产力翻倍和小型粮食生产者，特别是妇女、土著人民、农户、牧民和渔民的收入翻番，具体做法包括确保平等获得土地、其他生产资源和投入、知识、金融服务、进入市场的机会及增值和非农业就业的机会	
	2.4 到2030年时，建立可持续粮食生产体系，采用能抵御灾害的农业方法，提高生产力和产量，帮助维护生态系统，加强适应气候变化、极端天气、干旱、洪涝和其他灾害的能力，逐步改善土地和土壤质量	2.4.1 可用于生产和可持续农业占农业面积的比例
	2.c 采取措施，确保粮食商品市场及其衍生工具发挥正常作用，有利于及时获取包括粮食储备量在内的市场信息，以帮助限制粮食价格的剧烈波动	
3 良好健康与福祉	3.3 到2030年时，阻止艾滋病毒、结核病、疟疾和被忽视的热带疾病的流行，防治肝炎、通过水传播的疾病和其他传染病	
	3.4 到2030年时，通过预防与治疗，促进精神健康，将非传染性疾病导致的过早死亡减少三分之一	
	3.9 到2030年时，大幅度减少因危险化学品及空气、水和土壤污染死亡和患病的人数	3.9.1 家庭和环境空气污染导致的死亡率
	3.d 加强所有国家，特别是发展中国家预警、缓解和管理国家和全球健康风险的能力	
5 性别平等	5.a 根据国家法律进行改革，让妇女享有获取经济资源的平等权利，并能拥有和控制土地和其他形式财产，获取金融服务，获得遗产和自然资源	5.a.1 (a) 按性别分列的拥有土地或拥有保障的农业用地权利的人口占农业总人口比例；(b) 按土地保有权类型分列的农业用地所有人或权利承担人中妇女的比例
6 清洁饮水和卫生设施	6.1 到2030年时，人人都能公平获得安全和价廉的饮用水	
	6.3 到2030年时，通过以下方式改善水质：减少污染，消除倾倒废物现象，把危险化学品和材料的排放减少到最低限度，将未经处理废水的比例减半，大幅度增加全球废物回收和安全再利用的比例	6.3.1 安全处理废水比例
		6.3.2 环境水质好的水体比例

续表

目标	支撑的子目标	支撑的指标
6 清洁饮水和卫生设施	6.4 到2030年时，所有行业大幅提高用水效率，以可持续的方式抽取和供应淡水，以便解决缺水问题，大大减少缺水人数	6.4.2 水压力水平：淡水抽取量占可用淡水资源的比例
	6.5 到2030年时，在各级进行水资源综合管理，包括酌情开展跨界合作	6.5.1 水资源综合管理实施程度（0–100）
	6.6 到2020年时，保护和恢复与水有关的生态系统，包括山麓、森林、湿地、河流、地下含水层和湖泊	6.6.1 与水有关的生态系统的范围随时间的变化
	6.a 到2030年时，围绕水和环境卫生活动和方案开展的国际合作和能力建设资助扩展到发展中国家，包括雨水采集、海水淡化、用水效率、废水处理、回收和再利用技术	
	6.b 支持地方社区参与改进水和环境卫生的管理，并提高其参与程度	
7 经济适用的清洁能源	7.1 到2030年时，每个人都能获得价廉、可靠和可持续的现代化能源	7.1.1 用电人口比例
	7.2 到2030年时，可再生能源在全球能源组合中的比例大幅度增加	
	7.3 到2030年时，全球能效提高一倍	
	7.a 到2030年时，国际合作得到加强，以促进获取清洁能源研究结果和技术，包括可再生能源、能效及先进和更清洁的矿物燃料技术，并促进对能源基础设施和清洁能源技术的投资	
	7.b 到2030年时，扩大基础设施和进行技术升级，以便根据发展中国家，特别是最不发达国家、小岛屿发展中国家和内陆发展中国家自己的资助方案，在这些国家为所有人提供可持续的现代化能源服务	
8 体面工作和经济增长	8.4 在目前到2030年这段时间内，逐步改善全球消费和生产的资源使用效率，按照可持续消费和生产十年方案框架，在发达国家的带领下，努力使经济增长不再导致环境退化	

续表

目标	支撑的子目标	支撑的指标
9 产业、创新和基础设施	9.1 发展优质、可靠、可持续和有抵御灾害能力的基础设施，包括区域和跨界基础设施，以支持经济发展和促进人类安康，重点做到基础设施公平开放给所有人，所有人都承担得起	9.1.1 生活在全季节公路 2km 范围内的农村人口比例
	9.2 促进具有包容性的可持续工业化，到 2030 年，根据各国具体情况，大幅提高工业在就业和国内总产值中的比例，使最不发达国家的这一比例翻番	
	9.3 增加小型工业和其他企业，特别是发展中国家这些企业获得金融服务、包括负担得起的贷款的机会，让这些企业进入价值链和市场	
	9.4 到 2030 年时，所有国家根据自身能力采取行动，更新基础设施和进行工业改造，提高资源利用率，更多地采用清洁的环保技术和工业流程	9.4.1 单位增值二氧化碳排放量
	9.5 在所有国家，特别是发展中国家，加强科学研究，提升工业部门的技术能力，包括到 2030 年鼓励创新，大幅度增加每 100 万人口中的研发人员人数，增加公共和私人研发经费	
	9.a 向非洲国家、最不发达国家、内陆发展中国家和小岛屿发展中国家提供更多的财政、技术和技能支持，促进发展中国家发展有抵御灾害能力的可持续基础设施	
10 减少不平等	10.6 确保发展中国家在全球国际经济和金融机构决策过程中有更大的代表权和发言权，以建立更加有效、可信、负责和合法的机构	
	10.7 协助人们进行有序、安全、正常和负责的移徙和流动，包括执行规划有序和管理完善的移徙政策	
	10.a 根据世界贸易组织的各项协议，执行发展中国家、特别是最不发达国家享有特殊和差别待遇的原则	

续表

目标	支撑的子目标	支撑的指标
11 可持续城市和社区	11.1 到2030年时，所有人都能获得适足、安全和廉价的住房和基本服务，开展贫民窟改造	11.1.1 居住在贫民窟、非正规居住区或住房面积不足的城市人口比例
	11.2 到2030年时，为所有人提供安全、无障碍和廉价的可持续交通系统，加强道路安全，特别是扩大公共交通，要特别注意处境脆弱者、妇女、儿童、残疾人和老年人的需要	11.2.1 按性别、年龄和残疾人分列的方便乘坐公共交通的人口比例
	11.3 到2030年时，在所有国家加强包容和可持续的城市化建设，提高进行参与性可持续人类居住区综合规划和管理的能力	11.3.1 土地消费率与人口增长率之比
	11.4 进一步努力保护和捍卫世界文化和自然遗产	
	11.5 到2030年时，大幅度减少包括水灾在内的各种灾害造成的死亡人数和受影响人数，大幅度减少灾害造成的与全球国内总产值相对的直接经济损失，重点注意保护穷人和处境脆弱群体	
	11.6 到2030年时，减少对城市环境造成的人均不利影响，包括特别关注空气质量及城市废物和其他废物的管理	11.6.2 城市细颗粒物（如PM2.5和PM10）年平均水平（人口加权）
	11.7 到2030年时，让所有人，尤其是妇女、儿童、老年人和残疾人，都有安全、包容、无障碍的绿色公共空间	11.7.1 按性别、年龄和残疾人分列的供所有人公共使用的城市建成区的开放空间平均份额
	11.b 到2020年时，大幅度增加有以下特点的城市和人类住区：通过并执行旨在促进包容的统筹政策和计划，提高资源使率，减缓和适应气候变化，建立抗灾能力，并根据《2015～2030年仙台减少灾害风险框架》在各级规划和全面进行灾害风险管理	
	11.c 通过财务和技术援助等方式，支持最不发达国家就地取材，建造可持续的抗灾建筑	

续表

目标	支撑的子目标	支撑的指标
12 负责任消费和生产	12.2 到2030年时，可持续管理和高效使用自然资源	
	12.4 到2020年时，根据商定的国际框架，对化学品，并在废物的整个寿命期对所有废物，进行无害环境的管理，大大减少它们进入空气、水和土壤的数量，尽可能降低它们对人类健康和环境造成的不良影响	
	12.8 到2030年时，世界各国人民都有关于促进可持续发展和采用维护大自然的生活方式的相关信息和认识	
	12.a 支持发展中国家加强科学和技术能力，以采用更可持续的生产和消费模式	12.a.1 面向发展中国家在研究和发展可持续消费和生产及无害环境技术方提供的资助数额
	12.b 开发和使用各种工具，监测能创造就业机会、促进地方文化和产品的可持续旅游业所起到的促进可持续发展的作用	
13 气候行动	13.1 加强所有国家抵御和适应与气候有关的灾害和自然灾害的能力	13.1.1 每10万人口因灾害死亡、失踪和直接受影响人数
	13.2 将应对气候变化的措施列入国家政策、战略和规划	
	13.3 在减缓和适应气候变化、减少影响和预警领域中加强教育，提高认识，加强人员和机构能力	
	13.b 促进在最不发达国家和小岛屿发展中国家建立增强能力的机制，以有效进行与气候变化有关的规划和管理，包括重点注意妇女、青年、地方社区和边缘化社区	
14 水下生物	14.1 到2025年时，防止和大幅度减少所有各类海洋污染，特别是陆上活动造成的污染，包括海洋废弃物污染和营养盐污染	
	14.2 到2020年时，对海洋和沿海生态系统进行可持续管理和保护，以免产生重大不利影响，包括加强其复原能力，并采取行动帮助它们恢复原状，使海洋保持健康，物产丰富	
	14.3 尽可能减少和处理海洋酸化的影响，包括为此在各级加强科学合作	14.3.1 在商定的一套代表性采样站测量的平均海洋酸度（pH）

续表

目标	支撑的子目标	支撑的指标
14 水下生物	14.4 到2020年时，有效管制捕捞活动，终止过度捕捞、非法、未报告和无管制的捕捞活动及破坏性捕捞做法，执行科学的管理计划，以便在鱼类种群的生物特性所决定的最短可行时间内，使其数量恢复到至少能持续维持最高产量的水平	14.4.1 鱼类种群在生物可持续水平内的比例
	14.5 到2020年时，依照国内和国际法，并根据现有的最佳科学资料，至少保护10%的沿海和海洋区域	14.5.1 与海洋区有关的保护区范围
	14.6 到2020年时，禁止某些助长产能过剩和过度捕捞的渔业补贴，取消各种助长非法、未报告和无管制捕捞活动的补贴，不出台新的这类补贴，同时确认发展中国家和最不发达国家目前享有的有关特殊和差别待遇应是世界贸易组织渔业补贴谈判的一个组成部分	
	14.7 到2030年时，增加小岛屿发展中国家和最不发达国家通过可持续利用海洋资源，包括可持续地管理渔业、水产养殖业和旅游业获得的经济收益	
	14.a 在考虑到政府间海洋学委员会《海洋技术转让标准和准则》的情况下，增加科学知识，培养研究能力和转让海洋技术，以便改善海洋的健康，增加海洋生物多样性对发展中国家，特别是小岛屿发展中国家和最不发达国家的发展的贡献	
15 陆地生物	15.1 到2020年时，根据国际协议规定的义务，养护、恢复和可持续利用陆地和内陆的淡水生态系统及其便利，特别是森林，湿地，山麓和旱地	15.1.1 森林面积占土地总面积的比例
	15.2 到2020年时，推动对所有各类森林进行可持续管理，制止森林砍伐，恢复退化的森林，大幅度增加全球的植树造林和重新造林	15.2.1 实现可持续森林管理的进展
	15.3 到2030年时，防治荒漠化，恢复退化的土地和土壤，包括恢复受荒漠化、干旱和洪涝影响的土地，努力建立一个不再发生土地退化的世界	15.3.1 退化土地占土地总面积的比例
	15.4 到2030年时，养护山地生态系统，包括其生物多样性，以便提高它们产生可持续发展不可或缺的相关惠益的能力	15.4.1 被保护区覆盖的对山区生物多样性具有重要意义的场所面积
		15.4.2 山地绿色覆盖指数

续表

目标	支撑的子目标	支撑的指标
15 陆地生物	15.5 紧急采取重大行动来减少自然生境的退化，阻止生物多样性的丧失，到 2020 年时，保护受威胁物种，不让它们灭绝	
	15.7 紧急采取行动，制止偷猎和贩运受保护的动植物物种，处理非法野生动植物产品的供求问题	
	15.8 到 2020 年时，采取措施防止引进外来入侵物种，大幅度减少这些物种对土地和水域生态系统的影响，控制或去除需优先处理的物种	
	15.9 到 2020 年时，在国家和地方的规划工作、发展进程、减贫战略和核算中列入生态系统和生物多样性的价值	
16 和平、正义与强大机构	16.8 扩大和加强发展中国家在全球治理机构中的参与度	
17 促进目标实现的伙伴关系	17.2 发达国家充分履行官方发展援助承诺，包括许多发达国家做出的为发展中国家提供的官方发展援助达到国民总收入的 0.7% 和为最不发达国家提供的援助达到 0.15% 至 0.20% 的承诺；鼓励官方发展援助的提供方考虑订立为最不发达国家提供的官方发展援助至少达到国民总收入 0.20% 的目标	
	17.3 从多方面来源另外为发展中国家筹集财务资源	
	17.6 在科学、技术和创新领域中，以及在获取科学、技术和创新的结果方面，加强南北、南南、三角区域和国际合作，加强按相互商定的条件分享知识，包括通过改进现有机制之间的协调、特别是联合国一级的协调和通过一个全球技术推动机制这样做	17.6.1 按合作类型分列的国家间科学和/或技术合作协定和方案的数目
	17.7 促进以有利条件，包括彼此商定的减让和优惠条件，开发并向发展中国家转让、传播和推广无害环境的技术	

续表

目标	支撑的子目标	支撑的指标
	17.8 为最不发达国家建立的技术库和科学、技术和创新能力建设机制在2017年全面投入运行，更多地利用赋能技术，特别是信息和通信技术	
	17.9 加强国际社会支持在发展中国家开展有针对性的有效能力建设活动的力度，以支持各国执行所有可持续发展目标的计划，包括开展南北合作、南南合作和三角合作	
17 促进目标实现的伙伴关系	17.16 在多利益攸关方伙伴关系的配合下，加强全球可持续发展伙伴关系，多利益攸关方伙伴关系收集和分享知识、专长、技术和财政资源，支持所有国家，尤其是发展中国家实现可持续发展目标	
	17.17 根据组建伙伴关系的经验和资源配置战略，鼓励和推动建立有效的公-私部门伙伴关系和民间社会伙伴关系	
	17.18 到2020年时，加强向发展中国家，包括最不发达国家和小岛屿发展中国家提供的能力建设支助，大幅度增加现有的按以下各项分列的及时和可靠的高质量数据：收入、性别、年龄、种族、族裔、移徙情况、残疾情况、地理位置和涉及各国国情的其他特征	17.18.1 根据官方统计的基本原则，在国家一级编制的可持续发展指标中，全面分解的与目标相关的指标的比例

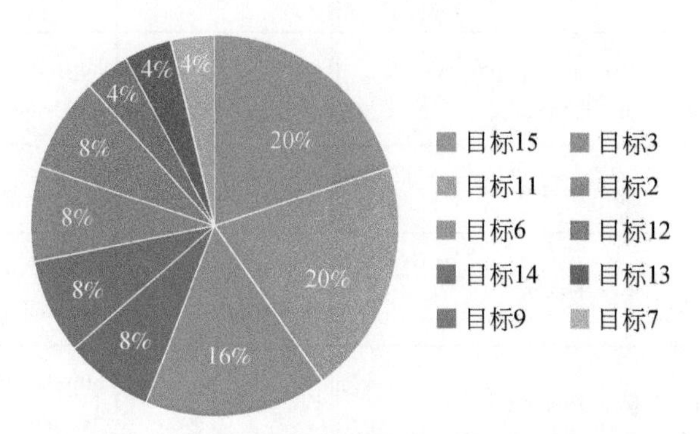

图 1.2　地球观测支持的指标的大致估计

根据所支持的相应指标的数量，图 1.2 显示了卫星地球观测（earth observing，EO）与17个SDGs中的每一个的相关性。尽管这一分析需要进一步整合，但它表明了EO卫星对许多目标的重要性，特别是目标6、目标11、目标14和目标15。

地球观测数据对这些目标的贡献主要涉及提供有关地表覆盖图、土地生产力、地上生物量、土壤含量、水范围或质量特征及空气质量和污染参数的信息。从表 1.3 可以看出，其中众多指标的评估与地表覆盖数据息息相关。

1.2　用于生产地表覆盖产品的卫星

土地利用–地表覆盖制图是卫星遥感数据的一个最主要的应用，在这一领域，已取得了巨大的进展。Giri（2012）列举了用于地表覆盖制图主要的卫星及其相应的网站（表 1.4）。

表 1.4　主要土地利用–地表覆盖观测与监测遥感系统一览表（据 Giri，2012）

卫星	网站	卫星	网站
ALOS/AVNIR/PRISM	http：//www. jaxa. jp/projicts/sat/alos/index_ e. html	MERIS（Envisat）	http：//envisat. esa. int/
ASTER	http：//envisat. esa. int/	MODIS	http：//modis. gsfc. nasa. gov/
CARTOSAT-1	http：//www. isro. org/	Orbview-3	http：//www. geoeye. com/
CBERS-1，2，2B	http：//www. cbers. inpe. br/	Quickbird	http：//www. digitalglobe. com
DMC	http：//www. dmcii. com/	Rapideyel-5	http：//www. rapideye. de/
EROS-A，EROS-B	http：//www. imagesatintl. com	SPOT-1 ~ SPOT-5	http：//www. spotimage. fr
FORMOSAT-2	http：//www. spotimage. fr	THEOS	http：//new. gistda. or. th/en/
GeoEye-1	http：//launch. geoeye. com/launchsite/	Worldview-1	http：//www. digitalglobe. com/
GOSAT	http：//www. jaxa. jp/projects/sat/gosat/index_ e. html	Worldview-2	http：//worldview2. digitalglobe. com/about/
IKONOS	http：//www. geoeye. com	ASAR（Envisat）	http：//envisatesa. int/
IRS-1A，IB，/C，ID	http：//www. isro. org	COSMO-SkyMed1-3	http：//www. telespazo. it/cos-mo. html
IRS-P2 P3 P4	http：//www. isro. org	ERS-1 ERS-2	http：//www. esa. indesaCP/in-dex. html
KOMPSAT-1	http：//new. kari. re. kr/english/in-dex. asp	PALSAR	http：//www. jaxa. jp/index_ e. html

续表

卫星	网站	卫星	网站
KOMPSAT-2	http：//earth. esa. int/object/index. cfm? fobjectid=5098	RADARSAT-1，2	http：//gs. mdacorporation. com/
Landsat1-5，7	http：//landsat. gsfc. nasa. gov/	TerraSAR-x	http：//www. astrium-geo. com/en/228-temrasar-x-technical-documents

资料来源：改编自遥感卫星，http ：// www. Remote sensing world. com / 2010 / 06/16/ remote-sensing-satellites/；
注：本表为局部。

目前有大量用于地球观测的卫星，获取各类不同特点的遥感数据。为了满足全球地表覆盖制图的要求，卫星的下列特性需要关注：

免费获取性：由于有能力发射卫星的国家还是少数，对于全球地表覆盖制图，能否获得全球的遥感影像是研制地表覆盖产品的基础。从2008年美国地质调查局地球资源观测和研究中心（United States Geological Survey-Earth Resources Observation and Science Center，USGS EROS）免费提供经过地形校正和辐射纠正的Landsat数据以来，其他的空间机构纷纷效仿。美国国家航空航天局（National Aeronautics and Space Administration，NASA）资助的基于网络的陆地卫星数据（Web-Enabled Landsat Data，WELD）计划可以提供连续多年的30m分辨率经过辐射纠正和大气校正、无云的卫星数据，影像已经经过了几何校正，不同时相的产品已经准确地经过了配准，坐标系统一致，对于变化检测和时间序列分析这样的应用来说，提供了便利，数据网址为 http：//globalmonitoring. sdstate. edu/projects/weldglobal/。欧盟的哥白尼计划，除了提供地球观测数据外，还免费提供土地、海洋和大气监测、气候变化和应急管理等领域的增值服务。目前，全球各种分辨率的免费卫星遥感数据可以很方便获得，为地表覆盖制图提供基础数据。

连续性：地表覆盖产品的相关应用面广，其中有很多应用需要对同一地区进行连续多期的产品进行分析，这就需要长期多年的卫星数据。有一些卫星数据可以追溯到20世纪70年代，如美国的陆地卫星系列数据；有些卫星计划延续到2030年以后，这就为记录地表的连续变化提供了数据源。

多样性：遥感卫星的空间分辨率相差很大，高分辨率卫星的成像能力可以到几十厘米级，一般这种级别的高分影像都是商业操作的。一般政府投入具有免费开放数据政策的卫星计划包括欧洲、美国提供的是10～30m分辨率的卫星影像。有些应用，如全球气候变化关注的是宏观大范围的地表覆盖情况，采用的影像分辨率是几百米到1km范围的。

为了对土地、海洋、冰雪、植被等不同种类的地表覆盖实现观测，传感器的光谱范围除了可见光外，还至少要包括近红外波段。除了光学被动遥感外，微波等主动遥感方式传感器的数据也可被采用。

我国政府也特别重视遥感科技的发展，尤其是20世纪80年代以后，我国航天遥感事业取得长足进步，一系列重要遥感卫星的成功发射，使我国也已跻身于世界遥感科技的前列。这里总结了到目前可用于地表覆盖及其变化制图的国产卫星，见表1.5。

表 1.5　可用于地表覆盖及其变化制图的国产卫星参数

卫星系统	轨道参数					有效载荷参数			
	轨道类型	轨道高度	轨道倾角	降交点地方时	回归周期	有效载荷	幅宽/km	侧摆能力	重访时间/天
资源一号 02B 星（CBERS-02B）	太阳同步回归轨道	778km	98.5°	10:30A. M.	26 天	CCD 相机	113	±32°	3
						高分辨率相机(HR)	27	±25°	3
						宽视场成像仪(WFI)	890	±25°	3
							890		
资源一号 02C 星（ZY-102C）	太阳同步回归轨道	780.099km	98.5°	10:30A. M.	55 天	P/MS 相机	60	±32°	3
						HR 相机	单台:27	±25°	3
							两台:54		
资源一号 04 星（CBERS-04）	太阳同步回归轨道	778km	98.5°	10:30A. M.	26 天	全色多光谱相机	60	±32°	3
						多光谱相机	120	—	26
						外多光谱相机	120	—	26
						宽视场成像仪	866	—	3
资源二号卫星（CBERS-2）	太阳同步轨道	近地轨道 484km		—	—	—			3
		远地轨道 500km							
资源三号（ZY-3）	太阳同步回归轨道	505.984km	97.421°	10:30A. M.	59 天	前视相机	52	±32°	5
						后视相机	52	±32°	5
						正视相机	51	±32°	5
						多光谱相机	51	±32°	5

续表

卫星系统	轨道参数					有效载荷参数			
	轨道类型	轨道高度	轨道倾角	降交点地方时	回归周期	有效载荷	幅宽/km	侧摆能力	重访时间/天
高分一号（GF-1）	太阳同步回归轨道	645km	98.0506°	10:30A.M.	41天	全色多光谱相机	60(2台相机组合)	±35°	4
						多光谱相机	800(4台相机组合)		2
高分二号（GF-2）	太阳同步回归轨道	631km	97.9080°	10:30A.M.	69天	全色多光谱相机	45(2台相机组合)	±35°	5
高分三号（GF-3）	太阳同步回归晨昏轨道	755km	—	—	—			—	—
高分四号（GF-4）	地球同步轨道	36000km	105.6°E	—	—	可见光近红外(VNIR)	—	—	20s
						中波红外(MWIR)			
风云三号（FY-3A）	近极地太阳同步轨道	836km		降交点地方时10:00A.M. ~ 10:20A.M.或升交点地方时13:40P.M. ~ 14:00P.M.	5.5天				
环境一号A星（HJ-1A）	太阳同步回归轨道	649.093km	97.9486°	10:30A.M. ±30min	31天	CCD相机	360(单台)	—	4
							700(二台)		
						高光谱成像仪	50	±30°	4

续表

卫星系统	轨道参数					有效载荷参数			
	轨道类型	轨道高度	轨道倾角	降交点地方时	回归周期	有效载荷	幅宽/km	侧摆能力	重访时间/天
环境一号B星(HJ-1B)	太阳同步回归轨道	649.093km	97.9486°	10:30A.M. ±30min	31天	CCD相机	360(单台)	—	4
							700(二台)		
						红外多光谱相机	720	—	4
环境一号C星(HJ-1C)	太阳同步回归轨道	499.26km	97.3671°	6:00A.M.	31天	合成孔径雷达(SAR)	40	—	4
							100		
海洋一号A卫星(HY-1A)	太阳准同步近圆形极地轨道	798km	98.8°	8:53 — 10:10A.M.	100.8min	十波段海洋水色扫描仪(COCTS)			
海洋一号B卫星(HY-1B)	太阳准同步近圆形极地轨道	798km	98.8°	10:30A.M. ±30min	100.83min				
海洋二号A卫星(HY-2A)	太阳同步轨道	971km	99.34°	—	14天/168天	雷达高度计技术指标			
天绘一号01星	—	500km	97.3°	13:30P.M.	58天				
天绘一号02星	—	500km	97.3°	13:30P.M.	58天				
实践九号A星	太阳同步回归轨道	645km	97.982°	10:30A.M.	69天	全色多光谱相机	30	±35°	4
实践九号B星	太阳同步回归轨道	645km	97.939°	10:30A.M.	69天	红外相机	18	±15°	8

1.3 本书的结构安排及技术路线

自20世纪80年代以来，随着地球观测卫星数量的增加，基于遥感影像分类而获得的地表覆盖产品逐渐成为描述地表最流行的方法。自90年代，一系列的地表覆盖产品相继出现，应用遥感影像实现地表的分类是遥感领域的一项基本的研究工作，涉及国内外大量的学者、机构。这里只针对全球地表覆盖产品研制。

本书第2章主要回顾国外、国内常用地表覆盖产品及更新情况。通过回顾提出了增量更新的概念，即生产各期地表覆盖产品，不是每一期的影像单独进行分类，而是首先生产基线产品，在此基础上通过影像提取地表的变化（增量），再利用增量更新旧的产品，获得新的地表覆盖产品。这种方法克服了分别分类方法造成的不同期产品间无法直接比较的缺陷，提高了地表变化的提取精度，使各期地表覆盖产品间保持一致性、可比较性。

为了实现增量更新，第3章针对地表增量的提取，采用了协同分割变化检测的算法。这是一种基于对象的变化提取方法，将增量提取与影像分割合二为一（Zhu et al.，2019b）。

通过遥感影像提取的变化图斑中包含大量的伪变化图斑，这是由于遥感瞬时成像条件的差异、地物的物候因素、地表湿度等诸多因素影响造成的，提取的变化总比实际发生的变化多得多。第4章采用了全球生态地理分区作为基础框架，建立了伪变化地学知识库，用于辅助伪变化的识别和剔除，提高增量的精度（Zhu et al.，2019a）。

在生态地理分区知识库提取伪变化的基础上，进一步采用在线数据挖掘的方式，利用众源系统进一步删选、优化变化图斑，最终获得较为准确的变化图斑，即增量。

第6章在上述基础上，实现了增量更新的过程，在更新的同时，考虑了细碎多边形的剔除，提高了图斑的质量（Zhu et al.，2019c）。

本书第7章针对地表覆盖产品的整合问题，单独成章，综述了整合方法的发展现状，利用实例探讨了整合的方法。

本书所涉及的技术流程主要针对地表覆盖产品的增量更新和产品整合，其中增量更新涉及第3~6章，整合涉及第7章。增量更新的总体技术流程见图1.3。

地表覆盖增量更新主要依靠遥感影像变化检测提取地表增量。基于遥感影像的变化检测方法主要包括基于像素和基于对象两类方法。基于像素的变化检测算法以像元作为基本单位，利用像元光谱特征判断变化的发生，无法结合空间特征的变化。使用基于像元的变化检测方法会不可避免的产生“椒盐”噪声，而基于对象变化检测是以图像分割为基础，将同质像元集合作为一个对象，确定最佳分割尺度来进行变化检测。这种形式相对于基于像素的栅格形式来说，有效避免了“椒盐”噪声，由于基于对象方法所产生的对象与各时相的图像特征有关，对象的几何特征会随着时间的推移而改变，所以两个时相对象边界会存在不一致，难以建立多时相对象之间的对应关系。eCognition软件中多期影像联合多尺度分割可提取变化对象，但纹理、几何信息利用较为简单，无法有效结合。

用栅格形式表达图斑，其准确度相较于矢量形式来说更高，更能表达出一些较为微小的变化。基于对象变化检测的图斑结果是以多边形矢量形式表现的，但是对于一些非人

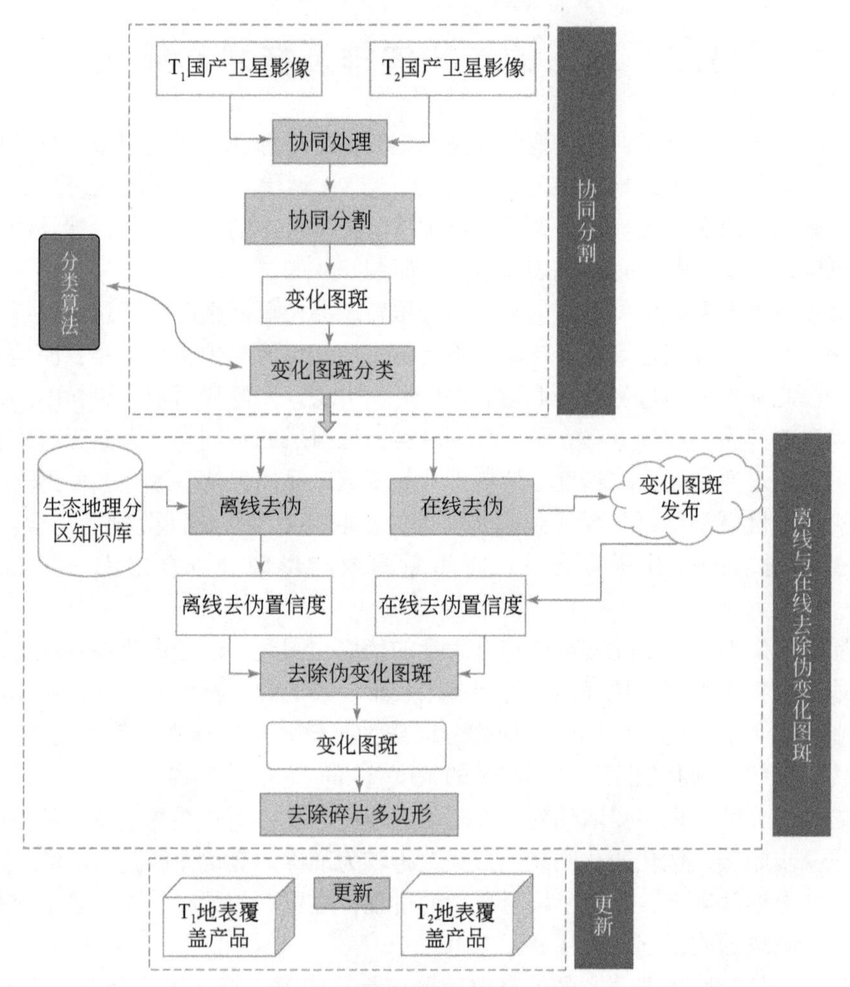

图 1.3 增量更新总体技术流程

工、分布零散的地物，如森林、灌木、草地来说，不同时期的多边形图斑叠加往往难以准确反映地表变化范围。而用栅格形式表达图斑更为灵活，其准确度相较于矢量形式来说更高，更能表达出一些较为微小的变化。基于像元和基于对象的方法均需要依赖某一指数或某一特征值的阈值来进行变化区域与非变化区域的评判标准，阈值的选取会直接影响结果的精度。

协同分割将图像分割转化为能量函数的最小化问题，分割过程将不再依赖阈值的选取。同时协同分割的变化检测方法能直接得到边界准确、空间对应的多时相变化对象，解决了多时相对象边界不一致问题。相比于基于像素及基于对象这两种变化检测方法，协同分割方法的结果和基于像素方法的结果一样是栅格的形式，但由于算法中与周边像素的关系而能够很好地避免“椒盐”噪声的出现，集成了栅格与矢量数据两种类型的特点。

以往的地表覆盖分类和变化检测多是从遥感影像出发，分析其光谱、形状、纹理等特征因子，但遥感影像反映的只是地表的瞬时状态，所以存在很多错误及不确定因素。针对全球范围内复杂多样的地类，存在大量同物异谱和异物同谱的现象，同时由于季候时相的原因，在变化检测的过程中都会存在大量的伪变化。目前地表覆盖变化检测需要寻找一种机器替代专家来判断的可行方法，即建立专家系统。需要找到可用的与地表覆盖相关的辅助数据及相关知识，其中生态地理分区由于其全球性、分区内部地类稳定性、地物变化规律性和信息量大等特点，可以用来构建规则库辅助变化检测。此外，近几年发展起来的在线众源数据挖掘技术，利用志愿者的标注辅助实现了地表覆盖产品的生产和验证。本研究在协同分割提取影像变化图斑的基础上，采用离线方式（生态地理分区知识库）和在线方式进一步优化变化图斑，提高变化检测的精度和可靠度。

获得了准确可靠的变化图斑的基础上，再更新原地表覆盖产品，获得新的产品。这个过程中考虑了变化图斑与原始地表覆盖产品图斑之间的契合问题，调整边界以去除碎片多边形。

第2章　地表覆盖产品更新方法分析

本章回顾了国外、国内常用地表覆盖产品的更新情况，全球产品包括美国研制的 IGBP-DIS、UMD 地表覆盖产品、中分辨率成像光谱仪（Moderate-resolution Imaging Spectroradiometer，MODIS）地表覆盖产品、森林覆盖和变化产品——全球土地利用数据库（Global Land Cover Facility，GLCF），欧洲研制产品有 GLC2000、GlobCover 2005、GlobCover 2009、欧洲太空署气候变化计划（European Space Agency-Climate Change Initiative，ESA-CCI），日本的 GLCNMO（Global Land Cover by National Mapping Organization），中国的 GlobeLand30、FROM-GLC（Finer Resolution Observation and Monitoring of Global Land Cover）和 FROM-GLC-seg（Fine Resolution Observation and Monitoring of Global Land Cover-Segmentation）。这些产品中 IGBP-DIS、UMD、GLC2000、GLCNMO 到目前没有再推出更新产品，其他产品的更新方法大多采用各期数据分别分类与时间序列分析结合的方法获得不同时间产品。国家及地区地表覆盖产品回顾了美国的国家土地覆盖数据库（National Land Cover Database，NLCD）、欧洲的环境信息协调统筹（Coordination of Information on the Environment，CORINE）、德国的 DeCOVER、澳大利亚碳核算系统土地覆盖变化计划（National Carbon Accounting System-Land Cover Change Project，NCAS-LCCP）、加拿大多时相地表覆盖产品等，这些产品的更新方法大多采用双时相或时间序列变化检测获得变化产品，进而以增量更新的方式得到新的地表覆盖产品。

在回顾的基础上，本章从"需不需要生产全球地表覆盖变化产品"、"制作各期产品采用分别影像分类还是增量更新"、"双时相还是时间序列方法"、"变化检测采用基于像素还是基于对象的方式"、"其他辅助信息的应用" 5 个方面对地表覆盖产品的更新进行了分析。

2.1　全球地表覆盖产品及更新情况

航空航天技术的发展，实现了覆盖全球的卫星对地观测，人们可以使用遥感卫星数据来获取大面积甚至全球的地表覆盖信息，及时准确掌握地表覆盖类型的分布及其变化情况。遥感是大范围地表覆盖制图与变化监测的唯一有效手段（陈军等，2016）。地表覆盖遥感产品的研制成功，极大地方便了人们在气候变化研究、生态环境监测和可持续发展规划等领域对地表覆盖信息的应用。从 20 世纪 80 年代起，国内外研制了一些全球、地区或国家级的 1km、300m、30m 级别分辨率的地表覆盖产品。同时，地表覆盖产品的时间分辨率也是一个关注热点，地表覆盖产品需要持续更新以满足用户的需求。本节将回顾现有的具有代表性的全球地表覆盖产品及其更新的情况。

2.1.1　4 种常用的单一时相的全球地表覆盖产品

1. 美国地质调查局——IGBP-DIS

IGBP-DIS 产品主要是通过非监督分类 1km 分辨率的甚高分辨率扫描轴射计（Advanced Very High Resolution Radiometer，AVHRR）的归一化植被指数（normalized difference vegetation index，NDVI）产品获得。影像来源是 1992 年 4 月至 1993 年 3 月的 AVHRR 遥感数据。辅助数据包括数字高程模型（Digital Elevation Model，DEM）数据，生态区域数据、国家或地区的植被和地表覆盖图。IGBP-DIS 数据分类系统采取 IGBP 的分类体系（Loveland et al.，2000）。数据可从 http：//edcwww. cr. usgs. gov/landdaac/glcc/glcc. html 获得。

2. 马里兰大学——UMD

马里兰大学（University of Maryland）地理系利用与 IGBP-DIS 相同的影像数据，包括 AVHRR 卫星影像 5 个波段影像和 NDVI 数据，采用决策树监督分类方法制作了另一个地表覆盖产品，产品包含 12 个地表覆盖类。产品的分辨率为 8km 和 1km（Hansen et al.，2000）。数据下载地址为 http：//glcfapp. flcf. umd. edu：8080/esdi/index. jsp。

3. 欧盟土地覆被数据——GLC2000

基于 SPOT-4 卫星 VEGETATION-1 传感器 1999 年 11 月至 2000 年 12 月的影像，GLC2000 计划采取从区域到全球整合的方法，各个区域各自生产自身范围的产品，包括图例定义、数据处理、分类和验证。分类方法主要采用非监督分类的方法。全球产品是通过混合各区域产品，以联合国（United Nations，UN）粮食和农业组织（Food and Agriculture Organization，FAO）制定的土地覆盖分类系统（Land-cover Classification System，LCCS）图例概括各区域图例，最终得到 GLC2000 产品（Bartholomé and Belward，2005），在 http：//bioval. jrc. ec. europa. eu/products/glc2000/products. php 可下载数据。

4. GLCNMO

全球制图国际指导委员会全球制图计划，由日本主导生产了全球 1km 分辨率的地表覆盖数据集——GLCNMO，产品采用 LCCS 分类体系定义了 20 类地表覆盖类型，其中 14 类是通过监督分类方法获得，其余 6 类包括“urban”、“tree open”、“mangrove”、“wetland”、“snow/ice”和“water”，是分别独立分类的。基础数据源是 2003 年 7 波段 1km 分辨率的 MODIS 影像（Tateishi et al.，2011）。数据下载网址为 http：//www. iscgm. org/GM_ glcnmo. html。

以上 4 种产品都只推出了一期产品，之后未见更新或新一期产品推出。表 2. 1 为这一类单时相全球地表覆盖产品列表。

单时相的地表覆盖产品只能记录某一时间或某段时间的地表覆盖状况，无法反应地表覆盖随着时间的变化情况。随着遥感技术、GIS 和计算机技术的发展，现在可以对地表覆盖实现多种空间分辨率和时间分辨率的监测（Hansen and DeFries，2004）。

2.1.2 多时相全球地表覆盖产品回顾

随着越来越多的EO卫星数据的发布，基于遥感影像光谱特性和周期性数据获取的特性，遥感地表覆盖制图已成为描述地球表面情况的最主要的方式。地面上每个地点都会被各种各样不同的卫星重复、周期性地记录着。自20世纪90年代起，一些全球地表覆盖产品推出了300m至1km分辨率的多时相的产品，这些多时相产品大都基于相同的传感器获取的遥感影像。下面对其中主要的产品进行回顾。表2.2为多时相全球地表覆盖产品列表。

表2.1 单时相全球地表覆盖产品（据Tsendbazar，2016）

空间分辨率	产品名称	影像时间（年份）	传感器	分类体系	总体精度/%	参考文献
1degree	UMD	1987	AVHRR	IGBP 12		Defries and Townshend，1994
8km		1984		IGBP 14	85	Defries et al.，1998
1km		1992～1993		IGBP 14		Hansen et al.，2000
1km	IGBP-DISCover	1992～1993	AVHRR	IGBP 17	67	Loveland et al.，2000
1km	GLC2000	2000	SPOT-4，SPOT-VGT	LCCS 22	68.6	Bartholomé and Belward，2005
	GLCNMO		MODIS	LCCS 20		
1km	Version 1	2003			81.2	Tateishi et al.，2011
500m	Version 2	2008			82.6	Tateishi et al.，2014

表2.2 多时相全球地表覆盖产品（据Tsendbazar，2016）

产品名称	空间分辨率	影像时间（年份）	传感器	分类体系	总体精度/%	参考文献
MODIS			MODIS	IGBP 17		
Collection 4	1km	2001			71.6	Friedl et al.，2002
Collection 5	500m	自2001每年			74.8	Friedl et al.，2010
GlobCover			MERIS	LCCS 22		
2005	300m	2004～2006			73.1	Bicheron et al.，2008
2009	300m	2009			67.5	Bontemps et al.，2011
Land Cover CCI	300m		MERIS、SPOT-VGT	LCCS 22		CCI-LC 2014
2000		1998～2002				
2005		2003～2007				
2010		2008～2012			70.8	

续表

产品名称	空间分辨率	影像时间（年份）	传感器	分类体系	总体精度/%	参考文献
GLC 250m_CN 2001 2010	250m		MODIS	11		Wang et al. , 2010
		2000～2001			74. 9	
		2009～2011			75. 1	
GlobeLand30 2000 2010	30m		Landsat TM，ETM7，HJ-1	10	80. 3	Chen et al. , 2015
		1999～2000			78. 6	
		2010			80. 3	

1. GlobCover 2005 和 GlobCover 2009 产品

300m 分辨率的数据产品 GlobCover 是由欧洲太空署（ESA）主导研制的（Bontemps et al. , 2011）。这些数据产品已经在全球变化研究、国家方针政策制定、环境监测保护等方面扮演着重要的角色。GlobCover 发布了两期产品：GlobCover 2005 和 GlobCover 2009。数据生产是在 MERIS FRS level 1B 影像基础上进行了一系列预处理，大气纠正包括气溶胶改正、云掩模和云阴影去除、陆地/水体的重分类、Smile 效应的纠正和二向性反射分布函数（bidirectional reflectance distribution function，BRDF）效应削弱。数据获取网址 http://due. esrin. esa. int/globcover/。

GlobCover 2009 的分类算法包含 4 步：第一步，逐像素分类算法，采用非监督和监督分类的方法；第二步，逐集群时间特征法，利用中分辨率成像光谱仪（Medium Resolution Imaging Spectrometer，MERIS）时间序列影像获得每个集群的最大最小植被覆盖物候特点；第三步，逐集群分类算法，按每个集群的时相信息将集群聚类为时空类；第四步，根据 UN LCCS 分类系统对集群进行分类。

值得一提的是，GlobCover 2009 产品分类时主要参考 GlobCover 2005（V2. 2）产品。确定类型既考虑时空类的类型，还考虑 GlobCover 2005 的类型，通过行业专家制定了一些规则以帮助确定类型。GlobCover 2005 和 GlobCover 2009 采用了相同的分类算法和分类体系，但是，Bontemps 专门对两期产品进行了对比，发现两期产品类型的空间分布存在着很大不同，如图 2. 1 所示（Bontemps et al. , 2011）。

这些不同不是全部因为地表覆盖的变化，而被解释为分类的不稳定引起的。并非所有类型都会受到分类不稳定性的影响，主要影响的是 Mosaic Cropland（50%～70%）/Vegetation（grassland，shrubland，forest）（20%～50%），Mosaic Vegetation（grassland，shrubland，forest）（50%～70%）/Cropland（20%～50%），Mosaic Forest/Shrubland（50%～70%）/Grassland（20%～50%），Mosaic Grassland（50%～70%）/Forest/Shrubland（20%～50%）和森林相关类型，如 Closed（>40%）broadleaved deciduous forest（>5m）、Open（15%～40%）broadleaved deciduous forest（>5m）、Closed（>40%）needleleaved evergreen forest（>5m）、Closed to open（>15%）mixed broadleaved 和 needleleaved forest（>5m）。可以看

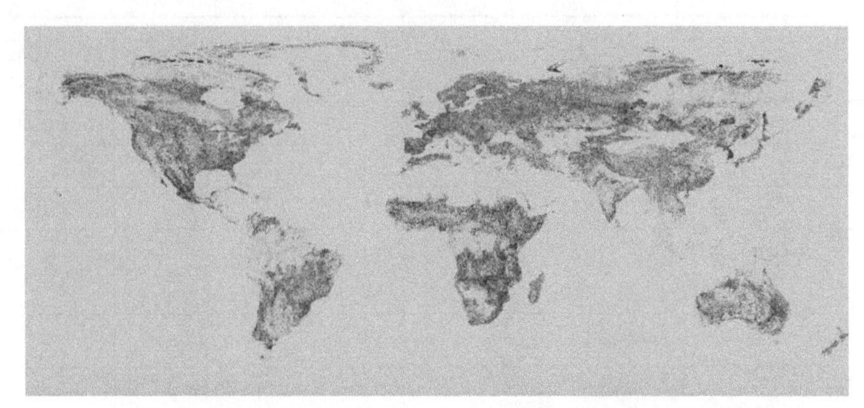

图 2.1 GlobCover 2005 和 GlobCover 2009 不一致分类像素的
空间分布（据 Bontemps et al.，2011）

出，大部分错误变化部分是发生在相似地物类型之间。特意指出的是，由于地表变化率比产品分类错误率通常要低，故 GlobCover 2009 地表覆盖产品不能与 GlobCover 2005 产品进行直接对比，也不能用于任何变化检测。

2. MODIS 地表覆盖产品

波士顿大学（Boston University，BU）利用 MODIS 卫星影像生成的地表覆盖产品——MODIS Land Cover Type（MCD12Q1），简称 MLCT，产品的更新周期为 1 年，2001 ~ 2012 年产品有两种分辨率：5′×5′分辨率，0.5°×0.5°分辨率。数据获取网址为 https：//lpdaac.usgs.gov/data_access。采用监督分类算法对每年影像进行分类得到各年产品。由于影像分辨率低，不同年份产品由于受到混合像元的影响，在地物交界地带的分类结果不一致，此外还因物候变化、火灾及干旱、虫灾等灾害使得不同年度产品之间可比较性受到影响。MODIS Collection 5 产品开发了一种稳定分类结果的算法以减少年与年产品间比较时的伪变化。每个像素加了与基类有关的后验概率（posterior probability）约束值，如果像素分类结果与前一年不同，只有在新类型的后验概率值高于以前的后验概率值时类型才会改变。但这种方式可能造成地表变化区域传递不正确的类型，使得地表不能更新。因此产品在连续 3 年的时序数据上进行分析，这样既能准确更新地表变化，还能减少 10% 伪变化，如图 2.2 所示。

然而，比较不同年度的地表覆盖产品 MLCT 得到的地表变化还是高于地表真实的变化。因此得出的结论是获得地表覆盖的变化通过 MLCT 产品直接相减并不适宜（Friedl et al.，2010）。

3. ESA-CCI 地表覆盖产品

气候变化计划（CCI）的第一个阶段由 3 个一致的地表覆盖（land cover，LC）产品组成，这 3 个地表覆盖产品对应于 1998 ~ 2002 年、2003 ~ 2007 年和 2008 ~ 2012 年。第二个阶段从 2014 年 3 月开始，目前包括全球 1992 ~ 2015 年每年的 300m 分辨率地表覆盖图（http：//maps.elie.ucl.ac.be/CCI/ viewer/index.php）。

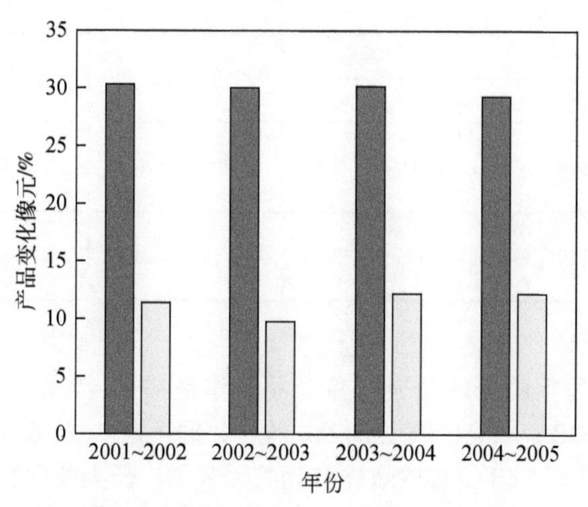

图 2.2　在执行稳定算法前后 2001 ~ 2005 年每年产品变化像元比例
（据 Friedl et al.，2010）

在产品生产之前，进行了深入的用户需求分析，用户调查显示：

（1）LC 产品的时间范围要长（30 年及更长），包括 20 世纪 90 年代和 80 年代。

（2）需要更高的时间分辨率（指 LC 变化的年时间间隔）。

（3）不一定要提供所有类型的变化产品，但至少需要提供联合国政府间气候变化专门委员会（Intergovernmental Panel on Climate Change，IPCC）土地类别中的森林、农业、草地、定居点、湿地及其他土地几类更详细的土地覆被、利用变化信息。在选定的地区，要有 30m（或更好）尺度的地表覆盖和变化产品。

CCI-LC 第二阶段产品中包括多种产品（表 2.3），还包括软件系统、产品文档和验证报告。这里只介绍地表覆盖产品。

表 2.3　CCI-LC 产品汇总（据 http：//maps. elie. ucl. ac. be/CCI/viewer/index. php）

产品	覆盖范围		分辨率		传感器	投影	格式
	空间	时间（年份）	空间	时间			
MERIS SR 时间序列	全球	2003 ~ 2012	300m 1000m	7 天	MERIS FR MERIS RR	WGS 84	NetCDF
AVHRR SR 时间序列	全球	1992 ~ 1999	1000m	7 天	AVHRR	WGS 84	NetCDF
PROBA-V SR 时间序列	全球	2014 ~ 2015（及以后）	300m	7 天	PROBA-V	WGS 84	NetCDF
年度 LC 图	全球	1992 ~ 2015	300m	1 年	MERIS FR MERIS RR SPOT-VGT AVHRR PROBA-V	WGS 84	NetCDF & GeoTiff

续表

产品	覆盖范围		分辨率		传感器	投影	格式
	空间	时间（年份）	空间	时间			
地表季节性 NDVI	全球	1999 ~ 2012	1000m	7 天	SPOT-VGT	WGS 84	NetCDF & GeoTiff
水体	全球	2000 ~ 2012	150m	13 年	ASAR WSM	WGS 84	NetCDF & GeoTiff

从 1992 ~ 2015 年每年的全球地表覆盖产品制作是基于 AVHRR、SPOT-VGT、MERIS FR 和 MERIS RR，PROBA-V 卫星数据和相关的元数据；最新 2016 年全球 LC 地图制作复合了 Sentinel-3 OLCI 和 SLSTR 卫星的数据和相关元数据；分类类型参照土地覆盖分类系统 LCCS，以尽可能与 GLC2000，GlobCover 2005 和 GlobCover 2009 产品兼容。这些地表覆盖类型，有几种类型还需要利用辅助数据集确定："树木、湿地、海水类"是基于"global mangrove atlas"；"城市"参考全球人类居住区及全球城市覆盖的区域；"水体"已从 CCI 开放水体全球地图继承；"永久性冰雪"是来自于伦道夫的冰川库存（其中"cciglaciers"项目是一个主要的贡献者）。

每年 CCI-LC 产品不是独立分类生产的，他们都源于一个基准 LC 地图，是由 2003 年到 2012 年整个 MERIS FR 和 MERIS RR 的影像产生。以基准地图为基础，结合 1992 ~ 1999 年的 AVHRR 数据，1999 ~ 2013 年的 SPOT-VGT 数据及 2013 年、2014 年、2015 年的 PROBA-V 数据，检测出地表覆盖变化。当使用 PROBA-V 或 MERIS FR 影像时，空间分辨率为 1km。变化检测结果由 1km 再传递到 300m 分辨率。最后一步是更新基准 LC 地图生产出 1992 ~ 2015 年每年一期共 24 期的地表覆盖产品。整个流程如图 2.3 所示，所用影像数据如表 2.4 所示。

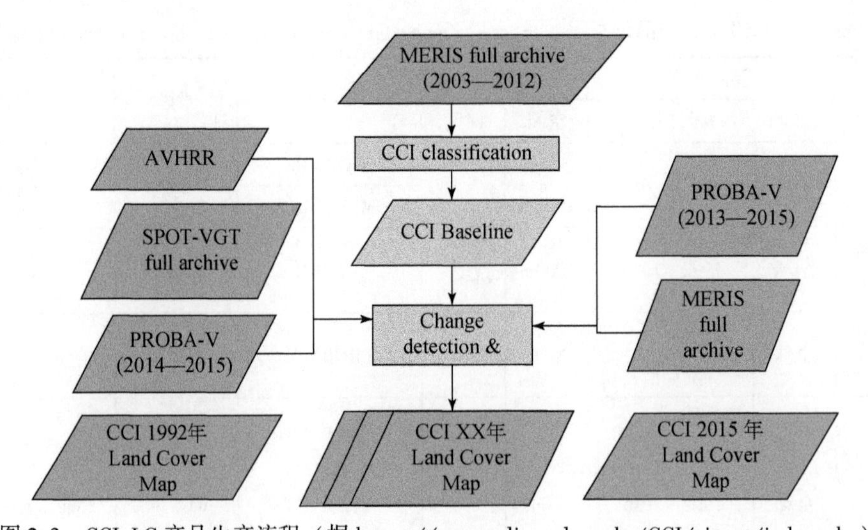

图 2.3　CCI-LC 产品生产流程（据 http://maps.elie.ucl.ac.be/CCI/viewer/index.php）

表 2.4　生产 CCI-LC 产品所用的卫星影像（据 http：//maps. elie. ucl. ac. be/CCI/viewer/index. php）

全球数据	参考期（年份）	卫星数据来源
10 年全球地表覆盖基准图	2003～2012	MERIS FR/RR 获得全球 2003 年至 2012 年间的复合 SR
全球年度 LC 产品	1992～1999	1. 10 年全球地表覆盖基准图； 2. AVHRR 全球 1992 年至 1999 年间的复合 SR 用于回溯基准图获得年度 LC 产品
	1999～2013	1. 10 年全球地表覆盖基准图； 2. SPOT-VGT 全球 1999 年至 2013 年间的复合 SR 用于更新和回溯基准图获得年度 LC 产品； 3. MERIS FR 全球 2003 年至 2012 年间的复合 SR 用于描述 300m 分辨率的识别的变化； 4. PROBA-V 全球 2013 年的复合 SR 用于描述 300m 分辨率的识别的变化
	2014～2015	1. 10 年全球地表覆盖基准图； 2. PROBA-V 全球 2014 年和 2015 年 1km 分辨率的复合 SR 用于更新基准图获得年度 LC 产品； 3. PROBA-V 2014 年和 2015 年全球 300m 分辨率时间序列用于描述识别的变化

产生基准 LC 图的分类算法由鲁汶天主教大学（Catholic University of Leuven，UCL）开发，全球范围内基本方法一致，个别区域做了一些调整。它采用了 GlobCover 产品非监督分类算法体系，同时还依赖于机器学习算法和多年数据分析的方法。

生产每年 LC 产品的变化模块独立于上述分类模块，由两个步骤组成：1km 空间分辨率的变化检测和 300m 的空间分辨率的变化检测。首先利用卫星数据，对每一年的影像进行分类，再利用时间序列来分析地表动态变化。为了避免分类后变化检测方法由于分类的年度不一致而导致的错误变化检测，每个变化像元必须在分类时间序列中出现连续两年及以上变化类型才认为是变化像元。2014 年和 2015 年发生的变化是例外情况，允许一年或两年确认为变化。得到变化像元后，再按照 IPCC 土地类别，即农田、森林、草地、湿地、定居地和其他土地将变化像元划分为六类。

CCI-LC 地表覆盖产品存在的局限性包括：

（1）并不是所有 22 个 LC 类别之间的变化都表现在数据集中。

鉴于检测变化的方法，CCI-LC 数据集不能捕获 22 个 LCCS 土地覆盖类别之间所有可能的变化。因将 22 个 LCCS 土地覆盖类归类为 IPCC 的 6 个土地类别，诸如森林类别之间的转换，如阔叶林向混交林的变化，稀疏植被与地衣、苔藓之间的变化，森林退化引起的变化等，CCI-LC 数据集无法提供。

（2）突变比渐进变化更容易发现。

为了检测从 X 类到 Y 类的变化，所开发的方法需要至少连续两年观察新的 Y 类。因此，突变比渐近变化更易捕获。突变的特点是突然发生了一个 IPCC 类向另一 IPCC

类别的转变。相反，两个 IPCC 类之间缓慢转变，即出现了混合类这一现象就不易被识别。

由于全球变化研究的不断发展，1km 及 300m 分辨率的全球地表覆盖遥感数据产品已经不足以满足变化研究的需要，主要表现有分类体系不能满足地球系统模式需求、时相局限性较大及全球变化研究与地球模式发展需要有更高的空间分辨率、更全面的地表覆盖信息和更符合全球变化需要的地表覆盖数据产品。30m 分辨率的全球地表覆盖产品应运而生。

4. GlobeLand30 地表覆盖产品

我国依托于 863 重点项目“全球地表覆盖遥感制图与关键技术研究”，研制了分辨率为 30m 的全球地表覆盖遥感数据产品 GlobeLand30，包括 2000 期（GlobeLand30-2000）和 2010 期（GlobeLand30-2010）地表覆盖类型产品，数据研制所使用的分类影像主要是 30m 多光谱影像，包括美国陆地资源卫星 Landsat TM5、ETM 多光谱影像和中国环境减灾卫星（HJ-1）多光谱影像。影像分类预处理包括大气和地形校正。大气校正采用基于改进版本的 FLAASH（Fast Line-of-sight Atmospheric Analysis of Spectral Hypercubes）算法，地形校正采用的是基于 COS 校正的地形抹平处理校正方法（SCOS 法）。除了分类影像外，GlobeLand30-2010 研制还使用了大量的辅助数据和参考资料，支持样本选取、辅助分类及验证精度等工作。主要包括：已有地表覆盖数据（全球、区域）、MODIS NDVI 数据、全球基础地理信息数据、全球 DEM 数据、各种专题数据和在线高分辨率影像（如 Google Earth 高分影像、必应影像、OpenStreet 和天地图高分影像）等。GlobeLand30 数据覆盖南北纬 80°的陆地范围，分类体系中一级类包括耕地、森林、草地、灌木地、湿地、水体、苔原、人造地表、裸地、冰川和永久积雪全球十大类地物。GlobeLand30 产品研制采用逐类型层次提取方法。在每个分类单元内（一景影像为一个分类单元），采用单类型逐一分类、然后集成的分类策略。即一次只提取一个地表覆盖类型，该类型提取完成后，对分类影像进行掩膜，然后再开展下一个类型的分类工作。单要素类地表覆盖类型的确定采用“像元－对象－知识”（pixel-object-knowledge，POK）的方法，包括像元法分类、对象化过滤、人机交互检核 3 个步骤，以充分发挥各种分类算法的优势，充分利用各种知识和人的经验来提高分类质量。共选取 9 类超过 15 万个检验样本进行精度评估，总体精度达到 80% 以上（Chen et al.，2015）。GlobeLand30 两期产品分别对影像进行分类获得，两期产品不建议直接比较提取地表的变化。

目前，GlobeLand30 正在准备研制新一期产品，方法拟采用了两期影像提取地表变化，再更新产品的方式，即增量更新。增量更新指在进行更新操作时，只对已发生变化的目标区域进行更新，已更新过或者未发生变化的区域则不更新，具有更新实时快捷、处理数据量少、便于传输的特点。

目前尝试采用的增量更新方法 CVAPS（陈军等，2016）首先对两期影像进行监督分类，进而利用分类时得到的像元归属不同类型的后验概率分析像元发生变化的可能性。不直接利用影像的光谱差异，而利用变化区的概率变化强度大于不变区的概率变化强度提取变化像元。本方法可有效避免原始影像对比而需要的严格辐射预处理。两期影像监督分类可得到像元两期的地表覆盖类型，使后续地表覆盖产品更新更为简单。但本方法实质上还是一种先分类后比较的变化检测方法，分类本身的精度会对后续提取变化像元产生影响，由于分类的错误率往往高于地表的变化率，所以即使达到80%的分类精度也难以有效识别小于20%的地表变化。方法在提取地表覆盖增量后更新产品的过程中迭代去除识别出的变化像元，以老的地表覆盖产品作为训练样本，这种方式由于地表覆盖产品本身精度是有限的，迭代去除变化像元，但却无法去除分类错误的像元，使得监督分类的样本本身包含错误。此方法是一种基于像素的处理方法，提取的地表增量会存在“椒盐”噪声，算法采用马尔科夫随机场模型以减少影响，但同时也会丢失小的变化图斑。GlobeLand30 数据网站为 http：//www. globeland30. org。

5. FROM-GLC 和 FROM-GLC-seg

GlobeLand30 产品生产和研究的同时，清华大学利用生长季节的超过 6600 景 2006 年之后的 TM 数据和超过 2300 景 TM、ETM+数据采用监督分类的方法生产了 30m 分辨率的地表覆盖产品。通过人工解译收集了 91433 训练样本和 38664 测试样本，对比了 4 种分类方法，包括最大似然分类法（Maximum Likelihood Classification，MLC）、J4. 8 决策树分类器、随机森林（Random Forest，RF）分类器和支持向量机（Support Vector Machine，SVM）分类器，分类体系与 GlobeLand30 相似，一级类分为耕地、林地、草地、灌木、湿地、水体、苔原、不透水层、裸地、冰雪十大类。精度验证显示 SVM 分类法精度最高，为64. 9%，RF 方法精度59. 8%，J4. 8 精度57. 9%，MLC 为53. 9%（Gong et al.，2013）。可以看出，FROM-GLC 采用了自动监督分类的方法，精度不高。之后又对算法进行了改进，结合 MODIS 时间序列数据和生物气候学、DEM、土壤水分状况图等辅助数据，采用基于分割的方法，将总体精度提升为 67. 08%（Yu et al.，2013）。数据下载网址 http：//data. ess. tsinghua. edu. cn/。

6. 马里兰大学 GLCF 的全球森林覆盖变化数据集

全球森林覆盖变化计划（Global Forest Cover Change Project）是一个长期计划，要生产多年份和多分辨率的全球森林覆盖和森林变化产品。计划主要由 NASA MEaSUREs 项目支持，使用 Landsat 全球土地调查（Global Land Survey，GLS）数据集生产 30m 产品，MODIS 生产植被连续场（Vegetation Continuous Fields，VCF）森林覆盖数据集产品。

由于地表森林发生变化的部分总是占地面积很小的区域，所以监测森林变化应采用分辨率小于 100m 的 Landsat 和相似的卫星数据（Masek et al.，2006）。30m 分辨率的森林覆盖产品包括 1990 年、2000 年和 2005 年 3 个基准年是通过 TM 数据及辅助数据和 250m MODIS VCF 产品尺度变换得到的（Sexton et al.，2015）。数据下载网站为 www. landcover. org。

值得一提的是，为了满足对全球地表覆盖制图、建立遥感模型、气候和碳循环研究对高分辨率精确定位影像的需求，GLCF 项目还提供 GLS 数据集，是利用 Landsat 影像生成的 1975 年、1990 年、2000 年和 2005 年连续的、利用 DEM 正射纠正过去除云的地表 30m 分辨率影像。2010 年 GLS 正在研制中，GLS 数据具体情况见表 2. 5。

表 2.5 GLS 数据列表

年份	数据数	总大小	ETM+数据	TM 数据	MSS 数据	ALI 数据
2005	8651	1.64TB	6076	2034	none	541
2000	8756	2.18TB	8756	none	none	none
1990	7375	975GB	none	7375	none	none
1975	7525	250GB	none	none	7525	none

2.2 国家或区域地表覆盖产品的更新

目前有很多地表覆盖产品通过影像变化检测提取增量，通过增量更新的方式获得新产品。地表覆盖的变化检测是目前地表覆盖制图的发展方向之一。地表覆盖变化本身是一种重要信息，具有重要的研究意义。国家或地区地表覆盖产品大多采用这一方式获得后期的产品。

2.2.1 美国的 NLCD

1. NLCD 简介

由 USGS 为主导研制的 NLCD 已经发布了 NLCD 1992、NLCD 2001、NLCD 2006、NLCD 2011 和 NLCD 2016 5 期 30m 分辨率的美国地表覆盖产品（Yang et al.，2018）。其中 NLCD 1992 只有一个土地覆盖数据（Vogelmann et al.，2001）；NLCD 2001 有所有 50 个州的 3 个专题图层，包括土地覆盖、不透水层百分比和树木冠层百分比数据（Coan et al.，2004；Homer et al.，2007）；1992 年产品的对于 Anderson 二级分类的 21 个类型，精度为 38% 到 70% 不等。对于 Anderson 一级类 7 个类别，精度为 82% 到 85%（Wickham et al.，2004）。2001 年产品 29 个类别的精度范围为 73% 到 77%（Coan et al.，2004）。NLCD 1992、NLCD 1996、NLCD 2001 产品不建议进行比较来获得地表的变化。这是由于各个产品的生产方法、图例系统、数据质量都有差异，直接对比会导致很大的伪变化。自 2006 产品开始，NLCD 的生产采用了增量更新的方法，通过影像变化检测提取地表覆盖变化，再对变化图斑进行分类，只更新变化的部分，其他未变化的部分不更新。NLCD 2006 除了包括土地覆盖、不透水层百分比数据之外，还增加了 2001 ~ 2006 年的土地覆盖变化数据。NLCD 2006 是第一个全美范围内的评价每个像素的地表覆盖变化的数据。

NLCD 2011 包含更新版本的 NLCD 2001 和 NLCD 2006 两期产品，还包含地表覆盖、城市不透水层百分比图层、冠层密度图层。其中城市不透水层百分比图层、冠层密度图层的百分比是按照 1% 的增长间隔表达 0 ~ 100% 范围。用户可以监测地表覆盖、城市不透水层 3 个不同时期（2001 年、2006 年和 2011 年）的变化趋势。而对于森林冠层只有 2001 年和 2011 年期两期产品，因为研制方法有了较大的改变，所以不能直接比较冠层的两期变化。NLCD 的网址是 http：//www. mrlc. gov/nlcd2011. php。

NLCD产品有着广泛的用户群，宣布NLCD 1992发布的那篇文章已经被引用了500多次。通过统计2011年2月至2012年9月的2545次下载，USGS给出了如图2.4所示的用户领域。

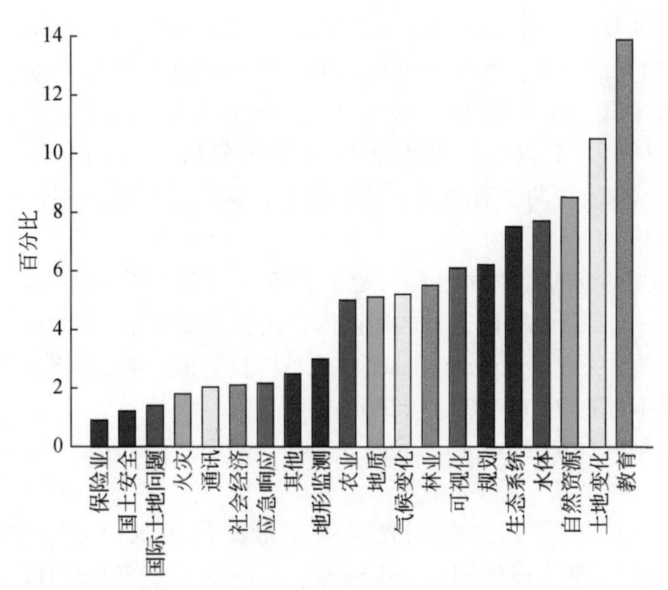

图2.4　用户统计（据http：//www.mrlc.gov/nlcd2011.php）

由于NLCD产品较早的采用了增量更新的方式生产地表覆盖产品，值得本书进行借鉴和对比，因此这里对其进行详细的描述。

2. NLCD数据特点

目前NLCD系列是5年的更新周期，以满足其成员和美国国内用户的需要。随着NLCD 2006版的发布，代表着重点已经从表征地表覆盖（地表覆盖分类、制图）转移为监测一段时间内地表覆盖的变化。并且从2006版起，地表覆盖产品的生成是利用变化检测更新的方法来实现。变化检测、分类算法都是以Landsat卫星轨道的行、列影像为单元进行的。这样可以免受相邻轨道影像因成像条件不一致而产生影像差异，对算法带来影响。

NLCD的特点并不在于变化检测算法本身，而在于流程设计。所有算法和采用的指标都是常规的成熟方法，算法没有太多创新，但是简单、实用，是通过大量的实验评价得出的结论。在生成新产品的过程中利用了前期的产品。在变化检测算法中，依据前一期产品提供的知识，将地物分为易变类型和不易变类型；在变化检测算法确定是否为变化像元时，阈值的确定是通过在前一期产品的分类结果中计算灰度平均值和标准差从而确定的；在后续的只对变化像元分类时，像元的类别轨迹信息及检测前期产品分类是否正确时，都应用了前期产品提供了知识。NLCD 2001、NLCD 2006两期产品可以提供变化信息，NLCD 2001、NLCD 2006、NLCD 2011三期产品可提供变化趋势信息。在算法的最后一步还考虑到了变化趋势问题，将新的分类结果反投回前期产品，对前期产品又更新发布，从而保证变化趋势正确，数据可对比分析。算法对原始影像要求较高，需要有叶子和落叶后的两个影像对，两个不同年份影像对的影像时差在两周内。

3. NLCD 采用的方法

算法也经历了逐步完善的过程。这里仅介绍最后产品 NLCD 2011 的算法。研制 NLCD 2011 是通过变化检测更新的方法，算法称为综合变化检测方法（Comprehensive Change Detection Method，CCDM），将 2006 版产品更新为 NLCD 2011（Jin et al.，2013）。变化检测利用 Landsat 影像光谱信息，集成 NLCD 2006、NLCD 2001 产品的地表覆盖信息、地表覆盖变化趋势先验知识，这样可以减少由于植被物候变化和气候变化带来的地表覆盖伪变化。在 CCDM 算法中主要包括：多指数综合变化分析（Multi-index Integrated Change Analysis，MIICA）、Zone 和两个时期结果的组合 3 个步骤。下面分步详细介绍：

源数据准备包括：

①按照 Landsat 卫星轨道，每列、每行选择 2006 年、2011 年目标年度，有叶期、落叶期各两个影像对，同一时期影像时间差在两周以内；波段为 TM1-5 和 TM1-7，采用 L1 影像产品并辐射纠正为大气顶层（top-of-atmosphere，TOA）反射值。通过掩模去除云和影子。

②前两期产品 NLCD 2001、NLCD 2006。

③国家高程数据库（National Elevation Dataset，NED）及其衍生出来的坡度、坡向等数据。

④土壤辅助数据——美国地质调查局国家资源保护局（USGS National Resources Conservation Service）土壤调查地理（Soil Survey Geographic，SSURGO）数据库的水成土（hydric soils）。

⑤耕地辅助数据——美国国家农业统计局（National Agricultural Statistics Service，NASS）2011 年耕地数据层（Cropland Data Layer，CDL）。

⑥湿地辅助数据——国家湿地名录（National Wetland Inventory，NWI）。

⑦来自美国海洋和大气管理局（National Oceanic and Atmospheric Administration，NOAA）国防气象卫星计划（Defense Meteorological Satellite Program，DMSP）的夜间稳定灯光卫星（Nighttime Stable-light Satellite，NSLS）图像。

所有数据统一坐标系统，剪裁到 30m 分辨率。

变化检测算法包括：

（1）MIICA 算法。

实现影像光谱变化检测使用的算法称为 MIICA。主要特点是算法简单、实用、便于操作。但可以看出，算法研制中进行了大量的实验。MIICA 算法中，选用了 4 个有互补效果的指数：归一化燃烧指数（normalized burn ratio，NBR）、归一化植被指数（normalized difference vegetation index，NDVI）、变化矢量（change vector，CV）及相对变化矢量（relative change vector，RCV）。每个像素计算各个指数，之后两期相减计算差异。

$$\mathrm{dNBR} = (B_{14} - B_{17})/(B_{14} + B_{17}) - (B_{24} - B_{27})/(B_{24} + B_{27})$$

$$\mathrm{dNDVI} = (B_{14} - B_{13})/(B_{14} + B_{13}) - (B_{24} - B_{23})/(B_{24} + B_{23})$$

$$\mathrm{CV} = \sum_i (B_{1i} - B_{2i})^2$$

$$\mathrm{RCV}_{\max} = \sum_i [(B_{1i} - B_{2i})/\max(B_{1i}, B_{2i})^2]$$

MIICA 计算每行、列影像 4 个差异指数（dNBR、dNDVI、CV、RCV）的全局平均值和标准差，根据不同地物类型，通过试验经验性的确定阈值，利用多阈值的方法及4个指数的集成规则来统一4个指数变化检测的结果。将所有变化像素分离出来，并且确定两个时期的变化的轨迹（如生物量增加还是减少）。

（2）Zone算法。

MIICA算法往往无法检测出森林的微小的、渐变式的变化，为了补偿这个缺陷，Zone算法仅使用dNBR和dNDVI两个指数。按照这两个指数的平均值和标准差，将类型各分为4个“Zone”，两个指数组合成为16个“Zone”。

（3）组合。

对于每幅行、列影像，两个影像对通过MIICA算法和Zone算法得到了4个变化图，通过组合方法，在减小漏分误差的同时不引入较大的错分误差，最终得到合理的变化图。有两种组合方法：

①基于知识。

将地物分为易变（dynamic）的和不易变（stable）两类。在不易变类型中，如果只是一个影像对检测出光谱变化，可能是由于物候或季节的原因引起的，而非地物本身的改变。对不易变地物使用“AND”规则，以减少错分误差；对易变类地物采用“OR”规则以减少漏分误差。用NLCD 2006的知识来进行这种分类，易变类地物包括“forests”、“shrub”、“herbaceous”、“woody wetlands”，不易变类地物包括所有剩余的地物类型。

②基于前期产品。

变化轨迹信息可以用来进一步减小错分误差。如果一个像素在NLCD 2006产品中被正确分类为森林类型，现在2006～2011年期间被检测为BI（biomass increase）类型，即生物量增长类变化类型，那么它在NLCD 2011中还像是森林类。然而，这是基于NLCD 2006产品的分类结果是正确无误的，为了保证不会由于NLCD 2006产品的错误而丢掉真正的变化，采用了归一化光谱距离（normalized spectral distance，NSD）方法来识别NLCD 2006中潜在的分类错误。NSD方法计算某一像素的灰度值与这种类型所有像素的灰度平均值的差异来判断是否可能存在错分。

$$\mathrm{NSD} = \sum_i [(B_i - \mu_{iC})/\sigma_{iC}]^2$$

最终，经过这3步算法，原始产品是最大潜在光谱变化（maximum potential spectral change，MPSC）产品。对于MPSC中识别的变化像元，通过下面的3个步骤判断变化的有效性并对变化像元进行分类。

（1）样本的准备：使用2006目标年的样本，并加入NASS CDL、NWI数据和土壤等辅助数据。

（2）分类影像：使用3个2011年度的影像参与分类。

（3）决策树分类，建立一组基于知识的规则只对变化像元进行决策树分类。

每一种地物类型的分类后处理方法稍有不同。主要利用基于知识规则结合地表覆盖历史轨迹来精调初始的结果。城市用地具有最高的优先级，只要有变化被检测出来就会被包括在最终的地表覆盖变化产品中。对于耕地，利用CDL辅助进行分类后处理。对于湿地，辅助数据如NLCD 2006、SSURGO土壤数据、NWI都被用来限制错分误差和漏分误差的大小。

保证趋势准确的后处理。最后一步处理是要保证新产品于前期产品趋势一致，这样才能支持与前期产品进行变化比较和叠加分析。随着新产品 NLCD 2011 的发布，早期的产品 NLCD 2001、NLCD 2006 都进行了更新又重新发布（re-version）。更新版的早期产品修正了与新产品间的不一致性。这一步好像是手工完成的。

还有一个步骤称为“smart-eliminate”聚合算法。每一种地物定义了相应的最小制图单元（minimum mapping unit，MMU），耕地和草地是 12 个像素，其他地物（人造覆盖除外）是 5 个像素，人造覆盖没有限制。发布新产品而更新前期产品时使用。

2.2.2 欧洲的 CORINE

从 20 世纪 80 年代开始，欧洲就开始了 CORINE 项目，建立了欧洲环境系统。其中地表覆盖产品 CLC（CORINE Land Cover）以卫星影像为主要信息源，采用自下而上的生产方式，即各成员国负责生产自己国家范围的数据产品，之后集成生成欧洲范围的地表覆盖产品。目前 CLC 产品包括 CLC 1990、CLC 2000、CLC 2006 和 CLC 2012。从 CLC 2000 版开始，出现了 CLCC（Land Cover Change）产品 CLCC 1990、CLCC 2000 以反映 10 年间地表覆盖的变化。当时大部分国家的方法是首先将 CLCC 1990 升级制作出 CLC 2000，再将两产品叠置产生 CLCC 产品。然而由于两期产品的 MMU（最小制图单元）不一致，CLCC 产品中包含大量的噪声和伪变化。有些国家采用增量更新的方式，即首先检测出 1990 ~ 2000 年的地表变化，再生成新一期的产品，这种方法后来被欧洲环境署（European Environment Agency，EEA）推荐采用（Büttner，2014）。

CLC 从 2006 版 CLCC 产品作为基本产品之一。生产方法都是采用双时相卫星影像作为数据源（如 CLCC 2006 采用 SPOT-4/5 和 IRS P6），通过人工目视解译或机助半自动解译。变化图斑提取时参照前期产品图斑，以避免生成新一期产品时产生矛盾。同时，前期产品的错误也在此过程中得到改正（表 2.6；Büttner，2014）。

2.2.3 德国的 DeCOVER

另一个具有代表性的产品是德国的地表覆盖产品 DeCOVER（Buck，2010）。DeCOVER 作为全球环境与安全监测（Global Monitoring for Environment and Security，GMES）计划的延伸，是德国服务于国内的、基于遥感影像的土地覆盖、利用系统。DeCOVER 的服务分为核心模块和附加模块服务，以适应不同用户的需求。这里仅关注其核心模块中的变化检测更新产品部分。这部分的算法是由 GDS 和汉诺威莱布尼兹大学摄影测量和地理信息研究所（Leibniz University Hannover，Institute of Photogrammetry and GeoInformation，IPI）研发的。

DeCOVER 系统采用高分辨率卫星影像作为原始数据，产品比例尺大，变化检测算法是采用基于对象的方法，通过比较两个时相影像，并用前一时相的地表覆盖产品为约束，采用多尺度分割方法得到分割图斑，输出的结果是一个 GIS 图层 - 变化图层。其实现过程首先通过行业专家的知识，建立 PT 矩阵（NXN 矩阵，N 为地表覆盖产品的类型数目），每个 PT 矩阵元素的值为 0 ~ 1，代表一类地物转化为另一类的可能性或概率。通过多尺度

表2.6　CLC产品介绍(据Büttner,2014)

项目	CLC1990	CLC2000	CLC2006	CLC2012
卫星数据	Landsat-5 MSS/TM 单时相	Landsat-7 ETM 单时相	SPOT-4/5 和 IRS LISS III 双时相	IRS LISS III 和 Rapid Eye 双时相
时间一致性	1986～1988年	2000±1年	2006±1年	2011～2012年
几何精度,卫星数据	≤50m	≤25m	≤25m	≤25m
最小制图单元(宽度)	25ha/100m	25ha/100m	25ha/100m	25ha/100m
几何精度(CLC)	100m	优于100m	优于100m	优于100m
专题精度(CLC)	≥85%(可能未获得)	≥85%(获得;Buttner and Maucha,2006)	≥85%(未验证)	≥85%
变化制图(CLCC)	未实施	最小边界位移100m;现有多边型的变化区域≥5ha;独立的变化≥25ha	最小边界位移100m;所有变化≥5ha	最小边界位移100m;所有变化≥5ha
专题精度(CLCC)	-	未验证	≥85%(Buttner et al. 2011)	≥85%
生产时间	10年	4年	3年	2年
文档	不完整的元数据	标准元数据	标准元数据	标准元数据
数据可获得性(CLC,CLCC)	分发政策不明确	分发政策从开始就明确	免费获得	免费获得
涉及的国家	26个(27个,包括实施较晚的国家)	30个(35个,包括实施较晚的国家)	38个	39个

分割获得变化图斑，两时相影像间的“diff_norm”被选作为分割指标，根据经验确定分割参数。值得一提的是，在分割过程中集成了 DeCOVER 前一时相的产品作为分割约束条件，这样就保持了前一时相产品的边界不会被破坏，与分割结果及变化检测的结果边界一致。多尺度分割得到的初始分割结果又利用光谱差异细分（spectral difference segmentation）方法进行了合并以减少过分割的现象。因为大部分的变化都与植被变化相关，采用两时相的 NDVI 比值作为指标并用模糊隶属度函数来表示变化类型的可能性程度。通过模糊隶属度函数的值来确定是变化还是非变化图斑。算法联合 DeCOVER 前一时相产品的类型、PT 矩阵值、模糊隶属度的值，每个变化图斑确定变化指标和可能的转化类型，最终可以自动或人机交互确定转化后的类型。

DeCOVER 产品仅用于德国范围内，比例尺大，适合采用基于对象的方法，产品以矢量图斑的形式表示。由于分割过程以前一时相产品为约束，分割边界保持一致，通过确定变化图斑的范围和类型，可以直接实现对前一时相产品的更新，得到新的地表覆盖产品。更新过程中需要前一时相产品、两期影像参与。

2.2.4 澳大利亚的 NCAS-LCCP

利用 Landsat 的 MSS、TM 和 ETM+影像，澳大利亚碳核算系统包括 25m 分辨率自 1972 年以来的 15 个年份的多年生植被制图。方法与 CCI-LC 的方法很相似，是采用长时间序列的影像，监督分类各个不同年份影像估计类型参数，再通过空间–时间模型（联合分析时间序列中某像元的类型）减少分类错误。分类时首先较为精确地确定一个基准图像的分类，以后验概率为其他年份图像分类的依据，空间–时间模型联合分析某像元不同年份的分类结果及周围像素的类型以提高分类的精度（Caccetta et al.，2007）。初始分类是使用分类器扩展方法应用线性判别分析来进行，使用额外的训练样本来重新校准分类的阈值，这样可以使阈值适合于不同的制图区域和影像场景。算法最后一步结合了基于贝叶斯条件概率的时空转移概率方法，最大的优点是可以将多个时相的转移概率一起考虑。

该计划的处理流程为：①首先对数据进行预处理，利用互相关技术将数据调整到有共同的空间参考、将数据调整至共同的光谱参考、进行几何校正并清除损坏数据；②分析地表数据和光谱数据，来确定每个日期的分类器和参数；③多时间联合模型的规范分类；④验证分类结果，量化它们的准确性。

这里使用两步法，第一步是形成最佳单日期分类，表示为后验概率，作为第二步的输入；第二步是空间时间模型应用。针对森林和非森林两类来说，针对决策边界，使用两个阈值来产生一个“软”边界，利用边界从而产生单个日期分类。通过结合被称为“匹配”的自动化方法来实现一致性和随后的准确性的改进，从而形成相对自动化但仍然受监督的方法。将基础产品作为响应变量，给定要分类的新图像，我们通过最小化目标函数的 m 个像素来估计阈值，其中 p_k 是来自基本图像的像素 k 的类概率，$\hat{p}_k$ 是新图像的估计概率（确定阈值）。

$$\sum_{k=0}^{m} |\hat{p}_k - p_k|$$

利用分类时空模型进行精度评定。时间序列由质量不同的数据源组成和光谱鉴别。为提高分类精度，我们使用合并初始误差率和时空规则的联合模型来解释。对于整个项目，森林的准确性存在-不存在分类被独立验证。验证涉及比较分类与其真实性可以从航空影像中解读获得。NCAS-LCCP生产流程为：

第一步：新地图与基准地图的变化检测，通过判读，产生是否变化的成果图；

第二步：由新地图与变化类型分类图进行更新，得出中间年份的示例；

第三、四、五步：对中间年份示例的变化部分进行分类；

第六步：统计中间年份示例图的两种类型的像素数量；

第七步：统计中间年份示例图的不同地图变化类型的像素数量；

第八步：通过与基准图的比较，得到新地图鱼基准地图期间内的变化图；

第九步：对是否发生变化的像素进行统计。

2.2.5 其他

Hansen和Loveland（2012）在“A review of large area monitoring of land cover change using Landsat data”一文中对利用Landsat卫星影像为数据源生产大范围地表覆盖变化产品，尤其是森林产品进行了回顾，包括北美森林干扰产品——陆地卫星生态干扰自适应处理系统（Landsat Ecosystem Disturbance Adaptive Processing System，LEDAPS）、SDSU产品（刚果、印尼、俄罗斯欧洲部分）、美国农业部（United States Department of Agriculture，USDA）国家农业统计局耕地数据层（NASS CDL）、澳大利亚联邦科学与工业研究组织碳核算系统（Commonwealth Scientific and Industrial Research Organisation，National Carbon Accounting System，CSIRO NCAS）、巴西国家空间研究所亚马孙森林退化监测计划（INPE PRODES）、USGS NLCD和保护国际（Conservation International，CI）系统，共7种地表覆盖变化产品。这些产品中，PRODES、NLCD、NCAS、CI和CDL属于操作产品，即作为辅助决策系统，其生产方式和精度要能满足工程的需要。而SDSU和LEDAPS则属于实验性产品，具有研究性质。众所周知，使用Landsat制作大范围地表覆盖变化产品没有公认的统一方法。从变化检测算法来看，监督分类及其变体仍是主流方法。双时相变化检测是主流方法，也有一些产品采用时间序列的方法。从生产产品的处理单元来看，作者认为操作性产品主要利用分层或分区的方式生成产品，如PRODES、NLCD和CI变化产品以景为单元生成。NCAS采用了生态分区单元，CDL产品以州为分层。这主要是由于操作单元越小越容易控制产品的精度，这对于操作性产品来说至关重要。实验性产品LEDAPS和SDSU采用在整个研究区采用统一模型或指数来确定地表变化，这依赖于对整体区域多幅影像事先进行辐射归一化处理。介于两者之间的方式是澳大利亚的NCAS产品，在每个事先定义的生态分区内进行辐射校正包括表观反射率、BRDF和地形校正。其理念是分区内地表类型具有相似的光谱特性。未来如将这些实验性方法用于操作性产品生产，还需要进一步研究和试验。作者认为，以景或轨道为单元的双时相影像比较法进行变化检测是由于以往中等分辨率卫星数据的高昂购买成本和缺乏几何和辐射预处理能力而导致的，随着免费数据可获得性的增加、处理手段的提高，未来必然会逐渐采用时间序列的逐像素方式，生硬的按照景或轨道来分区处理方式会被淘汰，考虑生态分区的方式仍会采用。

2.3 地表覆盖产品更新分析

通过对以上全球或地区范围的地表覆盖产品更新方法的回顾，地表覆盖数据的更新有以下几方面需要考虑的问题：

2.3.1 需不需要生产全球地表覆盖变化产品？

长期记录地表覆盖和其变化是气候变化、碳循环建模、水文研究、动物栖息地分析、生物保护和土地利用规划等各项研究和政策制定的基础。例行的全球地表变化监测在一系列国际、国家级别项目中已经被认定为具有高优先权，这些项目包括联合国气候变化框架公约（United Nations Framework Convention on Climate Change，UNFCCC）、联合国粮食和农业组织项目（FAO，2010 年）、全球森林和土地覆盖动态观测（GOFC-GOLD）计划及美国全球变化研究项目等。在国家级别的地表覆盖变化监测中，资源管理部门或决策部门可以通过地表变化的情况来评估政策是否达成目标。

Hansen 和 Loveland（2012）指出，随着 Landsat 等卫星数据对公众公开提高了数据的可获得性，加上处理水平的不断提高及对环境变化信息的需求扩大，在未来的几年时间，我们对全球地表覆盖变化信息需求相当迫切。

表征地表覆盖变化在地球观测界是一个正在发展的研究领域。年内的地表覆盖变化可以表现出植被的物候、季节性降雪、洪水和火灾等。ESA-CCI、NASA-MODIS 等地表覆盖产品都利用时间序列影像分析的方法利用 MODIS、MERIS、SPOT 和 AVHRR 数据监测每年的地表覆盖变化。与此类似，在大范围植被和火灾变化监测上也采用了时间序列分析的方法（Verbesselt et al.，2012；Bontemps et al.，2012）。

一个有用的全球地表覆盖产品系统必须提供地表变化信息为用户所用。较粗分辨率的地表覆盖变化产品尽管可以提供长期的趋势、年际和年内地表动态，大范围和逐渐的地表变化，变化热点等信息，然而，地表覆盖的变化经常是小尺度的，上述粗分辨率卫星数据并不适用。在非均质地带和地物过渡带这样的粗分辨率的变化信息往往是不可靠的。更精细分辨率，如 Landsat 类型卫星数据目前是最适合大范围准确观测地表覆盖、土地利用变化的可靠数据源。随着更高分辨率的 Landsat 卫星数据的免费获取，使用 Landsat TM 30m 影像获得地表变化成为最佳的方法。

美国的国家地表覆盖产品 NLCD 包括 NLCD 1992、NLCD 2001、NLCD 2006、NLCD 2011 及 1992～2001、2001～2006 和 2006～2011 的变化产品。NLCD 产品显示在 1992～2001 年地表 2.99% 发生了变化（Fry et al.，2008），2001～2006 年地表覆盖的变化小于 2%（Fry et al.，2011）。生成 NLCD 2006 时是采用 NLCD 2001 作为基准图，通过相同季节的 TM 影像对提取的变化区域更新获得的（Xian et al.，2009）。研制 NLCD 2011 也是通过变化检测更新的方法，算法称为 CCDM，将 2006 版产品更新为 NLCD 2011（见 2.2.1）。

海岸变化分析项目（Coastal Change Analysis Program，C-CAP）是提供美国国家海岸带地区的地表覆盖及其变化的数据库（Dobson et al.，1995；Portolese et al.，1998）。采用双

时相卫星影像来检测高地和潮汐地带的地表覆盖变化（Portolese et al.，1998）。目前有1992年、1996年、2001年、2006年、2010年和2016年间的海岸带地表覆盖变化产品可供下载（https：//coast. noaa. gov/digitalcoast/data/）。这个项目监测沿海潮间带、湿地和邻近高地的栖息地。提供每隔1～5年一次地表覆盖和地表覆盖变化图，监测周期取决于研究区域的变化程度大小。C-CAP项目可以提高对沿海生态系统的理解，并为管理者提供关于管理政策和项目的反馈（Dobson et al.，1995）。

地表覆盖变化趋势（Land Cover Trends，LCT）是一个利用卫星影像和其他数据来获得地表覆盖、土地利用变化率、诱因和相应带来的影响的研究项目（Loveland et al.，1999），时间跨度是从1999年到2011年。项目中变化检测的方法是通过整合现有的影像变化检测算法联合统计采样方法，算法还结合了生态分区的框架体系（Loveland et al.，1999，2002；Stehman et al.，2003；Gallant et al.，2004）。每个不同的生态分区中根据特性采用不同的算法。自动方法和目视解译相结合以得到可靠的产品（Loveland et al.，2002；Sohl et al.，2004）。LCT主要关注从地学的角度来理解美国各地区的土地变化，并为管理环境和自然资源提供有价值的信息（http：//landcovertrends. usgs. gov/）。

火灾严重程度趋势监测（Monitoring Trends in Burn Severity，MTBS）是一个监测火灾的发生及其严重程度的数据库（http：//www. mtbs. gov/）。这个数据集提供了1984年至今美国东部200hm^{2}和美国西部400hm^{2}以上的火灾周边的烧伤严重度数据。通过火前和火后Landsat图像的比较，生成了30m分辨率的火灾影响范围和火情严重度（Eidenshink et al.，2007）。计算火灾前后NBR的差异，并与现场调查数据进行比较，以确定火灾严重程度。这些火灾的记录还可以提供研究区域的资源的消耗和灾后重建的情况。MTBS数据库可用于评价大范围的火灾对环境的影响，监测灾后的地表恢复过程，提高美国对土地的管理能力（Eidenshink et al.，2007；Chen et al.，2011）。

目前地表覆盖的变化产品较少（Kennedy et al.，2010），除了上述的几种美国的产品外还有欧洲的CORINE产品。全球森林覆盖和变化产品GLCF包括1990～2000年和2000～2005年两个时段森林覆盖变化产品。全球地表覆盖迫切需要更新周期1～5年30m类似分辨率的变化产品。

2.3.2　制作各期产品采用分别影像分类还是增量更新？

近年来随着全球多年份时间序列EO数据的积累，已经使利用同一传感器数据生产连续的全球多年份地表覆盖产品成为可能。基于同一传感器周期性获取地表影像继而生产连续的地表覆盖产品无疑是一大进步，但这其中仍存在诸多有待解决的问题。Friedl等（2010）指出MODIS Collection 4和MODIS Collection 5地表覆盖产品间的巨大差异。MODIS Collection 5产品改进了产品，分辨率由1km改进到了500m，自2001年期每年发布地表覆盖产品。但比较每年的产品，发现对比得到的地表覆盖产品的变化并不全都是因为真实的地面变化引起的。这个问题部分是由于500m分辨率混合像元现象比较严重产生，还有年与年之间物候变化和扰动，如火灾、虫灾引起的。此外就是分类的错误导致的伪变化。相似的，比较GlobCover 2005和GlobCover 2009也明显表现出两个产品的差异，虽然这两个产品是采用相同的卫星影像和相同的分类方法获得（Defourny et al. , 2010；Bontemps et al. , 2011）。通过 SPOT-Vegetation 时间序列影像获得的 ESA-CCI 地表覆盖产品也表现出了伪变化的问题（Giri，2012）。对于像 GlobeLand30 这样的高分辨率的地表覆盖产品，多期产品之间的一致性也不易获得。如图 2.5 所示为两期中国北京地区的 TM 影像（轨道号：P123R032），影像大小为 1024×1024 像素，影像获取时间为 2000-08-20 和 2010-08-08。

GlobeLand30 数据产品本身的分类精度在 80% 以上，是以像素为单位的栅格形式数据，直接进行像素级别的两期对比，会受到两期单独分类，产品分类精度、样本选择不同、时相不同等因素的影响，在变化监测结果中包含大量的伪变化像素。从图 2.6 可以看出，在地块的边缘存在大量 1～2 个像素宽度的变化图斑，呈现出围绕地块的形状，经过在同时期 Google Earth 高分影像上人工目视解译证实这些变化为伪变化，由于 GlobeLand30 两期产品分类结果的差异引起。

同一时期多种地表覆盖产品间的不一致性主要由于各个地表覆盖产品类型定义的差异和有限的分类精度引起的（Jung et al. , 2006；McCallum et al. , 2006），一般来说全球地表覆盖产品的总体精度在 75% 左右，如图 2.7 所示，两期产品直接比较获得的地表覆盖的变化会存在大量的伪变化像元。地表覆盖的变化不能通过直接对比产品而获得，要采用另外的方式（Giri，2012）。

图 2.5　TM 影像（获取日期：左 2000-08-20，右 2010-08-08）

由于全球地表覆盖产品制图涉及影像范围大、数量庞大，尤其对于 30m 这样较高分辨率的产品来说，增量更新的方法需要获得同一地区相近月份的每年、每五年、每十年两期或多期影像以满足影像变化检测更新的需要，影像的检索、下载、预处理的工程量对于生产来说工作量庞大。所以全球范围的产品多采用分类后变化检测或各期影像分别分类的方法生产不同时间的地表覆盖产品。这类方式对原始影像的要求降低，对影像的辐射预处理要求也降低，使生产历程简化。然而，各自分类没有考虑两期地表的相关性，在地物边界会存在大量伪变化，即使采用后验概率进行辅助，会导致传递不正确的变化信息而导致精度不佳，因此这种方法不适宜采用。

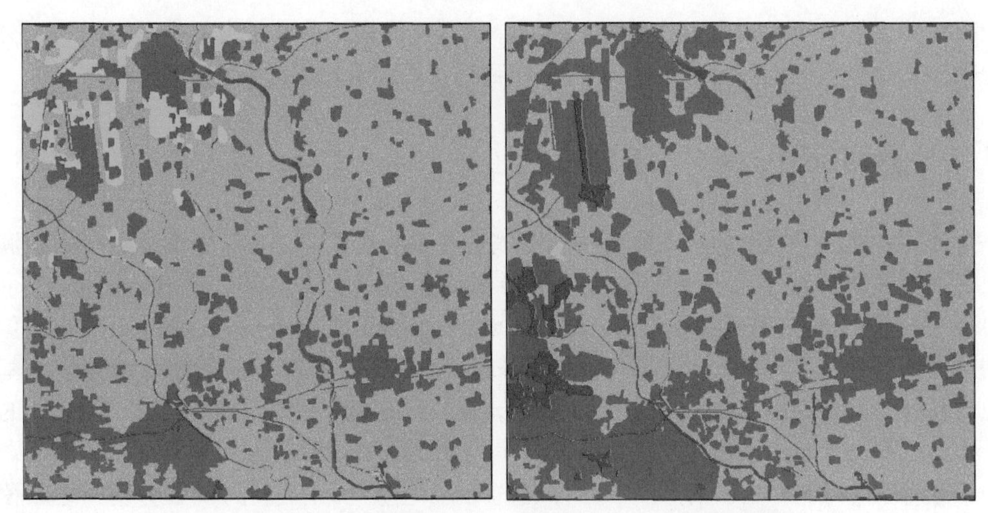

图2.6　GlobeLand30产品（左：2000期产品，右：2010期产品）

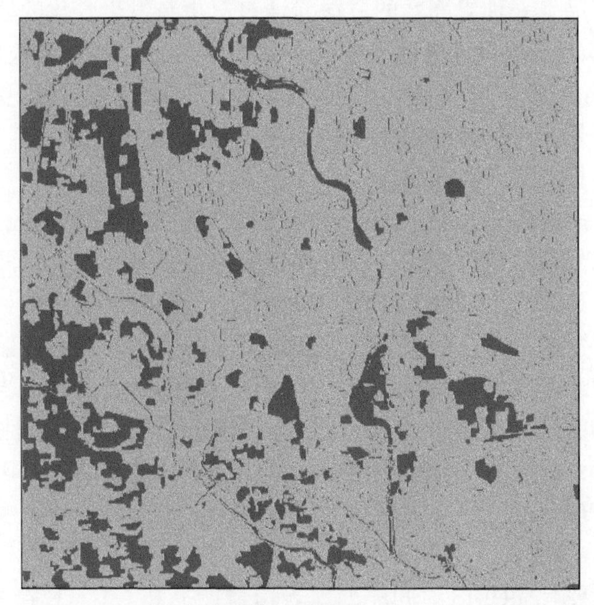

图2.7　GlobeLand30两期产品直接相减结果（红色表示检测出来的变化区，灰色表示非变化区）

大多数国家或地区级别的地表覆盖产品采用增量更新提取两期的变化再更新老的产品的方式，更新产品的同时还可获得地表覆盖的变化产品。这种方式依赖于两期影像的质量和可比较的程度，需要相近月份和完善的影像预处理，适于国家或地区范围有限、方便收集影像的情况下采用。随着遥感卫星影像数据可获得性的增加、影像检索、去云和影像预处理技术自动化程度的提高，未来增量更新方式生产全球产品将逐步取代以往的方法。

另一类更具有优越性的方法是采用时间序列分析的方法，如MODIS地表覆盖产品MLCT、CCI-LC和澳大利亚碳核算系统。MODIS地表覆盖产品MLCT采用了分类后利用后验概率约束和连续3个时段分析的方式减少分类错误带来的伪变化。CCI-LC产品和澳大利亚碳核算系统采用时间序列分析的方法剔除伪变化像素。在以年为单位的时间序列分类影像中，每个变化像元都需要至少连续两年保持这一类型才被认为是变化像元。

2.3.3 双时相还是时间序列方法？

全球的和地区、国家的地表覆盖产品应该是在多空间尺度、多时间维度的产品以满足用户的不同需求。近年来一系列被全球气候观测系统（Global Climate Observing System，GCOS）和国际卫星对地观测委员会（Committee on Earth Observation Satellites，CEOS）科学共同体认可的基本气候变量（Essential Climate Variable，ECV）包括地表覆盖作为基本的地表参数①（CEOS，2006；GCOS，2006）。在GCOS-107报告中提供了关于ECV的说明，在其中提到了对地表覆盖的主要需求是提供0.25～1km分辨率的每年更新的产品；10～30m分辨率的每5年更新的产品。在常规情况下，生产每年更新的30m分辨率地表覆盖产品是不可行的，一般需要5年或更长的时间来收集大范围地区完整的、无云的影像，来制作生产地表覆盖产品。一种更高效的方法是通过只更新发生变化的区域（Giri，2012）。

美国的NLCD 2011系统设计的地表覆盖产品框架。在空间分辨率上，NLCD 2011分为250m、30m和1～5m 3种不同尺度以满足不同的需求。250m产品更新的周期为每年，30m产品的更新周期是5年。这种框架结构定期的提供多种空间分辨率的地表覆盖产品，必然与时间序列的分析方法产生联系。

Hansen和Loveland（2012）认为双时相变化检测是目前主流方法，也有一些产品采用时间序列的方法。以景或轨道为单元的双时相影像比较法进行变化检测是由于以往中等分辨率卫星数据的高昂购买成本和缺乏几何和辐射预处理能力而导致的，随着免费数据可获得性的增加、处理手段的提高，未来必然会逐渐采用时间序列的逐像素方式。

开发时间序列的地表覆盖产品已成为一个快速发展的研究方向，当前主要的焦点集中在如何减少伪变化的方法研究（Giri，2012）。时间序列产品的一致性一直是一个中心目标，但其他考虑因素，如成本、自动化程度、算法实现的复杂性也是影响不同产品的重要因素。下面概述各种现存的全球或国家、地区范围的基于监督分类方法生产的地表覆盖时间序列产品。

全球产品目前主要有MODIS时间序列地表覆盖产品和CCI-LC产品，介绍详见2.1.2节。全球时间序列地表覆盖产品可用于支撑全球地表覆盖状态的科学研究（Friedl et al.，2002，2010）。MODIS时间序列地表覆盖产品Version 5每年提供500m分辨率的17个类型的地表覆盖。

CCI-LC产品采用先分类后时间序列分析的方式获得每年地表覆盖产品。可以避免因分类错误、物候变化、混合像元等因素带来的伪变化。由于多期影像的相互印证，利用更多的信息量以提高产品的可靠性。时间序列的方法需要下载和处理大量的数据，目前对于全球30m高分辨率地表覆盖制图来说工作量过大。当前的时间序列分析方法均采用基于像

① GTOS. 2008. Terrestrial essential climate variables. Biennial report supplement for Climate Change Assessment, Mitigation and Adaptation. GTOS Publication 52, FAp, 44

素的方式，要通过一定的后处理以去除“噪声”像元。

Latifovic 和 Pouliot（2005）开发了一套时间序列的方法监测自 1985 开始间隔为 5 年的加拿大国家地表覆盖数据。采用 AVHRR 卫星影像，空间分辨率为 1km。设计的方法主要是为了保证使地表覆盖产品保持一致性。方法采用的是更新的思路，即在时间序列产品生产过程中，只更新地表发生了变化的位置。变化检测用的是改进的光谱变化矢量分析方法，实践证明这种更新的方法比分类后比较的变化检测方法精度更高。对变化像素的初始分类采用最小距离分类器，分类的信息与专家确定的转移矩阵及分类先验概率一起基于 Dempster-Shafer 理论进行组合，再计算经过调整的像素隶属度，从中取最大值作为更新的地表覆盖类别。该方法设计为基于一个基准图，同时向前更新和向后回溯地表覆盖产品，因此需要为每个向前或向后的时间分别建立转换矩阵。包括 12 个类别的时间序列地表覆盖产品的总体精度为 62%。

目前存在的时间序列地表覆盖产品都是针对大范围的中、低分辨率的产品，采用的原始影像多为 MODIS 或 AVHRR 类似的重复周期短的中低分辨率卫星数据。利用 Landsat 的 MSS、TM 和 ETM+影像生产的澳大利亚碳核算系统包括是较高分辨率长时间序列产品，更新是不定期的。与双时相变化检测的增量更新方法相比，时间序列方法需要考虑产品间的一致性问题。当有三期及三期以上的同一地区地表覆盖产品存在时，就可以获得地表覆盖的变化趋势，要正确反映实际的地表变化情况，就需要在时间序列产品中考查趋势的正确与否，这是时间序列方法比双时相方法优点所在。只采用双时相变化检测方法进而结合增量更新生产地表覆盖产品，没有顾及地表的变化趋势，需要额外的步骤修正多期产品。如美国的 NLCD 产品在生产流程的最后一步联合三期产品进行修正，以保证正确反映地表的变化趋势。加拿大的国家地表覆盖系统的生产方法将增量更新与时间序列结合，通过更新或回溯的方法结合统计模型实现时间序列地表覆盖产品的生产，这种方式充分显示了两种方法的优点，更新数据量小，效率高，能正确反映地表覆盖的变化及变化趋势，是一种更佳的方法。

双时相变化检测可采用基于对象或基于像素的方式进行，选择多样而灵活。而时间序列方法常采用基于像素的方式，对象分割边界的差异难免会使对象用于时间序列分析中出现不一致的现象。

2.3.4　变化检测采用基于像素还是基于对象的方式?

增量更新方法主要依赖于影像变化检测的算法。从目前全球或地区的地表覆盖产品所采用的增量更新方法来看，采用的方法分为基于像素和基于对象两种方法。早期的变化检测技术是以像元作为基本单位，利用像元光谱特征判断变化的发生，并不考虑空间特征的变化。基于像素的变化检测技术有：图像差值法（Image Differencing）、图像比值法（Image Ratioing）、植被指数差值法（Vegetation Index Differencing）、回归分析法（Regression Analysis）、主成分分析法（Principal Component Analysis，PCA）和变化矢量分析法（Change Vector Analysis，CVA）等。以上方法均为单一特征值的变化检测方法，这些方法都有自身的局限性，难以广泛应用。为了提高结果的质量、减少噪声影响，许多学者利用多个特征值进行变化检测。周晓光等（2015）采用灰度差值、NDVI 差值、灰度比值和主成分分析法分别进行变化检测，对比和分析 4 种方法的变化检测结果精度，再组合其中的两种或 3 种方法进行变化检测，提高了变化检测的精度。

随着遥感技术的发展，遥感图像空间分辨率的提高，在高分影像上使用基于像元的变化检测方法会不可避免地产生“椒盐”噪声，于是基于对象的变化检测方法受到了越来越多的关注。基于对象变化检测是以图像分割为基础，将同质性像元集合作为一个对象，确定最佳分割尺度来进行变化检测，多时相遥感图像对象的获取方式可分为：多时相组合分割（Bontemps et al.，2008）、单时相分割和多时相分别分割（袁敏等，2015）。而分割的核心则是对于不同地类最佳分割尺度的确定。王卫红等通过研究多尺度分割参数对分割结果的影响，提出了基于分割质量函数的最优分割尺度计算模型（王卫红和何敏，2011）。分割质量函数以对象内部的标准差表示同质性，Moran's 指数表示异质性。通过在多级层次图像中分别进行不同地物的分割，来确定其对应的最佳分割尺度。黄慧萍通过考虑最优尺度与地物目标尺寸之间的关系，提出了确定最优尺度的最大面积法，即“影像对象的最大面积最能够体现对象大小随分割尺度变化的特征”（黄慧萍，2003）。

由于基于对象方法所产生的对象与各时相的图像特征有关，对象的几何特征会随着时间的推移而改变，所以两个时相的对象边界会存在不一致，难以建立多时相对象之间的对应关系（袁敏等，2015）。此外，基于对象变化检测的图斑是以矢量形式表现，这种形式相对于基于像素的栅格形式来说，变化图斑的边界更加清晰，一些零散图斑相对于栅格形式的零散像元来说更加容易处理。但是用栅格形式表达图斑，其准确度相较于矢量形式更高，更能表达出一些较为微小的变化。

基于像元和基于对象的方法均需要依赖某一指数或某一特征值的阈值作为变化区域与非变化区域的评判标准，阈值的选取会直接影响结果的精度，而计算机视觉领域协同分割思想的提出将图像分割转化为能量函数的最小化问题，将不再依赖阈值的选取。同时基于协同分割的方法能直接得到边界准确、空间对应的多时相变化对象，解决了多时相对象边界不一致问题（袁敏等，2015）。

国外学者 Rother 等（2006）在 2006 年首次提出了协同分割的概念，在基于马尔科夫随机场的能量函数中同时包含了空间一致性和图像对共同部分直方图匹配的全局约束。通过置信域图割的方法实现能量函数的最小化，使得分割结果达到最优。优点是具有广泛的普遍性，但是该模型能量函数的优化只考虑了一个图像对的情况。Joulin 等（2010）则将协同分割的应用拓展到分割一组图像，考虑到非监督分类方法能够将一张图像分割为前景和背景区域，将归一化割和对象识别中的内核方法相结合，提出了基于判别聚类框架的图像协同分割方法，其目标是使用一个训练好的监督分类器在一组图像上标记前景/背景标签，以使图像达到最优分割。为了实现协同分割能够处理大量数据的目标，Joulin 等在判别聚类框架的基础上，将光谱聚类和判别聚类在能量函数中结合，利用能量最小化方法，将协同分割方法拓展到能够处理多个类别，同时分割图像的数量也有明显提高（Joulin，2012）。我国学者孟凡满等考虑提出的多组协同分割框架，不仅能够发现每一个图像组内部的图像协同信息，而且能够在不同的图像组中传递这些信息，来获得更准确的对象先验知识（Meng et al.，2016）。袁敏等（2015）在基于图割的能量函数中包含不同时相图像的变化信息，将变化检测与图像分割联系在一起，在能量函数的最小化的过程中，同时完成图像分割与变化检测。这种方法将运动图像的协同分割与物体的变化过程联系起来，拓展了协同分割的应用领域。

相比于基于像素及基于对象两种变化检测方法，协同分割方法的结果和基于像素方法的结果一样是栅格形式，保证了结果的准确性。由于分割时考虑了临近像素构成的图像特征，可减弱“椒盐”噪声的影响。综上所述，以上提到的 3 种方法的优缺点总结如表 2.7 所示。

表 2.7　3 种变化检测方法优缺点对比

类型	优点	缺点	结果格式
基于像素的变化检测	方法简单，可以广泛应用	对噪声敏感，易产生“椒盐”噪声；只考虑单个像素光谱特征，不考虑像素之间的空间属性；结果精度依赖阈值选取	栅格
基于对象的变化检测	能够克服“椒盐”噪声；考虑光谱信息及空间属性	不具有普遍性，很难找到最佳分割尺度；结果精度依赖阈值选取；两时相对象边界不一致	矢量
协同分割的变化检测	有效避免“椒盐”噪声；既考虑光谱信息又考虑空间属性；解决两时相对象边界不一致问题；结果精度不依赖阈值选取	算法复杂，运行速度慢	栅格

2.3.5　其他辅助信息的应用

遥感影像反映的只是地表的瞬时状态，而且均是基于像素级别，所以存在很多影响变化检测或分类的不确定因素：如存在大量同物异谱和异物同谱的现象造成错误分类；由于季候时相的原因，变化检测会存在大量的伪变化；又如灌溉期，水田由于灌溉会与水体有非常相似的光谱特征，如果单从影像的光谱特征来做变化检测，会存在伪变化现象。

在以往的地表覆盖制图中应用辅助数据以改善这些因素的影响。例如，IGBP-DIS 的辅助数据包括 DEM 数据，生态区域数据、国家或地区的植被和地表覆盖图。CCI-LC 数据分类应用了全球红树林地图集（Global Mangrove Atlas），“城市”类型参考全球人类居住区及全球城市覆盖的区域数据，“水体”从 CCI 开放水体的全球地图继承，“永久性冰雪”参考伦道夫的冰川库存等辅助数据。GlobeLand30 的生产过程中参考的辅助数据有：已有地表覆盖数据（全球、区域）、MODIS NDVI 数据、全球基础地理信息数据、全球 DEM 数据、各种专题数据和在线高分辨率影像（如 Google Earth 高分影像、必应影像、OpenStreet 和天地图高分影像）等。美国 NLCD 的生产也用到了 NASS CDL，NWI 数据和土壤等辅助数据。澳大利亚 NCAS-LCCP 用到了“区”的划分方法，在土地覆盖区域内的类型具有相似的光谱特性，将全国范围划分为1000个左右的区域在分类算法中分别采用不同的参数阈值。GlobeLand30生产过程中参考世界自然基金会（World Wide Fund，WWF）的全球生态地理分区数据（http：//www. worldwildlife. org），经适当合并和边界调整后，将全球划分为了400个地表覆盖类型差异明显的生态地理区。逐一对这400个生态地理分区中所包含的地表覆盖类型及分布进行了细化描述，通过人工解译加以应用。在美国的地表覆盖变化趋势（LCT）项目中将生态分区（U. S. Environmental Protection Agency，1999，据Omernik，1987修改）作为统计地表变化的基本单元，分生态分区统计变化率、寻找诱因和变化的结果。图2. 8为按照生态分区统计的地表变化率。

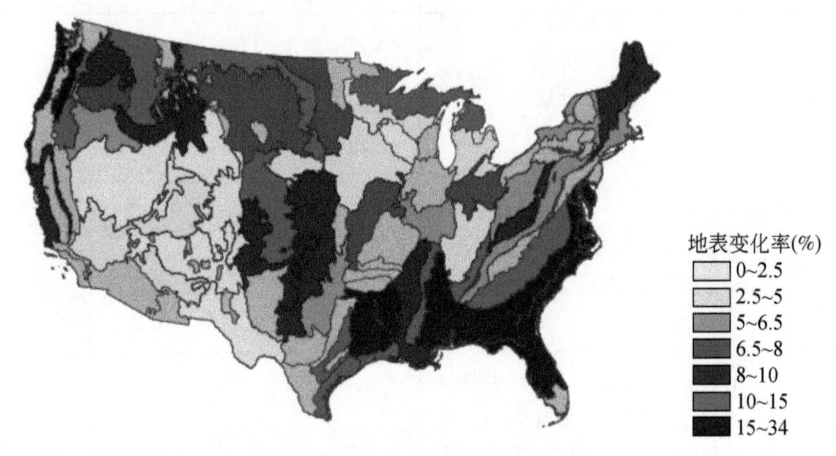

图2. 8　按照生态分区统计的美国本土地表变化率（据Gallant et al.，2004）

生态分区的框架是综合了气候、地质、自然地理学、土壤、植被、水文和人类影像等因素而确定的。因此生态分区可以反映出地表覆盖潜在的模式，这些可以在遥感影像上检测到（Gallant et al.，2004）。

以往的地表覆盖制图参考辅助数据都是零星的、不系统的方式，没有建立专门的系统对数据进行分类和积累以便复用。需要寻找一种机器替代专家来判断的可行方法，即建立专家系统。专家系统构建中最重要的就是规则库，要建立规则库辅助变化检测，就需要找到可用的与地表覆盖相关的辅助数据及相关知识，其中生态地理分区由于其全球性、分区内部地类稳定性、地物变化规律性和信息量大等特点，可以用来构建规则库辅助变化检测。

生态地理区域系统反映了包括气候条件、地形条件、水分条件、土壤和植被等在内的自然要素的空间格局，并且体现了这些条件与资源环境的匹配关系。生态地理区划是自然地域系统研究引入生态系统理论之后继承和发展的，是从地域的角度出发，研究地球表层综合体的基础上，运用生态学的相关原理和应用方法，对各生态区域的差异性与相似性规律，以及人类活动对生态区域干扰的规律进行揭示，以便整合和区分，从而划分生态环境的区划单元。目前国际上比较著名的生态区划有：全球尺度的生命地带分类（Holdridge模型；Holdridge，1967）、世界生物地理生物群区（World Biogeographical Biomes；Bailey and Hogg，1986；Bailey，1989）、世界生态系统（World Ecosystems；Bailey，1983）、大陆生态区域（Continental Ecoregions；Bailey，2004）、全球生态区（Ecoregions；Bashkin and Bailey，1993），以及世界自然基金会（WWF）为自然保护的目的建立的全球生态区——世界陆地生态区（Terrestrial Ecoregions of the World；Olson et al.，2001b）。目前地理生态分区在地表覆盖领域的应用还仅限于利用某些特定区域的生态分区信息，而且以植被生长和变化的判断为主。很少有对全球地理生态分区进行整体归纳、总结与分析。张委伟等（2016）基于生态分区提出了分层分类的策略，顾及了多元知识设计了GlobeLand30全球30m地表覆盖数据的检核方法，提高了数据质量。目前急需建立一个全球生态地理分区的地类知识库，用来自动识别变化检测后的错误变化。

综上所述，从全球生态地理分区出发，因地制宜，分析各分区的优势地类及生物群落，充分利用生态及地理综合性的知识及专家的经验知识，用来辅助变化检测中的伪变化识别，是一个全新的尝试。

另外，还可利用数据挖掘的方式，包括网络众源的在线方式和多特征融合的离线方式进行纠正错误，进而评价精度。在线方式、离线方式、生态地理分区知识库三者结合，在协同分割的基础上提高成果的精度和可靠性程度。

第3章　增量的提取-协同分割变化检测

传统的变化检测方法以图像像元作为基本的处理单位，利用像元的光谱特征来构建特征值，将阈值作为判断变化与非变化的标准，在这种情况下，即使同时使用多个特征值组合进行判断，也容易造成错分或漏分误差，影响变化检测的精度。基于对象的变化检测方法考虑了图像的空间信息，将多个像元组成的同质对象作为变化检测的基本单位。如何确定不同地类的最佳分割尺度，如何确定不同时相的图像对象的空间对应性是基于对象变化检测要解决的问题。

计算机视觉中的协同分割算法，能够从同一场景的多视图像中分割出相同或近似的目标。该算法由于利用了图像之间的联系，能够挖掘出更多的图像信息。根据协同分割的思想，构建了适用于变化检测的能量函数。能量函数中的变化特征项以两时相图像变化强度图为基础，同时为了更好地利用图像的空间信息，能量函数中包含的图像特征项能够反映邻域内像元之间的相似性。利用基于图割的方法来解决能量函数的最小化问题，将图像映射为图，将能量函数中的各项作为图中不同类的边的权重，使用最小割-最大流方法求得图的最小割，从不同时相的图像中分割出空间对应的变化图斑。但是协同分割变化检测算法中最小割-最大流方法的迭代次数和图中像素点的数量直接相关，运算效率低下。将超像素分割引入其中，解决大范围实验区，增强该方法的适用性。

实验分为两个部分：①以中国江西省南昌县2015年4月和2017年4月的国产高分一号遥感影像为例进行变化检测，提取变化图斑，结果的总体精度约为0.834，Kappa系数约为0.663。②以美国密西西比州杰克逊市2000年9月和2010年9月的Landsat-8的TM影像，选取实验区进行变化检测，结果的总体精度约为90.1%，Kappa系数为0.801。面向高分一号及TM遥感影像，协同分割的变化检测方法可以较为准确的提取出变化对象，实现大范围的变化检测。

3.1　引　　言

3.1.1　变化检测方法研究现状

Singh（1989）在1989年将变化检测定义为“确定不同时间观测到的对象（或者现象）的状态差异的过程”。我国学者赵英时（2013）将变化检测定义为“利用多时相遥感图像数据，采用多种图像处理和模式识别方法提取变化信息，并定量分析地表变化的特征与过程”。利用遥感影像进行变化检测要能够回答发生变化的时间、地点、目标和类型（李德仁，2003），变化检测要提供以下信息：变化发生的区域和变化比率、变化类型的空间分布、土地覆盖类型的变化轨迹和变化检测结果的精度评价（Lu et al.，2004）。

使用遥感数据进行变化检测的基本假设是地表覆盖变化会导致辐射值变化，地表覆盖变化引起的辐射值变化必须达到一定范围才可以被识别，因为需要考虑到其他因素引起的辐射值变化（Ingram et al.，1981）。影响辐射值变化的其他因素包括大气条件、太阳高度角、土壤湿度等。通过选择合适的数据，可以部分减少这些因素造成的影响，如使用不同年份同一时间的Landsat数据，可以减少太阳高度角和植被物候的影响（Singh，1989）。

变化检测的流程一般可以概括为选择数据源、预处理、确定方法和精度评价。为了满足不同的变化检测目的，针对不同的数据源，国内外学者提出了诸多方法来进行变化检测。虽然简单的变化、非变化信息能够为许多研究提供足够的信息，但是也有很多变化分析的研究中需要获得详细的变化信息，与此同时指出地表覆盖的变化类型。要提供这种详细的变化信息，不管是以像元还是以对象作为基本处理单元，都需要采用分类的比较方法，如分类后比较法（Post-classification Comparison）和多时相直接分类法（Direct Multi-date Classification）。此外，人工神经网络、支持向量机和决策树等机器学习方法、基于GIS的方法、光谱混合分析、模糊变化检测、多传感器数据融合及空间数据挖掘方法都被用于变化检测的研究中。

根据图像处理和分析的基本单位可以将变化检测方法分为基于像元的方法和基于对象的方法。

3.1.2　协同分割研究现状

协同分割指的是基于特定的图像对或图像组中包含共同区域这一先验知识来提取共同的感兴趣区。按方法分类，协同分割方法可分为基于像素点的协同分割、基于对象的协同分割、基于区域的协同分割（马骁等，2017）。基于像素点的协同分割方法以图像中像素点为主体，基于像素点属于前背景的概率进行分割。其优点是步骤简单，不需要进行预处理即可直接得到分割结果；缺点是计算量大，同时以像素为主体不能很好地反映区域的语义特性。根据图像中像素点属于前背景概率的计算方法及原理的不同，可进一步将基于像素点的协同分割方法分为基于马尔可夫随机场（Markov Random Filed，MRF）的协同分割（Rother et al.，2006；Hochbaum and Singh，2009；Mukherjee et al.，2009；Vicente et al.，2010；Rubio et al.，2012；Zhu et al.，2016）、基于随机游走的协同分割（Collins et al.，2012）、基于热扩散的协同分割（Kim et al.，2011）。基于区域的协同分割方法以区域为单位，通过判断局部区域的前背景属性进行协同分割。以区域为单位进行分割，克服了基于像素点的协同分割模型不能很好地反映区域的语义特性的缺点，提高了分割的准确率。基于区域的协同分割方法可进一步分为基于主动轮廓的协同分割（Kichenassamy et al.，1996；Caselles et al.，1997；He and Zhang，2009；Ali and Madabhushi，2012；Meng et al.，2012b，2014）和基于聚类的协同分割（Joulin et al.，2010）。基于对象的协同分割所设置的前景对象是用户所感兴趣的对象，不仅仅是图像组的共同区域，这一点区分开了基于区域和基于对象的不同。所以在进行协同分割时立足于感兴趣对象，而不仅仅是共同区域。基于对象的协同分割方法又可进一步分为基于有向图的协同分割（Meng et al.，2012a，2012c）及基于全连通图的协同分割（Vicente et al.，2011）。

以上提到的方法均是基于计算机视觉的目标识别的图像分割，而真正将协同分割与遥感图像变化检测结合起来的是袁敏等（袁敏等，2015，Xie et al.，2017）。以变化强度图作为引导，将变化检测与图像分割联系在一起，将每个像素点作为结点构建网络流图，利用最小割-最大流方法，将能量函数的最小化，同时完成图像分割与变化检测。这种方法将运动图像的协同分割与地表覆盖的变化过程联系起来，拓展了协同分割的应用领域。不同于以往的变化检测方法，各时相均会产生相应的结果图。这种变化检测的缺点是：算法复杂，处理速度不高，运行尺寸过大的图像速度较慢；以变化强度图为衡量指标会受到“同物异谱，异物同谱”影响，需研究鲁棒性强的方法发现变化特征，准确获取变化强度图，使其在分割过程中起正确的引导作用。

相比于基于像素及基于对象这两种变化检测方法，基于协同分割方法的结果和基于像素方法的结果一样是栅格的形式，既保证了结果的准确性又消除了“椒盐”噪声的影响。3 种遥感影像变化检测方法（基于像素、基于对象、基于协同分割）的优缺点总结见第 2 章 2.3.4 节中表 2.7，这里不再赘述。

3.2 图论基础

本节作为协同分割算法的理论基础，介绍利用图论方法实现图像的分割要用到的图论基础知识和图在图像分割中应用的割集准则。本节主要介绍图论中图的定义、包含要素、基本属性；如何建立图像与图之间的对应关系及图的存储方式；总结学者们在图划分领域常用的割集准则，并分析其优缺点。

3.2.1 网络流图理论

图论是应用数学的一个分支，主要以图（graph）为研究对象，图是用来描述事物之间的相互关系一种拓扑图形，由顶点（vertex）和边（edge）构成，图中的顶点代表事物，边代表事物之间的联系。V 表示图的顶点集合，E 表示连接图中相邻的顶点的边集合，ω 表示边的权重（weight）或者代价（cost），用来表示两个顶点之间关联（相似）程度。

图可以分为有向图（directed graph）和无向图（undirected graph）。假设图中的任意两个顶点 p，$q \in V$，且，如果 edge(p, q) 是有方向的，即 edge(p, q) 的权重 $\omega(p, q)$ 和 edge(q, p) 的权重 $\omega(q, p)$ 不相等，称图 G 为有向图。如果 edge(p, q) 是无方向的，即权重 $\omega(p, q)$ 和 edge(q, p) 的权重 $\omega(q, p)$ 相等，称图 G 为无向图。

1956 年，Ford 和 Fulkerson（1962）为了解决网络中两点间的最大运输量问题，提出了网络流理论。在图中增加两个特殊端点（terminal）：源点（source，s）和汇点（sink，t），并为图中的每条边指定一个非负值 $c(p, q)$ 作为它的容量（capacity），非负值 $f(p, q)$ 作为它的流量，来构建网络流图 $G(V, E, \omega, s, t)$。

网络流图中的顶点可以分为两类：一类是图中普通的节点（nodes），在图像分割中，节点一般对应图中的像元或相邻像元组成的同质对象；另一类是两个特殊的端点（terminal），即源点（source，s）和汇点（sink，t）。相应的，图中的边也可以分为两类：

n-links（neighborhood links）和 t-links（terminal links）的边。n-links 的边用来连接图中相邻的普通节点，其权重指的是相邻像素或对象不连续的代价。t-links 的边指的是图中节点分别和两个端点的连接，其权重对应的是将像元或对象标记为某一类的代价。

网络流图的一般性质：

（1）反对称性条件（skew symmetry）：

$$f(p,q)=-f(q,p) \tag{3.1}$$

（2）流的容量约束条件：

$$0 \leqslant f(p,q) \leqslant c(p,q) \tag{3.2}$$

边的容量一般等于边的权重。当 $f(p,q)=c(p,q)$ 时，称 edge (p,q) 为饱和边。

（3）流的守恒约束条件：

$$f^-(p)=f^+(p) \tag{3.3}$$

$p \in V$，且 p 不是源点或汇点。$f^-(p)$ 表示从顶点 p 流出的流量；$f^+(p)$ 表示流入顶点 p 的流量。规定流入源点 s 的流量为 0，从汇点 t 的流出的流量为 0。

（4）令 p，$q \in V-\{s,t\}$ 是图中任意的普通节点，对于源点 s 和汇点 t，有

$$\sum_p f(s,p) = \sum_q f(q,t) = \mathrm{val}(f) \tag{3.4}$$

称为网络流图中的流量。若网络中不存在这样的流 f'，使得 $\mathrm{val}(f') > \mathrm{val}(f)$，称 f 为网络流图中的最大流。

在网络流图的基础上，定义残差图（residual graph）的概念。残差图 $G_f(V, E_f, \omega, s, t)$ 与网络流图 $G(V, E, \omega, s, t)$ 具有相同的拓扑关系，不同的是：对于同一条边，残差网络图中的容量 $[c_f(p,q)]$ 表示边的剩余容量，即

$$c_f(p,q)=c(p,q)-f(p,q) \tag{3.5}$$

3.2.2　基于图论的图像表示

1. 图的表示

采用基于图论的方法进行图像分割，首先需要将图像映射为图。用图表示图像，主要指的是如何表达图的顶点、边和边的权重。图的顶点可以用图像的像元、超像素、图像分割后的对象或其他图像特征来表示。图 3.1 中边的建立可以考虑顶点的四邻域或者八邻

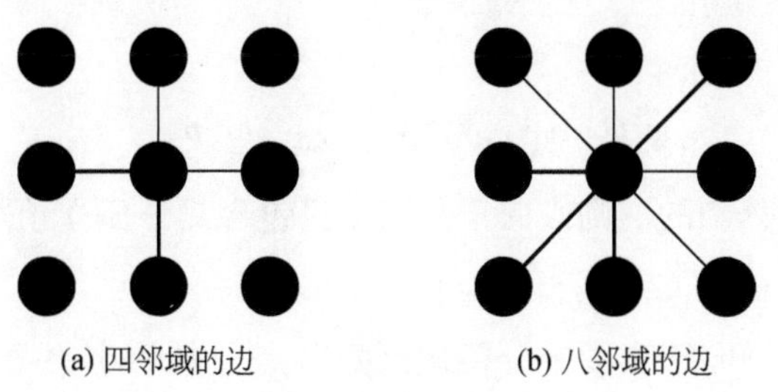

(a) 四邻域的边　　(b) 八邻域的边

图 3.1　图像表示为图

域。边的权重表示边所连接的两个顶点之间的相似程度或者关联程度，用光谱特征、纹理特征构建某种指数来表示。

图 3.1 说明了如何用图表示图像，用边的粗细表示边的权重大小。

2. 图的存储形式

图的存储一般采用邻接矩阵（adjacent matrix）的形式。邻接矩阵又称相似度矩阵（similarity matrix），假设将图像映射为图后，共有 n 个顶点，则邻接矩阵的大小为 $n \times n$。邻接矩阵可以表示为

$$A(p,q)=\begin{cases}\omega(p,q) & (p,q)\in E\\ 0 & otherwise\end{cases} \tag{3.6}$$

式中，p，q 为图中的任意两个顶点；ω（p，q）表示顶点之间的相似度。

由邻接矩阵的定义可以看出，利用邻接矩阵容易判断图中的两个顶点是否有边相连。

3.2.3 基于图论的割集准则

要对图进行分割，首先需要完成下面两项任务（Vicente et al.，2011）：

（1）如何定义准确分割的标准?

（2）如何有效的计算这种分割?

图划分的一个重要应用就是使用图模型来完成数据聚类（袁敏等，2015）。

图割（graph cut）是图中所有边的集合 E 的一个子集，用来连接图中的顶点集合V_1和V_2，其中V_1和V_2表示图中顶点集合 V 的两个互补的子集，即$V_1 \subset V$，$V_2 \subset V$，$V_1 \cup V_2 = V$，$V_1 \cap V_2 = \phi$。割的代价被定义为图中连接两个集合V_1和V_2的所有边的代价之和，用公式表示为

$$\mathrm{cut}(V_1,V_2)=\sum_{p\in V_1,q\in V_2}\omega(p,q) \tag{3.7}$$

式中，$\omega(p,q)$ 表示连接顶点 p，q 的边的权重（weight）或者代价（cost）。

下面介绍几种常用的割集准则，为了说明方便，各准则目标都是按照割的定义将图分割成两个子集的情况。

1. 最小割（minimul cut）

Wu 和 Leahy（1993）将需要聚类的数据表示为无向邻接图（Undirected Adjacent Graph），图中边的容量反映顶点的相似性。通过移除图中的边来构建彼此不相容的子图来完成数据聚类。

其目标函数定义为

$$\mathrm{mincut}(V_1,V_2)=\sum_{p\in V_1,q\in V_2}\omega(p,q) \tag{3.8}$$

利用最小割作为图分割的准则倾向于分割出只包含几个孤立顶点的小集合。

2. 归一化割（normalized cuts，Ncut）

考虑到最小割标准倾向于在图中分割出孤立节点分割的小集合，Shi 和 Malik（2000）为了解决计算机视觉中的感知聚类（perceptual grouping）问题，将图像分割转化为为图划分问题，定义了归一化割。归一化割除了关注图像数据的局部特征及其一致性，还同时衡

量图像不同聚类之间的总体不相似性和聚类内部的总体相似性。归一化割将割的代价作为图中连接所有节点的边的总数的一个部分来计算，即

$$\mathrm{Ncut}(V_1,V_2)=\frac{\mathrm{cut}(V_1,V_2)}{W(V_1,V)}+\frac{\mathrm{cut}(V_1,V_2)}{W(V_2,V)} \tag{3.9}$$

式中，

$$W(V_1,V)=\sum_{p\in V_1,q\in V}\omega(p,q) \tag{3.10}$$

表示边的权重之和，要求这条边的一个顶点属于图中顶点子集V_1，另一个顶点属于图中顶点集合 V。

$$W(V_2,V)=\sum_{p\in V_2,q\in V}\omega(p,q) \tag{3.11}$$

表示边的权重之和，要求这条边的一个顶点属于图中顶点子集V_2，另一个顶点属于图中顶点集合 V。

3. 最小-最大割（Min-max Cut，Mcut）

Ding 等（2001）希望使用最小-最大聚类原则将图中的顶点集合 V 划分为互补的子集 V_1，V_2，该原则要求最小化集合之间的相似性，最大化集合内部的相似性。根据以上原则，Ding 等建立了如下的目标函数，并将其命名为最小-最大割：

$$\mathrm{Mcut}=\frac{\mathrm{cut}(V_1,V_2)}{W(V_1)}+\frac{\mathrm{cut}(V_1,V_2)}{W(V_2)} \tag{3.12}$$

式中，

$$W(V_1)=\sum_{p\in V_1,q\in V_1}\omega(p,q) \tag{3.13}$$

表示边的权重之和，要求这条边所连接的两个顶点均属于顶点子集V_1。

$$W(V_2)=\sum_{p\in V_2,q\in V_2}\omega(p,q) \tag{3.14}$$

表示边的权重之和，要求这条边所连接的两个顶点均属于顶点子集V_2。

4. 最小平均割

Wang 和 Siskind（2001）定义的平均割的目标函数表示为

$$\overline{\mathrm{cut}}(V_1,V_2)=\frac{\mathrm{cut}(V_1,V_2\mid\omega(p,q))}{\mathrm{cut}(V_1,V_2\mid 1)} \tag{3.15}$$

式中，

$$\mathrm{cut}(V_1,V_2\mid f)=\sum_{p\in V_1,q\in V_2}f \tag{3.16}$$

表示当边的权重为f时，割的权重。

该函数通过割的边界长度来归一化割的代价，即通过最小化割中边的权重的平均值来找到割。

平均割最小化（minimum mean cut）有以下几点优势（Wang and Siskind，2001）：①同时适用于开放和闭合边界；②保证了各个分区之间的连通性；③目标函数不会引起明显的倾向性；④目标函数的全局最小化对边的权重函数的准确性不是很敏感。

5. 比率割（ration cut）

比率割（Wang and Siskind，2003）构建的图模型中，每条边 edge(p, q) 对应两个权重值：$\omega_1(p, q)$ 和$\omega_2(p, q)$ >0。$\omega_1(p, q)$ 表示该条边的第一权重，反映两个集合之间的相似性；$\omega_2(p, q)$ 表示该条边的第二权重，反映将顶点集合分成两个子集的边界的长度。

比率割的目标函数表示为

$$\mathrm{Rcut}(V_1, V_2) \triangleq \frac{\mathrm{cut}_1(V_1, V_2)}{\mathrm{cut}_2(V_1, V_2)} \tag{3.17}$$

式中，

$$\mathrm{cut}_1(V_1, V_2) \triangleq \sum_{p \in V_1, q \in V_2} \omega_1(p, q) \tag{3.18}$$

表示第一边界权重（first boundary cost），是割中所有边的第一权重的和。

$$\mathrm{cut}_2(V_1, V_2) \triangleq \sum_{p \in V_1, q \in V_2} \omega_2(p, q) \tag{3.19}$$

表示第二边界权重（second boundary cost），是割中所有边的第二权重的和。

因此，边界权重的比率反映的是两个顶点子集的单位边界长度的平均相似性。

6. 最优割

Li 和 Tian（2007）用类内部所有边的权重之和表示类内的相似性或者关联性，希望当割的权重达到最小时，类内部的相似性达到最大。以此为基础，他们提出最优割的图分割标准，其表达形式为

$$\mathrm{Ocut}(V_1, V_2) = \min_{|V_1|\,|V_2|>1}\left(\max\left(\frac{\mathrm{cut}(V_1, V_2)}{W(V_1)}, \frac{\mathrm{cut}(V_1, V_2)}{W(V_2)}\right)\right) \tag{3.20}$$

式中，$|V_1|$，$|V_2|$分别表示顶点子集V_1，V_2的基数。

由最优割的定义可以看出，通过求取最优割的最优值，可以最小化两个子集之间的相似性，同时最大化子集内部的相似性。

3.3 基于图割的能量函数及优化方法

计算机视觉领域的许多问题都可以用能量最小化的方式来解决。但是，由于需要在高维空间中最小化非凸函数（nonconvex function），能量最小化问题具有相当的难度（Kolmogorov and Zabih，2004）。Greig 等（1989）首次使用最小割-最大流（min-cut/max-flow）方法来解决计算机视觉中的能量函数（energy function）的最小化问题。随后，诸多学者将该方法应用在多个领域，如图像修复（image restoration）、图像分割（image segmentation）、医学成像（medical imaging）、多镜头场景重建（multi-camera scene reconstruction）等。

最小割-最大流方法为解决能量函数的最小化问题提出了新的思路。通过为能量函数构建网络流图，将能量函数中的各项赋予图中不同的边作为权重，采用最大流方法来求得图的最小割，此时的能量函数也实现最小化。

3.3.1　基于图割的能量函数

Greig 等（1989）提出的能量函数及后来的学者们使用的基于图割方法的能量函数可以表示为

$$\text{Energy}(L)=\sum_{p\in P}D_p(L_p)+\sum_{(p,q)\in N}V_{p,q}(L_p,L_q) \tag{3.21}$$

式中，$L=\{L_p \mid p\in P\}$ 表示图像 P 的标记；$D_p(\cdot)$ 是数据惩罚函数；$V_{p,q}$是相互作用势；N 是图像中所有相邻像元对的集合。

3.3.2　最小割-最大流方法

Ford-Fulkerson 定理表明（Ford and Fulkerson，1962），图中的最大流对应于最小割。因此图的最小割问题可以通过寻找从源点 s 流向汇点 t 的最大流来解决，图中的最大流使得图中的一组边达到饱和状态，从而将图中的顶点分成相互独立的两个子集V_1和V_2。

在网络流图中求取最大流问题的算法主要分为两类：增广路径方法和推进-重标记方法。

1. *增广路径方法*

本研究采用增广路径的方法来计算路径中的最大流，由 Ford 和 Fulkerson（1962）提出，通过在网络流图中不断更新从源点到汇点的流量，来求得网络中的最大流。在流量更新过程中用残差网络来记录流量更新的信息。

这种方法的核心在于不断寻找从源点流向汇点的路径，通过在路径中进行流量的更新，来达到增加网络中流量的目的，当不存在从源点到汇点的路径时，认为达到了网络中的最大流。此时图中的饱和边将图中的顶点分为不相交的两个集合，其中集合 S 中包含源点 s，集合 T 中包含汇点 t。

2. Dinic *算法*

从源点 s 到汇点 t 的路径搜索选用 Dinic 算法（Dinits，1970），这是一种典型的基于增广路径的算法，用路径中边的数量表示路径的长度，距离 length(p, q) 表示节点 p，q 之间最短路径的长度，路径的最长距离表示为 length(s, t)。

算法的基本思想是在每一步中找到可以增加路径长度的最短距离。根据图中顶点到源点的最短路径的长度，用广度优先搜索方法将图中的顶点分为不同的子集，当汇点 t 进入到某一子集中后，分层结束。

令$A_i(0\leqslant i\leqslant \text{length}(s, t))$ 表示图中顶点的集合，如果$p\in A_i$，则 length$(s, p)=i$。显然，$A_0=\{s\}$。假设已经构建集合A_{j-1}，则查找所有与集合A_{j-1}中的顶点相连接的边，如果边连接的另一个顶点 q 没有被包含在已知的集合中，则 $q\in A_j$。当汇点 t 进入集合A_k时，说明找到一条由源点 s 流向汇点 t 的路径，路径搜索算法结束，则 length$(s, t)=k$。

搜索过程中重复构建顶点集合A_i和路径中边的集合Q_i。已知$A_k=\{t\}$，对于顶点集合A_j $(j<k)$，令Q_j是连接集合A_{j-1}中的点和集合A_j中的边，其中集合A_{j-1}包含这些边的起点。

从源点到汇点的距离固定为 k，进行路径寻找。找到路径后，进行流量更新，至少使路径中的一条边达到饱和，从而使其断开。然后再次从源点出发，寻找新的路径。当没有路径从源点到汇点后，再重新进行分层，并寻找长度为 $k+1$ 的路径。

该算法的运算次数不超过 Cn^2m，式中，n 表示图中顶点的数量；m 表示图中边的数量；C 是一个独立的常量。

3. Boykov & Kolmogorov 算法

Dinic 算法在路径搜索开始前，需要首先确定路径的长度。然后从源点 s 出发，使用广度优先搜索方法寻找固定长度的路径到达汇点 t，路径搜索完成后，更新路径中的流量，使路径中至少一条边达到饱和，此时路径断开，再次从源点开始进行路径搜索。当某一固定长度的所有路径都达到饱和后，路径长度增加，使用广度优先搜索方法搜索找到从源点 s 到汇点 t 的路径。一般来说，建立一个广度优先搜索树，需要扫描图像中的大多数像元，如果执行的次数过多，则运算量会很高。

Boykov 和 Kolmogorov（2004）在标准增广路径的基础上，为了提高路径搜索的性能，提出了一种新的基于增广路径的最小割-最大流方法。下面对其进行详细介绍。

算法以源点 s 和汇点 t 作为根（root），分别建立两个不重叠的搜索树 S 和 T。在搜索树 S 中，所有从父节点流向子节点的边都是不饱和的，而在搜索树 T 中，所有从子节点流向父节点的边都是不饱和的，即不属于搜索树 S 也不属于搜索树 T 的节点，被称为“自由节点”。则有

$$S \subset V,\ s \in S,\ T \subset V,\ t \in T,\ S \cap T = \phi$$

搜索树 S 和 T 中的节点都分为两类，即“主动”节点和“被动”节点，其中“主动”节点表示搜索树的边界，而“被动”节点表示其搜索树的内部，被同一搜索树的“主动”节点和其他“被动”节点所包围。搜索树增长的关键是“主动”节点可以通过非饱和边将自由节点变为其子节点。当搜索树的任何一个“主动”节点与另外一个搜索树的节点通过非饱和边相连时，表示增广路径被找到。

该算法共包含 3 个步骤，算法开始后，通过迭代的方式来重复进行 3 个步骤，直到所有路径都达到饱和状态。

（1）“增长”阶段：搜索树 S 和搜索树 T 开始增长，直到找到一条从源点 s 到汇点 t 的路径（Boykov and Kolmogorov，2004）；

（2）“增广”阶段：被找到的路径数量增加，搜索树 S 变为森林 S；

（3）“采用”阶段：恢复搜索树 S 和搜索树 T。

4. 推进-重标记方法

推进-重标记方法是另外一种解决最小割-最大流问题的方法。与增广路径不同的是，这种方法在运算中定义与增广路径中流（flow）相似的“preflow”，“preflow”允许图中节点的流入总量超过流出总量。算法运行中将局部的“flow excess”沿着最短路径推向汇点（Boykov and Kolmogorov，2004）。下面根据推进-重标记法的伪代码对其运行过程进行简单介绍。

推进-重标记法定义标记 d 为图中普通节点到汇点 t 的距离的函数，即 $d(s)=n$，

$d(t)=0$，对于残差图中的边 edge(p，q)，规定 $d(p)\leqslant d(q)+1$；定义 $e(p)$ 表示图中流入普通节点 p 的“flow excess”。

3.4　变化检测的能量函数

遥感图像变化检测的目的就是要提取出同一位置、不同时相图像上的变化图斑。而地表覆盖类型的变化一般认为具有一定的区域性。基于像元的方法只考虑像元的变与不变问题，而不考虑其空间特征。基于对象的方法根据像元之间的同质性，将若干像元组合为图像对象，再使用阈值判断出变化对象，这种“先分割，后检测”的方法，使变化检测的结果直接受到分割尺度、变化阈值的影响。基于协同分割的变化检测方法，就是要在能量函数的构建过程中同时考虑不同时相遥感图像的差异信息和单一时相图像内部的一致性信息，改变基于像元和基于对象的变化检测方法将阈值作为判断变化与非变化区域的唯一标准，减少阈值误差对变化检测结果的影响。

3.4.1　能量函数的一般形式和运行流程

1. 变化检测的流程

图3.2是基于协同分割变化检测算法流程和运行步骤：

协同分割是利用两幅或多幅图像之间的联系，把两期影像之间的信息协同起来，使得能量函数中既包含影像自身的信息，又包括变化对象的特征，结合影像各自的特征共同对目标进行识别和分割，在检测的同时完成分割得到边界准确的变化检测结果。协同分割算法大致可以分为两个部分，一是能量函数的构建，二是通过最小割-最大流方法将能量函数最小化，从而获得最佳的图像分割。

2. 构建能量函数

能量函数的构建方式为

$$\text{Energy}=\lambda E_1+E_2 \tag{3.22}$$

式中，E_1为变化特征项；E_2为图像特征项；λ 为变化特征项的权重，用来调整图像和变化特征参与分割的程度。

1）变化特征项

遥感影像的变化信息与光谱变化密切相关，光谱变化可以较为直接的反映地物的变化，因此本书中变化特征项以变化强度图为引导得出的。变化强度图中值越高的位置表示该像素的变化越明显，反之变化越弱。变化强度图的求取公式为

$$\text{CV}_{\text{pixel}}=\frac{1}{n}\sum_{k=1}^{n}\left|I_{p(t_1)}-I_{p(t_2)}\right| \tag{3.23}$$

式中，n 为影像的波段总数；$I_{p(t_1)}$ 表示第一时相第 k 波段像元 p 的光谱值；$I_{p(t_2)}$ 表示第二时相第 k 波段像元 p 的光谱值；CV_{pixel}为像素 p 的变化强度。

求得变化强度图后，通过像素的变化强度值计算每个像素成为背景或目标的概率。计算公式为

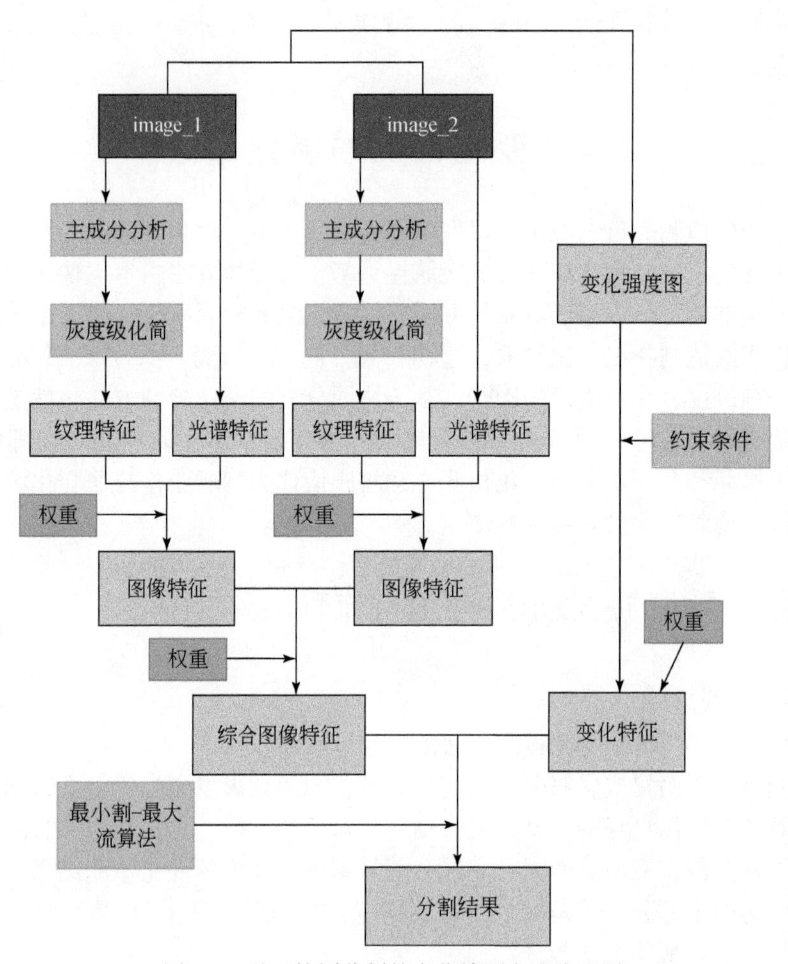

图 3.2　基于协同分割的变化检测方法流程图

$$D_p(\text{“obj”}) = -\ln \frac{\mathrm{CV}_{\text{pixel}}}{2t} \tag{3.24}$$

$$D_p(\text{“bkg”}) = -\ln\left(1-\frac{\mathrm{CV}_{\text{pixel}}}{2t}\right) \tag{3.25}$$

式中，t 是将像素分配为目标和背景约束条件，$t=\mu+n\sigma$，μ 为$\mathrm{CV}_{\text{pixel}}$的平均值；$\sigma$ 为$\mathrm{CV}_{\text{pixel}}$的标准差；$n$ 常数，取值范围为（-1，1）。当$\mathrm{CV}_{\text{pixel}} \geqslant 2t$，该像素直接标记为目标（“obj”）；其变化特征能量D_p（“obj”）最小，D_p（“bkg”）最大。当$\mathrm{CV}_{\text{pixel}}<2t$，该像素的变化强度值越接近 $2t$ 被标记为目标的概率越大，变化强度值越小被标记为背景的概率越大；当像素属于目标的概率越大时，其变化特征的能量D_p（“obj”）越小，反之亦然。

由此即可构建变化特征项的能量函数E_1为

$$E_1 = \sum_{p \in P} D_p(l_p) \tag{3.26}$$

式中，P 为所有像素的集合；$D_p(l_p)$ 为像素 p 属于目标或背景的能量值，$l_p \in$ {“obj”，“bkg”}。

2）图像特征项

协同分割变化检测与通常的检测方法不同，各个时相均会产生相应的分割结果（袁敏等，2015），为了便于结果的分析，将两时相的图像特征加入权重构成综合图像特征E_2。

$$E_2=\lambda_{t_1}E_{t_1}+(1-\lambda_{t_1})E_{t_2} \tag{3.27}$$

式中，E_{t_1}为前一时相的图像特征；E_{t_2}为后一时相的图像特征；λ_{t_1}为权重参数。每一时相影像的图像特征目前由两部分组成，光谱特征$E_{t_i\mathrm{S}}$、纹理特征$E_{t_i\mathrm{T}}$，光谱特征权重为λ_S，光谱与纹理特征权重之和为1。

$$E_{t_i}=\lambda_\mathrm{S}E_{t_i\mathrm{S}}+(1-\lambda_\mathrm{S})E_{t_i\mathrm{T}} \tag{3.28}$$

单时相图像的光谱和纹理特征的能量函数形式为

$$E_{t_i(\mathrm{S/T})}=\sum_{\{p,q\in N\}}V_{\{p,q\}} \tag{3.29}$$

$$V_{\{p,q\}}=\exp\left(-\frac{\| I_p-I_q \|^2}{2\sigma^2}\right)\cdot\frac{1}{d(p,q)} \tag{3.30}$$

式中，N为邻域像元的集合，本研究为四邻域；I_p和I_q为像元p、q的特征分为光谱特征和纹理特征；$d(p,q)$为像元p、q的欧氏距离；$V_{\{p,q\}}$为代表像元p、q之间相似度的能量函数，$V_{\{p,q\}}$越大表示像元p、q之间的相似度越大，越不容易被分开，$V_{\{p,q\}}$越小表示二者之间相似度越小，越容易被分开；σ^2表示尺度参数，可由$\sigma^2=\left\langle \| I_p-I_q \|^2\right\rangle$进行计算，$\langle\rangle$表示在整幅图上求取均值。

（1）光谱特征。

$$I_\mathrm{S}(p)=\frac{1}{n}\sum_{k=1}^{N}l_k(p) \tag{3.31}$$

光谱特征为每个像元所有波段光谱值的均值，式中，$l_k(p)$表示第k波段像元p的光谱值；n为影响波段总数。

（2）纹理特征。

纹理特征的提取方法采用灰度共生矩阵（gray-level co-occurrence matrix，GLCM）的纹理分析方法，是建立在估计图像的二阶组合条件概率密度基础上的一种方法（Haralick et al.，1973）。本书选取基于灰度共生矩阵的相关性（correlation，COR）、对比度（contrast，CON）、熵（entropy，ENT）、角二阶矩（angular second moment，ASM）4种特征。这种方法提取的纹理特征方法简单、适应性较强，但是计算较为复杂。此外，4种纹理特征的权重之和应为1，在本书中4种纹理特征权重均为0.25，计算公式为

$$I_\mathrm{T}(p)=\lambda_\mathrm{ASM}E_\mathrm{ASM}+\lambda_\mathrm{CON}E_\mathrm{CON}+\lambda_\mathrm{COR}E_\mathrm{COR}+\lambda_\mathrm{ENT}E_\mathrm{ENT} \tag{3.32}$$

式中，4种纹理E_ASM、E_CON、E_COR、E_ENT的求取方式大致有以下4个步骤：PCA主成分分析、图像灰度级化简、求得灰度共生矩阵及计算4种纹理特征。

3）PCA主成分分析

图像的纹理特征是一种结构特征，考虑到图像的几个波段之间存在一定的相关性和数据冗余，因此在计算纹理特征时不必选用所有的波段来参与运算，研究采用主成分分析法计算得到变化后的第一主成分来计算图像的纹理特征。

主成分分析（又称K-L变换）能够在尽可能不丢失信息的条件下，将相关的多波段

通过数学转换变成不相关的几个综合性波段来表示原来的图像。主成分分析法可以分为标准主成分分析法和非标准主成分分析法。标准主成分分析法使用相关矩阵（correlation matrix）作为变量来计算变化矩阵，而非标准主成分分析法使用方差－协方差矩阵（variance-covariance matrix）作为变量来求取变化矩阵（Eklundh and Singh，1993）。研究中使用非标准主成分分析方法来计算多波段图像的第一主成分，下面对其进行简单介绍。

对于正交属性空间中的样本点，要用一个超平面（直线的高维推广）对所有的样本进行表达，则该超平面需要具有这样的性质（周志华，2016）：

最近重构性：样本点到这个超平面的距离都足够近；

最大可分性：样本点在这个超平面的投影上尽可能分开。

基于以上两种性质，可以分别进行主成分分析的证明过程，由此得出主成分分析法的计算步骤：

假设数据集$X_{m\times n}$有 n 个样本，每个样本有 m 个观察值，即将矩阵中的每一列看作一个样本，令x_{ij}（其中 $i=1, 2, \cdots, m$；$j=1, 2, \cdots, n$）是数据集中的观测值，则有

$$X_{m\times n}=\begin{bmatrix} x_{11} & x_{12} & \cdots & x_{1n} \\ x_{21} & x_{22} & \cdots & x_{2n} \\ \vdots & \vdots & \ddots & \vdots \\ x_{m1} & x_{m2} & \cdots & x_{mn} \end{bmatrix}=[x_1, x_2, \cdots, x_n] \tag{3.33}$$

其中，

$$x_j=(x_{1j}, x_{2j}, \cdots, x_{mj})^{\mathrm{T}}, j=1,2,\cdots,n \tag{3.34}$$

（1）样本心化：

首先，计算观测值的样本均值，即对每行数据计算均值

$$\mu_i=\frac{1}{n}\sum_{j=1}^{n} x_{ij}, i=1,2,\cdots,m \tag{3.35}$$

（2）计算中心平移矩阵：

$$\bar{\boldsymbol{X}}_{m\times n}=(\bar{x}_{ij})_{m\times n}=(x_{ij}-u_i)_{m\times n} \tag{3.36}$$

（3）计算协方差矩阵：

$$\boldsymbol{B}_{m\times m}=\frac{1}{n}\bar{X}\bar{X}^{\mathrm{T}}=(b_{ij})_{m\times m} \tag{3.37}$$

（4）计算变化矩阵$\boldsymbol{W}_{m\times\alpha}$：

使得 $\boldsymbol{BW}=\boldsymbol{W\Lambda}$ 成立，其中 $\boldsymbol{W}=(\varphi_1, \varphi_2, \cdots, \varphi_\alpha)$，$\boldsymbol{\Lambda}=\mathrm{diag}(\gamma_1, \gamma_2, \cdots, \gamma_\alpha)$ 分别表示协方差矩阵 $\boldsymbol{B}$ 的特征向量和特征值。$\boldsymbol{\Lambda}$ 中的 α 个特征值由大到小排列，$\boldsymbol{W}$ 中的列向量为与之相对应的特征向量。

（5）选择主分量：

设降维之后的维度为 α，取前 α 个特征值$\boldsymbol{\Lambda}_\alpha=(\gamma_1, \gamma_2, \cdots, \gamma_\alpha)$ 和与之对应的特征向量$\boldsymbol{W}_\alpha=(\varphi_1, \varphi_2, \cdots, \varphi_\alpha)$ 作为子空间的基，则所需要的 α 个主分量组成的数据矩阵为

$$\boldsymbol{Y}=\boldsymbol{W}_\alpha^{\mathrm{T}}\bar{X} \tag{3.38}$$

（6）重建原数据：

$$X = WY + \mu \tag{3.39}$$

图像的前 α 个主分量组成的数据矩阵计算完成后，选取第一主分量来表示原图像，参与下面的过程来计算图像的纹理特征。

4）图像灰度级化简

采用的是基于灰度共生矩阵计算纹理特征的方法，由于灰度级空间相关矩阵的行数与列数都必须与图像的灰度级相等，因此图像的灰度直接决定了灰度级空间相关矩阵的大小，也决定了算法的运行效率。Haralick 等（1973）在其文章中使用等概率量化算法（Equal-probability Quantizing Algorithm）将图像的灰度级简化为 16 个，这样减少了矩阵的迭代次数，极大地提高了算法的运行效率。下面对等概率量化算法的计算步骤进行简单介绍，其证明过程在文献中有详细过程（Haralick et al.，1973）。

假设 x 是非负的随机变量，其概率函数为 F_A。将 A 的灰度级化简为 k 个，令 Q 为 x 的等概率量化函数，当且仅当 $q_{k-1} \leqslant a < q_k$ 时，$Q(x) = k$。

通过迭代的方式来定义 q_0，q_1，q_2，…，q_k。令 $q_0 = 0$。已知 q_{k-1}，则 q_k 应是满足下面不等式成立的最小值：

$$\left| \frac{1-F_X(q_{k-1})}{K-k+1} + F_X(q_{k-1}) - F_X(q_k) \right| \leqslant \left| \frac{1-F_X(q_{k-1})}{K-k+1} + F_X(q_{k-1}) - F(q) \right| \tag{3.40}$$

式中，q 为任意实数。

在第 k 次迭代中，

$$F(q_k) = F(q_{k-1}) + [1 - F(q_k - 1)] / (K-k+1) \tag{3.41}$$

研究在实际应用中，将经过主成分分析方法得到的第一主成分表示的图像，利用等概率量化算法进行化简，以此减少算法的运算量，提高整个协同分割变化检测的执行效率。

5）求得灰度共生矩阵

灰度共生矩阵是计算图像纹理信息的根本，是对图像上像素的相同灰度值的个数进行统计的结果，是描述纹理的一种常用方法（高程程和惠晓威，2010）。因为图像中的任何纹理都是通过相似的灰度以相同的规律反复出现形成的，所以图中的灰度之间定然会存在空间相关性。图像的纹理信息是通过灰度级空间相关矩阵来计算得到的。通过不同的角度和距离来获取图像内的邻域像元对，可以得到不同的灰度级空间相关矩阵。

灰度共生矩阵的生成方法大致可解释如下：假设一幅矩形图像在水平方向有 N_x 个像元，在垂直方向有 N_y 个像元。假设图像中像元的灰度级被缩减到 N_g 个。在图像中设置一个初始点（x，y）及另一点（$x+a$，$y+b$），将这两个点的灰度值记录为（D_1，D_2）。然后将初始点（x，y）和另一点（$x+a$，$y+b$），在整张图像中进行滑动，然后记录这些点对的灰度值。假设图像灰度值的级数为 N_g 个，则（D_1，D_2）的组合共有 N_g 的平方种，以此建立一个 $N_g \times N_g$ 大小的矩阵，统计出每一种（D_1，D_2）值重复的次数，再将这个统计方阵归一化，计算出每一种（D_1，D_2）值出现的概率 $P(D_1, D_2)$，此时这个 $N_g \times N_g$ 大小的方阵被称为灰度共生矩阵。每一对点的距离（a，b）的值，在通常情况下要根据图像的纹理分布的周期特性进行选择。在本研究中针对一些对较细的纹理，选取（1，0）、（1，1）、（0，1）、（−1，1）4 个方向进行纹理特征的计算。当 $a=1$，$b=0$ 时，即为从 0°方向对像素对进行搜索；当 $a=1$，$b=1$ 时，即为从 45°方向对像素对进行搜索；当 $a=0$，$b=1$ 时，即为从 90°方向对像素对进行搜索；当 $a=-1$，$b=1$ 时，即为从 135°方向对像素对进行搜索。

6）计算 4 种纹理特征

4 种纹理特征是在灰度共生矩阵的基础上进行计算的，设置的滑动窗口为 3×3。其中相关性（COR）代表了图像纹理的一致性，反映了图像中灰度的相关性，若像素之间的灰度均匀相关性的值偏大，反之相关性的值偏小。对比度（CON）代表了图像中邻域像素之间的亮度的对比情况，像素之间灰度差越大对比度的值便越大。熵（ENT）表示了图像中纹理的复杂程度，若图像的纹理越混乱熵值越大，反之纹理混乱程度越小熵值越小（黄昕，2009）。ASM 能量（ASM）即为当前目标点邻域灰度值的平方和，该值主要表达了在整幅图像中灰度值大小分布情况。4 种纹理的具体计算公式如下。

相关性：

$$\mathrm{COR}=\frac{\sum_{i}\sum_{j}(ij)G(i,j)-\mu_x\mu_y}{\sigma_x\sigma_y} \tag{3.42}$$

式中，各个符号表示为

$$\mu_x=\sum_{i=1}^{N_g} i\sum_{j=1}^{N_g}G(i,j) \tag{3.43}$$

$$\mu_y=\sum_{j=1}^{N_g} j\sum_{j=1}^{N_g}G(i,j) \tag{3.44}$$

$$\sigma_x=\sum_{i=1}^{N_g}(i-\mu_x)\sum_{j=1}^{N_g}G(i,j) \tag{3.45}$$

$$\sigma_y=\sum_{j=1}^{N_g}(j-\mu_y)\sum_{j=1}^{N_g}G(i,j) \tag{3.46}$$

对比度：

$$\mathrm{CON}=\sum_{n=0}^{N_g-1}n^2\left(\sum_{\substack{i=1\\|i-j|=n}}^{N_g}\sum_{j=1}^{N_g}G(i,j)\right) \tag{3.47}$$

熵：

$$\mathrm{ENT}=-\sum_{i}\sum_{j}G(i,j)\log(G(i,j)) \tag{3.48}$$

ASM 能量：

$$\mathrm{ASM}=\sum_{i}\sum_{j}(G(i,j))^2 \tag{3.49}$$

3. 最小割-最大流方法

最小割-最大流方法是一种能量函数优化的方法，将图像变为网络流图，用该算法从图中找到最小割集，完成图像的最佳分割。网络流图的构建方法是将图像每个像素作为普通节点，设置两个特殊节点 S（源点、目标端点）、T（汇点、背景端点），节点之间以边相连，将两个特殊节点分别与每个普通节点相连，每个普通节点与其相邻的普通节点相连

(采用四邻域)。将变化特征项当作两个特殊节点与普通节点间边的权重，称为 t 连接；图像特征项当作两个普通节点间边的权重，称为 n 连接。图中各个边权值的设置如表 3.1 所示。

表 3.1　网络流图中各类边的权重设置

边	权重值	条件
(p,q)	$V_{\{p,q\}}$	$\{p,q\}\in N$
(s,p)	$\lambda\cdot D_p$ ("obj")	$p\notin O\cup B$
	K	$p\in O$
	0	$p\in B$
(p,t)	$\lambda\cdot D_p$ ("bkg")	$p\notin O\cup B$
	0	$p\in O$
	K	$p\in B$
$K=1+\max\limits_{p\in P}\sum\limits_{q:\{p,q\}\in N} V_{\{p,q\}}$		

注：λ 为变化特征项的权重，N 为邻域像元的集合，集合 O 和 B 分别代表的是被标记为“obj”和“bkg”的像素集合。

根据 Ford-Fulkerson 定理（Ford and Fulkerson，1962），在网络流图中最大流的值等于最小割的容量。

$$\mathrm{cut}=\sum_{p\in V_1,q\in V_2} w(p,q) \tag{3.50}$$

式中，cut 为图中最小割集，最小割是权值最小的边的合集；V_1 和 V_2 分别为属于目标和背景的普通节点的子集，当节点 p、q 之间的边在网络流图中权值最小时，p、q 分别属于两个不同的子集 $p\in V_1$ 和 $q\in V_2$，这条边即可划分到最小割集 cut。本书寻找最小割集的方法是基于最短路径的 Dinic 算法，算法主要是通过寻找当前网络流图中的最短路径，根据边的权值进行流量更新，直至找到图中的最大流即可完成分割。

4. Matlab 并行计算

由于协同分割算法的计算复杂度大，运算速度慢，利用 Matlab 并行计算工具箱设计并行计算方法，可以提高计算速度。将大尺寸图像分割成多个较小的图像块，利用 parfor 语句多线程并行，最后将这些小图像块拼接在一起以获得最终分割结果。

3.5　实验结果、分析和精度评价

首先采用基于协同分割的方法进行变化检测实验，考虑到能量函数中加入了综合图像特征，将两期影像的图像特征做了组合，为了确定算法的最佳参数值，在南昌研究区内选择了一个 64×64 像素的实验区，用于对比结果确定最佳参数值便于进行最终实验，实验过程中采用控制变量的方法来调整主要参数的设置最终得到最优分割结果。采用误差矩阵和 Kappa 系数对变化检测结果进行精度评价。通过对实验结果和精度进行分析，检验协同分割的变化检测方法在高分一号国产卫星影像实际应用中的有效性。

3.5.1　中国江西省南昌县高分一号实验

实验利用中国江西省南昌县 2015 年和 2017 年的高分一号卫星数据，使用协同分割变化检测的方法对两期高分一号多光谱影像进行检测，利用影像分块并行运算的方法实现大范围的协同分割变化检测，并对提取出的变化对象进行分析，评价该变化检测方法对于高分一号数据的适用性。

1. 实验数据介绍

高分一号卫星是我国高分辨率对地观测卫星系统重大专项中的首发星，搭载了两台 2m 分辨率全色、8m 分辨率多光谱相机和 4 台 16m 分辨率多光谱相机，通过 4 台相机市场拼接实现了 800km 幅宽的大视场观测，实现了 4 天覆盖中国全境。高分一号的成功发射开启了中国对地观测的新时代，能够为国土资源部门、农业部门、气象部门、环境保护部门提供高精度、宽范围的空间观测服务；在地理测绘、海洋和气候气象观测、水利和林业资源监测、城市和交通精细化管理，疫情评估与公共卫生应急、地球系统科学研究等领域发挥重要作用。

选取中国江西省南昌县作为研究区域，实验数据的获取时间为 2015 年 4 月 14 日和 2017 年 4 月 29 日高分一号卫星影像（图 3. 3），大小为 2750×4300 像素，空间分辨率为 16m，影像共有 4 个波段，分别为蓝、绿、红 3 个可见光波段及一个近红外波段。南昌县隶属江西省南昌市，介于北纬 28°16′～28°58′、东经 115°49′～116°19′之间，面积约为 1810. 7km^2。位于江西省中部偏北，南昌市南部；是江西省首府、首县，距南昌市中心 15km。

通过对影像的目视判读可以看出，从 2015 年到 2017 年南昌省的主要地物类型并没有发生改变，主要类型大致为：草地、耕地、灌木地、水体、人造覆盖和裸地。实验区内主要发生的变化是因人类活动而引起的人造覆盖和未竣工的裸地的增多及污染造成的水体变化，所以检测出的变化图斑应当主要存在于这两个方面。

2. 数据预处理

由于实验区两时相的影像使用的相机不同，分别为 WFV1 和 WFV2，影响了两期影像的几何配准，同时影像质量欠佳，为了保证协同分割结果的质量需要对两期影像进行预处理。所有的预处理的过程均在 ENVI 软件中完成，分为以下几步：

（1）正射校正：由于传感器的姿态和方位，以及系统误差等因素，卫星影像中会存在几何误差，需要对图像中每个像元进行地形的校正，使图像符合正射投影的要求。本书利用 RPC 参数文件及该地区的 DEM 对高分一号卫星的高分辨率影像进行内定向、外定向和正射校正（Luan et al., 2007）。

（2）几何校正：经过正射校正以后，两期影像几何位置会有几个像素的偏差，需要选择 4 个以上的控制点来配准两幅影像，保证两期影像的误差小于一个像元。

（3）FLAASH 大气校正：首先用高分一号辐射定标系数对图像进行辐射定标，定标计算公式为

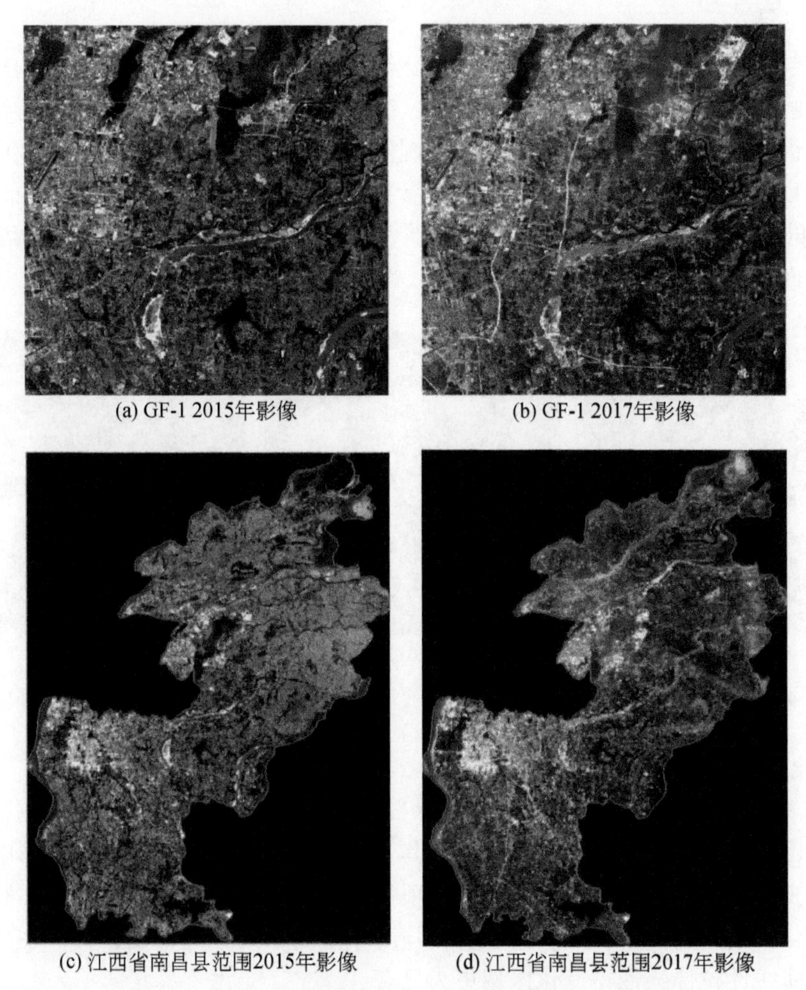

(a) GF-1 2015年影像　(b) GF-1 2017年影像

(c) 江西省南昌县范围2015年影像　(d) 江西省南昌县范围2017年影像

图 3.3　中国江西省南昌县高分一号遥感影像（真彩色）

$$L = \text{Gain} \cdot \text{DN} + \text{Bias} \tag{3.51}$$

式中，Gain 为定标斜率；DN 为卫星载荷观测值；Bias 为定标斜率；L 为定标后亮度值。定标后进行 FLAASH 大气校正，并使用光谱响应函数精确计算像元响应，消除大气和光照等因素对地物反射的影响。

（4）相对大气校正：由于获取两时相影像的相机不同，导致两期影像之间的光谱值差异较大，为了不影响协同分割的效果，需要进行线性校正（Zheng and Zeng，2004）。在近似情况下，不同时相的图像灰度值之间满足线性关系这种假设是成立的。这样可以通过线性关系式来描述不同时相影像间的灰度关系，用 x 表示参考图像，y 表示待校正图像，影像之间的线性关系可描述为

$$y = A \cdot x + B \tag{3.52}$$

式中，A、B 为线性关系中的增益和偏移量。线性校正的关键是确定式（3.22）中的两个参数，通常是根据两时相光谱性质相对稳定地物样本点的 DN 值，利用线性回归的方法求得参数 A、B，然后用式（3.51）对图像的各波段 DN 值做线性变换，完成相对大气校正。

3. 算法实验

协同分割变化检测方法与能量函数的优化结果息息相关，而能量函数的构建又受到多种因素的影响。总的来说，一共有 4 个方面：变化强度项的阈值设置，图像特征项中光谱与纹理权重设置，能量函数中变化强度项和图像特征项的权重设置，能量函数中不同影像的图像特征项的设置。为了确定算法的最佳参数值，在图 5. 1 的南昌研究区内选择了一个 64×64 像素的实验区（图3. 4），用于对比结果确定最佳参数值便于进行最终实验。下面将以这 4 个方面展开实验。

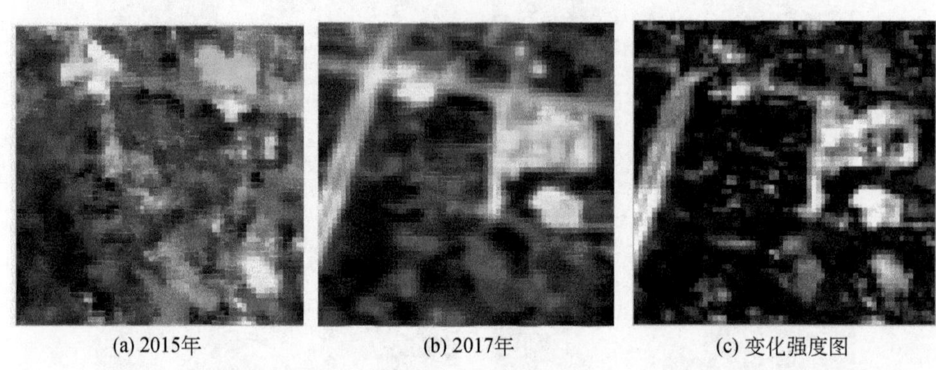

(a) 2015年　　(b) 2017年　　(c) 变化强度图

图 3. 4　高分一号遥感影像南昌实验区原始影像（64×64 像素，假彩色）及变化强度图

1）变化强度图阈值条件分析

阈值作为判断是否是变化区域的先验知识，往往会影响到变化区域的分割。阈值条件设置是众多因素中最为关键的因素，不同于其他因素在小范围内的改变，它影响了变化检测范围的多少。在能量函数不考虑图像特征项，仅考虑变化特征项的情况下，相当于利用该算法对变化强度图进行了分割。由于变化强度图是由欧式距离得出，因而在变化强度大的区域进行非线性拉伸，使得变化区域更为显著。

阈值 $T=\mu+\sigma$，其中 μ 为变化强度图的均值，σ 为标准差；此次实验对阈值为（$\mu-\sigma$，$\mu+1.5\sigma$）范围进行讨论，根据数学中概率论的相关理论，在样本足够大的情况下，其像元值应绝大部分集中在（$\mu-3\sigma$，$\mu+3\sigma$）中，因此阈值 T 的取值也应该在此范围内，但由于区域仅为 64×64 的大小，使得其像元值的分布不能满足正态分布，故不对其余的值进行讨论，其结果如图 3. 5 所示。

从图 3. 5 中可以看出，阈值大小的不同会影响到变化区域的分割。总体来说，当阈值大于平均值时，会将变化区域分割出来，而阈值小于平均值时，会将非变化区域分割出来，且随着标准差的变化对区域的分割会变得更为精细化。同时具有相似光谱信息的区域被分割时往往同时被分为变化区域或非变化区域。以人眼直观的进行观察，当 $T=\mu+\sigma$ 时能获得最好的变化检测效果。

2）光谱与纹理权重分析

利用光谱与纹理之间的权重来调整能量函数中的图像特征项。在确定 $T=\mu+\sigma$ 时能获得最好的变化检测效果的情况下，对光谱和纹理的权重进行分析，其结果如图 3. 6 所示。

由于纹理信息经过归一化处理后，所有的数值都小于 1；而光谱信息并没有经过归一

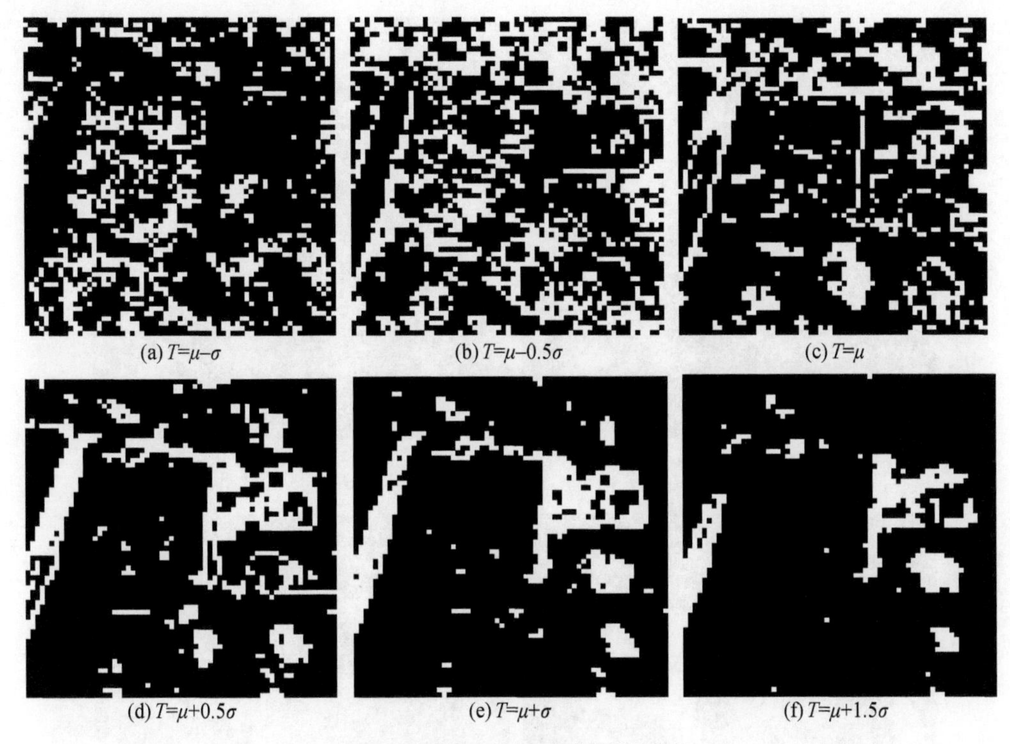

(a) $T=\mu-\sigma$　(b) $T=\mu-0.5\sigma$　(c) $T=\mu$

(d) $T=\mu+0.5\sigma$　(e) $T=\mu+\sigma$　(f) $T=\mu+1.5\sigma$

图 3.5　选取不同阈值分割结果图

化处理，它是建立在原有的像元信息上的，该影像位深为 16 位，值在 0～1024，因此，其数量级差距过大，利用权重进行处理时必须要考虑该条因素。

横向比较 2015 年和 2017 年的分割结果，2017 年的影像在含有建筑物、道路等变化信息的情况下导致纹理信息发挥了良好的作用，将本该划分为对象的区域归类于变化区域，使其变成一个整体，同时减少了部分的细小图斑；但是 2015 年的影像建筑物较少，纹理信息不明显的情况下分割结果未能发挥效果，同时还影响了其余地物的划分，分割出来的结果有网状现象，经过比较，两者在以有变化区域为底图时结果更为准确。

纵向比较不同光谱和纹理权重会在细微的地方影响变化区域的分割，图 3.6（b）同图 3.6(j)相比较可以看出，当纹理信息权重大的时候，对区域的整体性保持的更好，而光谱权重大的时候，会更倾向于对变化强度图的分割，其分割结果类似于阈值分析结果图中相同阈值时的结果。考虑到原有的变化强度图就是在光谱的变化信息基础上提取的，光谱信息对分割结果影响较小也是较为合理。因此，图像特征项应当更加偏重于纹理信息，提高纹理信息的权重。

3）变化特征项权重分析

变化特征项的权重主要是影响最大流-最小割方法。由于该算法是以变化特征项为基础，利用图像特征项进行辅助的分割算法，改变变化特征项的权重也会造成变化检测结果的变化。在阈值设为 $T=\mu+\sigma$，光谱信息与纹理信息权重比值为 0 ∶ 1 时，对变化特征项的权重进行分析。

(a) 光谱与纹理权重为0:1时
2015年的分割结果

(b) 光谱与纹理权重为0:1时
2017年的分割结果

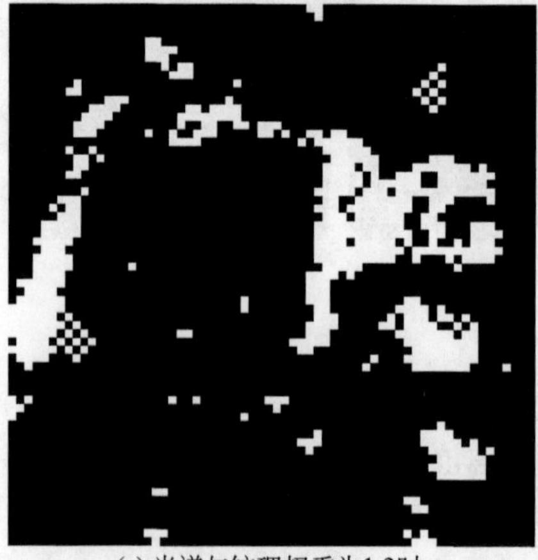

(c) 光谱与纹理权重为1:3时
2015年的分割结果

(d)光谱与纹理权重为1:3时
2017年的分割结果

(e) 光谱与纹理权重为1:1时
2015年的分割结果

(f) 光谱与纹理权重为1:1时
2017年的分割结果

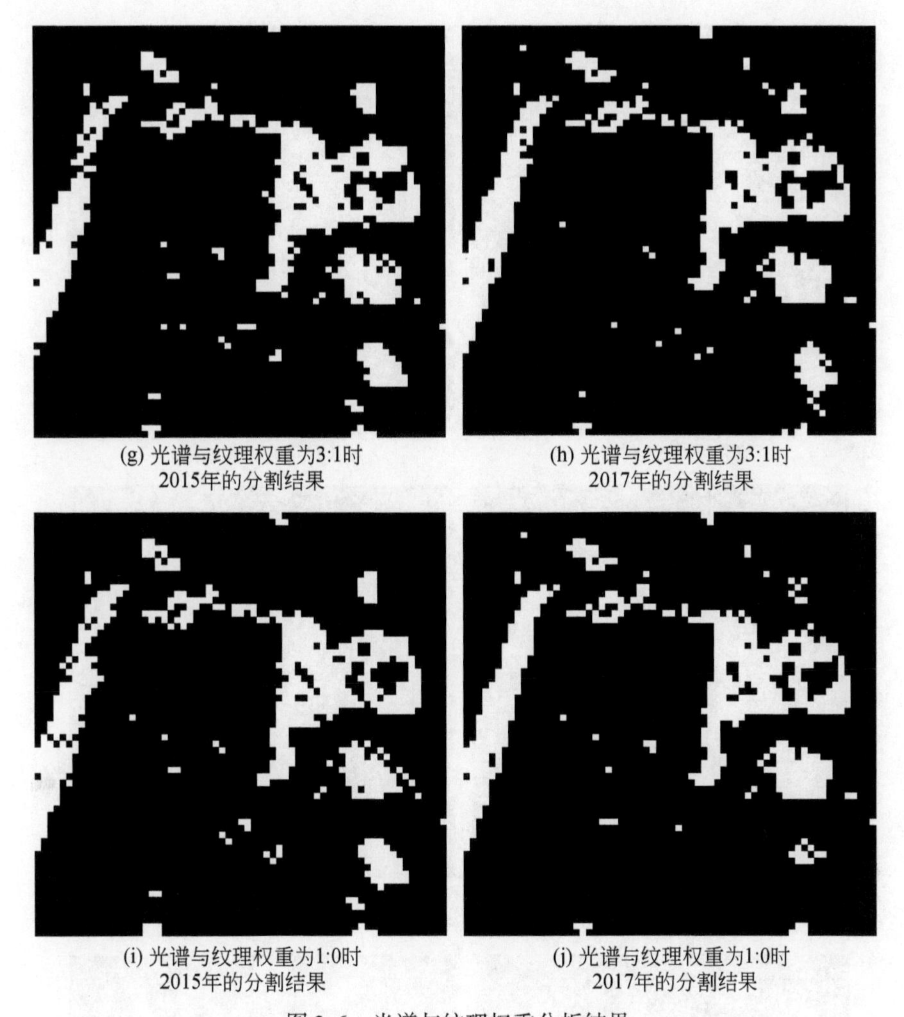
(g) 光谱与纹理权重为3:1时2015年的分割结果

(h) 光谱与纹理权重为3:1时2017年的分割结果

(i) 光谱与纹理权重为1:0时2015年的分割结果

(j) 光谱与纹理权重为1:0时2017年的分割结果

图 3.6　光谱与纹理权重分析结果

横向比较 2015 年和 2017 年的分割结果，可以看出变化权重项对 2017 年的影响不大，会在一些细小的区域造成影响，改变部分小的图斑。而 2015 年的结果受变化特征影响较大。其中如图 3.7(c)所示的结果，本该被检测出来的一条公路并没有被识别出来。同时其余的地物边缘呈网格状识别效果不佳。

纵向比较，由于 2015 年影像的纹理信息较少，变化强度项的权重减弱之后，造成部分地物划分为变化区域的代价升高，使得分割时无法成功将其划分为变化区域。而 2017 年的纹理信息较为丰富，在变化强度项的权重减弱时，纹理信息起到了极好的辅助作用，最终分割结果相差不大。

4）综合图像特征分析

由于本书加入了综合图像特征，将两期影像的图像特征做了组合，参数λ_{t_1}选择 0、0.25、0.5、0.75 和 1 五个值，经过多次实验，算法中各项参数的取值分别确定为 $\lambda=0.005$，$\lambda_S=0.5$，$T=\mu+0.5\sigma$。

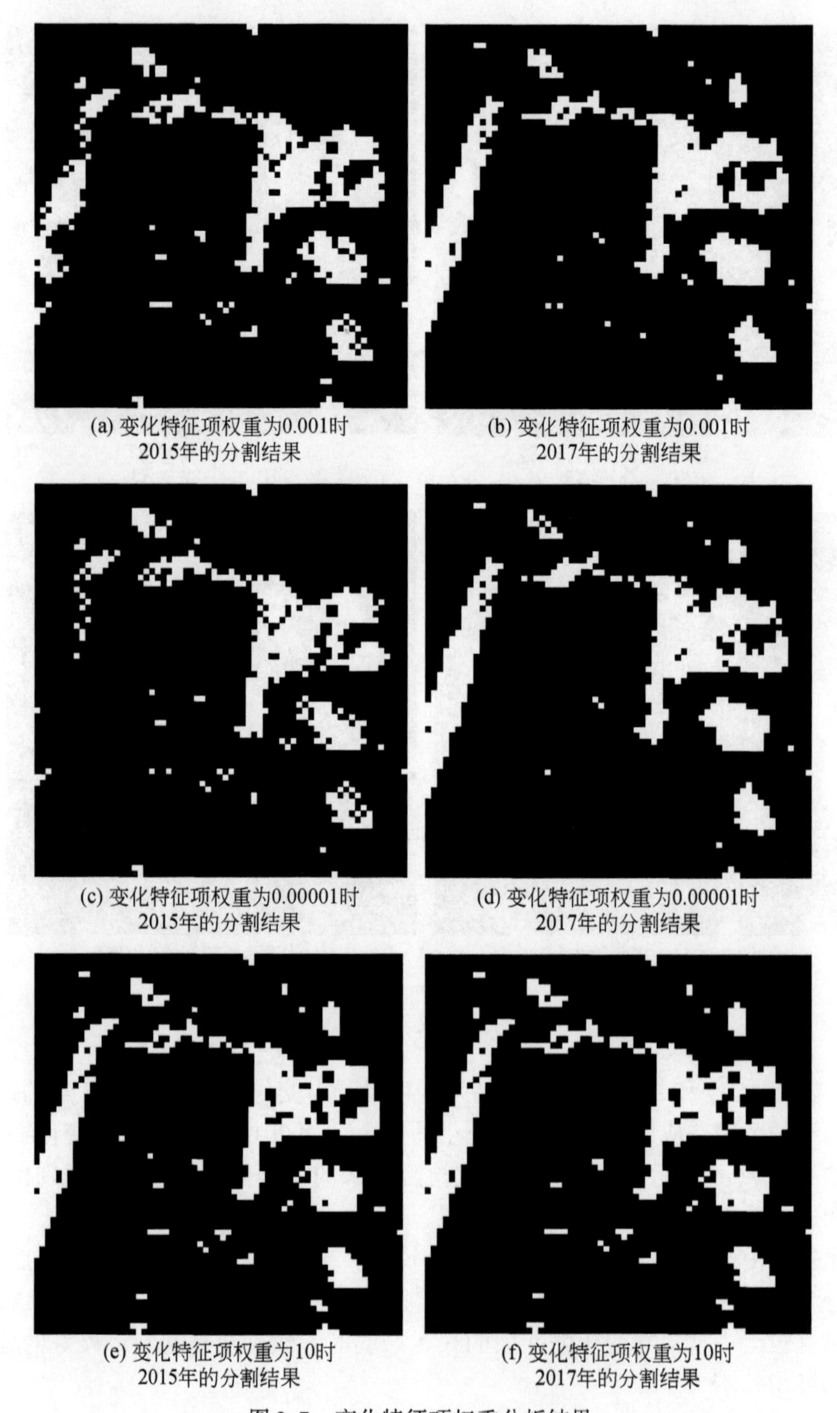

图 3.7　变化特征项权重分析结果

由图 3.8 可以看出，由于地物变化的不确定性，会增加也会减少，不能只单纯依靠某一个时相。当$\lambda_{t_1}=1$时，变化图斑更偏向于前一时相的图像特征，当$\lambda_{t_1}=0$时，变化图斑更偏向于后一时相的图像特征，所以地物边界较为规整。综合该实验结果来看，参数值的变化对于结果来说总体影响不大，图 3.8(c)既能够保持变化地物的基本特征，又可以在一定程度上保持两时相图像的特性，所以选择$\lambda_{t_1}=0.5$来进行最终实验可以得到较好的结果。

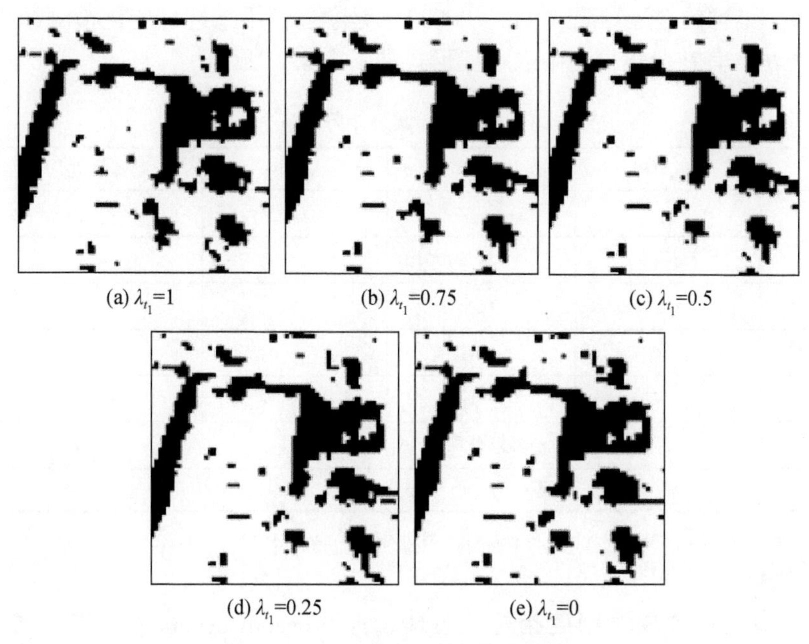

(a) $\lambda_{t_1}=1$　(b) $\lambda_{t_1}=0.75$　(c) $\lambda_{t_1}=0.5$

(d) $\lambda_{t_1}=0.25$　(e) $\lambda_{t_1}=0$

图 3.8　选取不同λ_{t_1}参数的分割结果

5）基于协同分割的变化检测结果

图 3.9 为南昌县研究区协同分割变化检测的最终分割结果，由于协同分割算法运算量大，速度慢，该地区总共被分为 672 张小图像进行并行计算，每幅小图像大小为 150×150 像素。图中黑色部分为变化区域，白色部分为非变化区域。

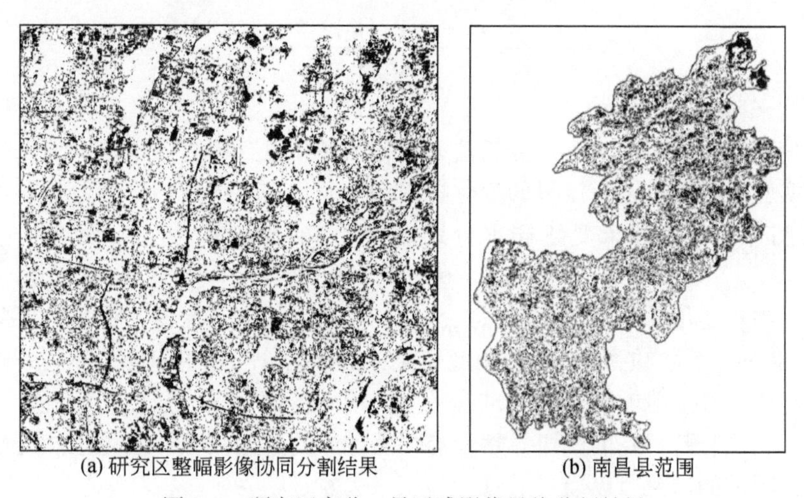

(a) 研究区整幅影像协同分割结果　(b) 南昌县范围

图 3.9　研究区高分一号遥感影像最终分割结果

4. 精度评价

在实验区内，根据简单随机采样与分层采样相结合的采样方法，选择数量一定的变化样本和非变化样本，使得变化样本和非变化样本在实验区内尽可能均匀分布。误差矩阵（error matrix），又称为混淆矩阵（Sun，2003），是学者们用来进行变化检测结果精度评价的一种常用方法，其在变化检测中的一般形式如下表 3.2 所示：

表 3.2　误差矩阵

	变化样本	非变化样本	总计	制图精度	漏分误差
变化样本	x_{11}	x_{12}	x_{1+}	x_{11}/x_{1+}	x_{12}/x_{1+}
非变化样本	x_{21}	x_{22}	x_{2+}	x_{22}/x_{2+}	x_{21}/x_{2+}
总计	x_{+1}	x_{+2}	N	—	—
用户精度	x_{11}/x_{+1}	x_{22}/x_{+2}	—	—	—
错分误差	x_{21}/x_{+1}	x_{12}/x_{+2}	—	—	—
总体精度＝（$x_{11}+x_{22}$）/N					
Kappa					

注：$x_{1+}=x_{11}+x_{12}$，$x_{2+}=x_{21}+x_{22}$，$x_{+1}=x_{11}+x_{12}$，$x_{+2}=x_{12}+x_{22}$；$N=x_{1+}+x_{2+}=x_{+1}+x_{+2}=x_{11}+x_{12}+x_{21}+x_{22}$，表示用于精度评价的所有样本基本单位的总数。

误差矩阵中共包含 3 个精度指标：总体精度（overall accuracy）、用户精度（user's accuracy）和制图精度（producer's accuracy），其中用户精度对应错分误差（commission error），而制图精度对应漏分误差（omission error）。总体精度表示样本中正确分类的像元数量占样本中所包含的全部像元数量的比值。

为了测定变化检测结果与样本之间的一致性，在误差矩阵的最后一行增加了 Kappa 系数，使用 Kappa 分析法来综合评价误差矩阵中所有元素，由此产生的统计指标称为 Kappa，其计算公式为

$$\text{Kappa}=\frac{N(x_{11}+x_{22})-(x_{1+}x_{+1}+x_{2+}x_{+2})}{N^2-(x_{1+}x_{+1}+x_{2+}x_{+2})} \tag{3.53}$$

式中，各项均来自误差矩阵。

本研究使用误差矩阵和 Kappa 分析法来对检测结果进行精度评价。

实验在实验区内选择了一定量的变化样本和未变化的样本点，尽量覆盖各类地物并均匀覆盖整幅图像，变化和未变化样本分别选择了 267 和 245 个点，两类共包含 512 个像素。

在表 3.3 中，变化样本共 267 个像素，非变化样本 245 个像素，分割结果的总体精度约为 0.834，Kappa 系数约为 0.663。由此可见，对于高分一号卫星影像来说，这种基于协同分割的变化检测算法能够得到较为准确的变化检测结果，有较强的适应性，可以实现大范围的变化检测。分割得到的图斑虽然会有一些零散的像元存在，但是依然能够体现出一定的区域性，零散的像元可以通过后处理步骤来去除。

表3.3　协同分割结果混淆矩阵

	变化样本	非变化样本	总计	制图精度	漏分误差
变化样本	263	81	344	0.746	0.236
非变化样本	4	164	168	0.976	0.024
总计	267	245	512	—	—
用户精度	0.985	0.669	—	—	—
错分误差	0.015	0.331	—	—	—
总体精度=0.834					
Kappa=0.663					

5. 结果分析

变化样本的漏分误差为0.015，而非变化样本的漏分误差为0.331，从这两个数据可以看出，分割结果不准确的原因在于提取出的变化图斑过多，存在过提的现象。将协同分割的结果与原始影像对比后发现，分析造成这种过提现象的原因主要有以下几点：

（1）由于本书的协同分割算法是通过变化特征项进行引导得出的，十分依赖变化强度图的准确性，变化强度图的获取方式会严重影响分割结果。实验中变化强度图是通过两幅影像相减后在各个波段求平均得到的，因此受到“同物异谱，异物同谱”现象的影响较为严重，会导致变化信息的过度检测；

（2）由于高分一号卫星影像的质量不佳有雾和薄云，导致两期影像的同一类型地物在各个波段的光谱值上差异较大，经过预处理后依然会对分割结果仍有一定影响。

（3）为了提高协同分割算法的运行效率，将整个试验区剪裁成多个相同大小的小图像，多线程并行运行分割算法，最后将小图像拼接起来得到最终结果。这种方法虽然提升了算法运行的效率，但是会造成一些小图像之间接缝处图斑的不整齐，出现错位的现象。因为每一张小图像都是相对独立的，进行最小割-最大流方法的时候构建的网络流图也是独立的，所以会造成接缝处变化图斑不整齐，使得一些跨越两幅图像的变化对象不能很好地表达，影响分割结果的整体性。

3.5.2　Landsat-8 TM遥感影像实验区

1. 研究区域介绍

研究区域为美国密西西比州杰克逊市，时相图像均为Landsat-8 TM遥感影像，轨道号为p122r038。实验区的大小为1200×1200像素，两时相影像的获取时间分别为2000-09-17［图3.10（a）］和2010-09-05［图3.10（b）］。

对美国实验区进行目视判读可知，该地区并无大范围的变化，主要存在的变化是小范围人造覆盖的变动，以及小范围的林地草地灌木之间的转换。由于变化范围较小，所以检测结果将会是零散的图斑，并不会有大面积的图斑出现。

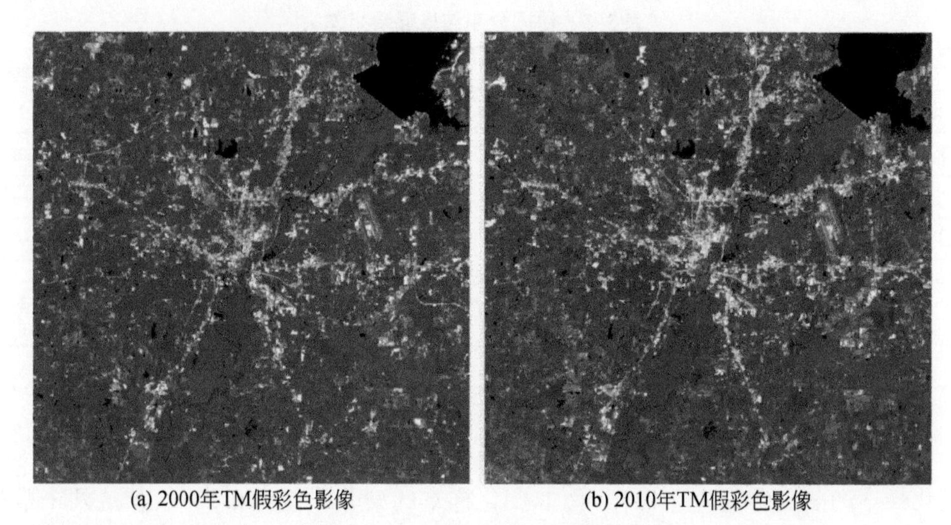
(a) 2000年TM假彩色影像　　(b) 2010年TM假彩色影像

图 3.10　Landsat-8 TM 遥感影像

2. 协同分割结果

对于 TM 影像协同分割的参数设置如下：阈值条件；变化特征项的权重=0.005；图像特征项中的光谱特征权重=0.5，4 个纹理特征的权重值均为 0.25；综合图像特征项的权重设置为 $\lambda_{t_1}=0.5$（图 3.11，表 3.4）。

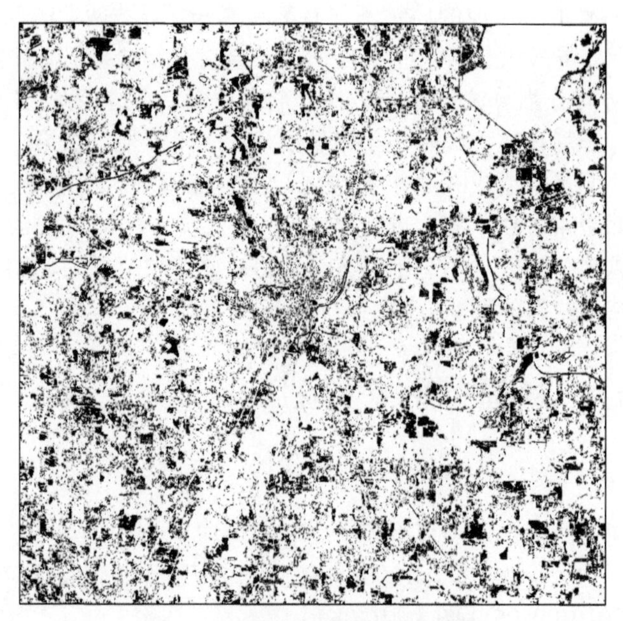

图 3.11　协同分割变化检测结果

表 3.4　基于协同分割的变化检测结果精度评价

	变化样本	非变化样本	总计	制图精度	漏分误差
变化样本	261	49	310	0.988	0.012

续表

	变化样本	非变化样本	总计	制图精度	漏分误差
非变化样本	3	212	215	0.812	0.188
总计	264	261	525	—	—
用户精度	0.842	0.986	—	—	—
错分误差	0.158	0.014	—	—	—
总体精度=0.901					
Kappa=0.801					

结果的总体精度约为90.1%，Kappa系数为0.801。在264个变化样本点中，有261个样本点位于变化区域，261个未变化样本点中有212个样本点位于非变化区域。

3.5.3　与其他方法的比较

为了检验协同分割算法的效果，设计了一组对比实验，将实验区分别利用基于像元的变化检测、基于对象的变化检测及基于协同分割的变化检测这3种方法进行实验，将三者的结果进行对比分析。

1. 基于像素的方法

基于像元的变化检测方法采用的是特征指数法。考虑到归一化植被指数（NDVI）是用红波段和近红外波段组合后的比值方式求得的，受地形和辐射的影响较小，同时又能够体现地表植被覆盖的变化趋势，所以利用NDVI作为检测变化信息的特征指数，计算公式为

$$\text{NDVI}=(\text{B\_NIR}-\text{B\_R})/(\text{B\_NIR}+\text{B\_R}) \tag{3.54}$$

式中，B_NIR为遥感影像中近红外波段的反射率；B_R为影像中红波段的反射率；NDVI的取值范围为［-1，1］。

$$\text{dNDVI}=〖\text{NDVI}〗\_t_1-〖\text{NDVI}〗\_t_2 \tag{3.55}$$

式中，$〖\text{NDVI}〗_t_1$表示前一时相图像的NDVI值；$〖\text{NDVI}〗_t_2$表示后一时相图像的NDVI值，求得两时相NDVI值之差dNDVI后利用基于直方图形状的方法自动获取分割阈值，该方法是在基于判别的分析法的基础上，用图像直方图的零阶和一阶累计矩阵进行阈值的划分。基于像元的变化检测是在ENVI软件中利用Image Change Workflow工具完成的（表3.5）。

表3.5　基于像素NDVI的变化检测结果精度评价（Landsat）

	变化样本	非变化样本	总计	制图精度	漏分误差
变化样本	255	57	312	0.966	0.034
非变化样本	9	204	213	0.781	0.219
总计	264	261	525	—	—
用户精度	0.817	0.958	—	—	—

续表

	变化样本	非变化样本	总计	制图精度	漏分误差
错分误差	0.183	0.042	—	—	—
总体精度=0.874					
Kappa=0.748					

图3.12为基于像素NDVI的变化检测结果，阈值的选取选基于直方图形状的方法（Otsu's）来自动获取，使用直方图积累区间来划分阈值。红色部分和蓝色部分表示检测出的变化区域，红色表示生物量增加，蓝色部分表示生物量减少，黑色部分表示未变化部分。

对比两张图可以发现，基于像素的变化检测方法，提取出的零碎像元非常多，并且有受到同物异谱异物同谱的影响比较严重。例如，图像右上角的水域部分，并没有产生变化却被提取出了大片的变化，反观协同分割的结果受到同物异谱异物同谱的影响比基于像素的结果较轻，整体来说比基于像素的结果更能体现出一定的区域性。

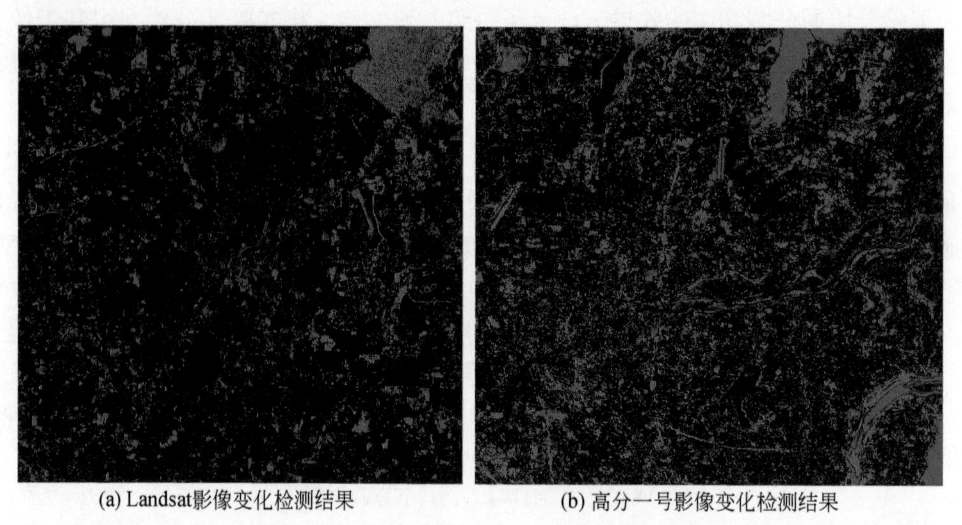

(a) Landsat影像变化检测结果　　(b) 高分一号影像变化检测结果

图3.12　基于像素NDVI的变化检测成果

图3.12中黑色部分未变化区域，蓝色和红色部分均为变化区域，其中蓝色区域表示NDVI值增加，即该区域植被量增加，红色区域表示NDVI值减少，即该区域植被量减少。从检测结果中可以看出同基于像素的方法检测出的变化地物多数为零散像元，分布于整张图像的各个位置，结果非常的散碎，区域性不强。而且可以看出水体部分并没有产生变化却被提取出了大片的变化，反观协同分割的结果受到“同物异谱，异物同谱”的影响比基于像素的结果较轻，整体来说比基于像素的结果更能体现出一定的区域性。

表3.5和表3.6为利用混淆矩阵进行精度评价的结果，利用Google Earth图像用目视判别的方法在两块实验区中选取了一定数量的样本点作为评价标准。在Landsat影像中共选择了525个像素的样本点，变化样本共264个，非变化样本共261个。在高分一号影像中选择了365个像素的样本点，变化样本共177个，非变化样本共188个。从表中可以看

出，Landsat影像的结果精度高于高分一号的结果精度。这主要是因为高分一号影像的质量不佳，同时影像有薄雾遮挡，所以检测精度远低于另一实验区的精度。

表3.6　基于像素的高分一号影像变化检测成果精度

	变化样本	非变化样本	总计	制图精度
变化样本	132	29	161	0.820
非变化样本	45	159	204	0.779
总计	177	188	365	—
用户精度	0.746	0.846	—	—
总体精度=0.797				
Kappa=0.593				

2. 基于对象的变化检测

基于对象的变化检测方法选取的是基于多尺度分割的变化检测方法，首先将两时相影像用多时相组合分割法进行多尺度组合分割，形状因子为0.1，紧密度因子设置为0.5，得到具有相同分割边界的两时相图像对象，并将其作为变化检测的基本处理单元。

由于多尺度分割部分是通过两时相影像联合分割的，所以分割结果受到两时相图像的影响，不能保证分割出的对象的完整性，使得最佳的分割尺度难以确定。所以采用过分割的方式，将多尺度分割的尺寸设置成一个较小的值（分割尺度设置为10），目的是将那些相同地物内部同质性较差的地物可以分为多个对象，而内部同质性较好的地物也会被过分割为几个对象，但影响不大。这种方法可以在一定程度上保证对象的完整性，尽量体现出对象的空间特性。

将图像分割成对象后，利用变化矢量（CV）作为基于对象的特征指数来提取变化图斑。CV的计算公式如下：

$$CV = \sum_{k=1}^{n} [B_{pk(t_1)} - B_{pk(t_2)}]^2 \tag{3.56}$$

式中，$B_{pk(t_1)}$表示t_1时相的图像对象p在波段k的光谱值；$B_{pk(t_2)}$表示t_2时相的图像对象p在波段k的光谱值，$k=1, 2, \cdots, n$；n为图像的波段总数。基于对象的变化检测过程均在eCognition软件中完成。

根据测试的实验结果，当以特征值CV的阈值设定为$CV>\mu+0.1\sigma$时，变化检测结果的总体精度和Kappa系数是最高的，其中μ为所有对象CV值的均值，σ为标准差。图3.13中黑色部分为变化区域，白色部分为非变化区域，从图中可看出基于对象的变化检测结果要比基于像素的方法更具有区域性，与基于像素的方法相比大部分的零散像元均被消除，而且水体区域的位置上检测出的变化区域也有明显减少。

表3.7和表3.8为两个实验区的基于对象变化检测成果的精度，样本点的选取与基于像素方法中的样本点一致。可以看出，相比较于基于像元的变化检测结果，基于对象的变化检测结果的精度有所提高。由于在变化检测前先进行了分割，因此检测结果的分布体现出区一定的域性和完整性，较少有零散像元的出现。此外，采用基于对象的变化检测方

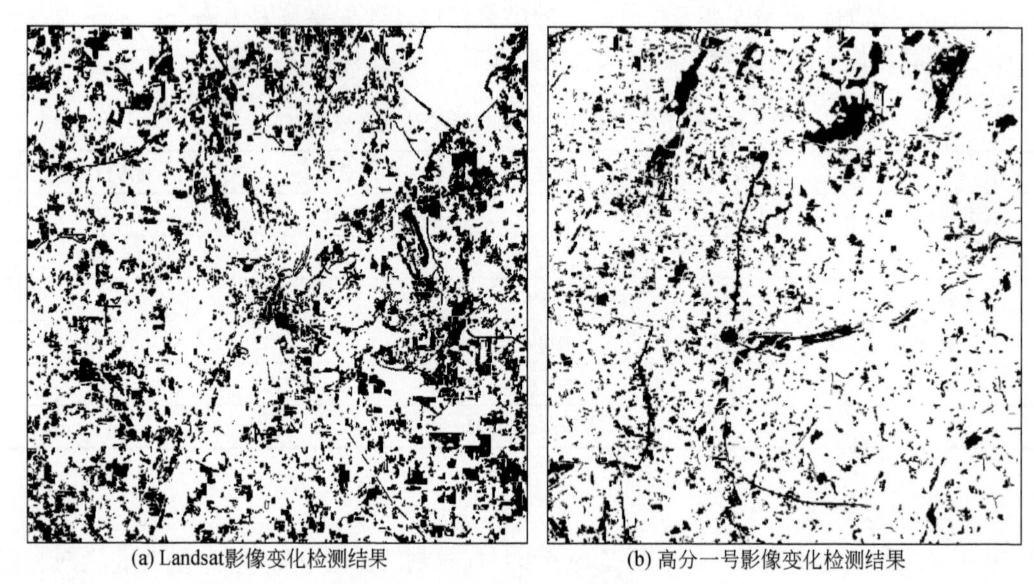

(a) Landsat影像变化检测结果　　(b) 高分一号影像变化检测结果

图 3.13　基于对象的变化检测成果

法，对检测出的位于变化区域的图像对象的分析和比较更加容易，更易于与实际地物对应，在进行分析和判断时可以综合利用空间信息。

表 3.7　基于对象的 Landsat 影像变化检测成果精度

	变化样本	非变化样本	总计	制图精度
变化样本	233	28	261	0.882
非变化样本	31	233	264	0.892
总计	264	261	525	—
用户精度	0.892	0.882	—	—
总体精度 = 0.888				
Kappa = 0.775				

表 3.8　基于对象的高分一号影像变化检测成果精度

	变化样本	非变化样本	总计	制图精度
变化样本	173	53	226	0.765
非变化样本	4	142	146	0.972
总计	177	195	372	—
用户精度	0.977	0.728	—	—
总体精度 = 0.847				
Kappa = 0.696				

对比表 3.3 至表 3.8 可以看出，基于协同分割方法进行检测得到的变化图斑，在一定程度上可以体现出区域性，其结果要远优于基于像素的检测方法。虽然图斑的完整性要低

于基于对象的检测方法得到的图斑，但精度从来看却与其相差无几，在一定程度上保证了图斑区域性的同时又解决了分割尺度不易选择的难题。但该方法的致命缺点是无法直接处理大范围的影像，需要分块处理，而且整个过程损耗时间极长，这些缺陷使基于协同分割的检测方法通过与基于对象及基于像素这两种变化检测方法的精度对比来看，基于协同分割算法的结果精度最高。由此可见，基于协同分割的变化检测方法能够满足30m尺度上的变化检测要求，其分割出来的变化图斑，能够体现出一定的几何属性变化，有助于对变化检测结果进一步分析。

协同分割方法可以高精度地识别两相图像的大部分变化。协同分割变化检测将光谱和多个纹理特征的综合起来，可以提取更多的特征信息。与基于像素的变化检测方法相比，协同分割的方法考虑图像特征，即图像像素的邻域特征，因此，结果更具有区域性。相较于与基于对象的变化检测方法，协同分割的方法考虑了像素的光谱和纹理特征，提高了分割结果的准确度。协同分割变化检测不仅考虑相应像素的不同相位之间的差异，还考虑图像像素与周围像素的特征信息之间的相似性。协同分割变化检测同时拥有基于像素和对象的更改检测方法的优点。此外，算法中的能量函数可以根据不同的研究目的而改动，比较灵活。

本研究应用基于协同分割的变化检测算法，实现了大范围的16m高分一号遥感影像变化检测，利用混淆矩阵对结果进行精度评价，总体精度达到了约为83.4%。与此同时也可以很好地用于TM影像的变化检测，总体精度约为90%。以上的研究结果表明，协同分割变化检测方法能够获得较为准确的检测结果，拓宽了协同分割算法的适用范围。变化检测方法能够很好地用于大范围的遥感影像的变化检测，提取出的变化图斑可以体现一定的区域性和整体性。

但协同分割变化检测方法存在一些缺陷需要进行改进：

（1）实验利用多线程并行运行剪裁后的小图像，这种方法虽然在一定程度上提高了算法效率并且能够实现大范围的变化检测，但会影响变化图斑的整体性，应当进一步优化算法，减少算法中迭代次数，在不影响变化图斑整体性的情况下扩大实验区的范围。后续的研究中引入超像素分割的方法，将原本的基于像素的协同分割改变为基于区域的协同分割。减少在进行最小割-最大流构建的网络流图中节点的数量，提升协同分割变化检测方法的效率，并减少零碎图斑的产生。预期研究的结果可以一次性处理整个实验区的数据，不必分块处理再进行拼接。

在计算机视觉领域，图像分割指的是将数字图像细分为多个图像子区域（又称超像素）的过程。这种图像分割的目的是简化图像的表示形式，让图像更容易理解和分析。引入超像素分割方法优越性在于：

①生成的超像素块紧凑度高且整齐，邻域特征比较容易表达，较容易进行后续改造。

②使用超像素分块以后可以减少后续构建网络流图中的节点，提升速度同时使得协同分割可以处理更大的图像。

（2）由于高分一号卫星影像的质量不佳有雾和薄云，与此同时获取两期影像所使用的相机类型也不同，导致两期影像的同一类型地物在各个波段的光谱值上差异较大，经过预处理后依然会对分割结果仍有一定影响。需要进一步提高预处理水平，来提高变化检测精度。

（3）能量函数中变化特征项的构建单纯依靠光谱特征，“同物异谱”和“异物同谱”仍然会对变化检测结果有影响。可以选择更加适合的变化强度图的获取方式，不只是单纯依靠光谱特征作为评判，减少变化信息的过度检测，以此来改善变化检测结果的精度。

3.5.4　变化强度图对结果的影响

从图 3.14 两张图像对比来看，变化强度图中的白色部分即为变化强度较高的位置，即为光谱值差异较大的区域。协同分割的结果在一定程度上依赖于变化强度图，但是由于纹理的图像特征也参与了分割，所以过滤了一些未变化的部分，对于变化图斑的提取起到了辅助和规范的作用，即确定了图斑的边界和内部的完整性。由此可见协同分割的结果在大体上是依赖于变化强度图的结果，变化强度图决定了分割的结果。

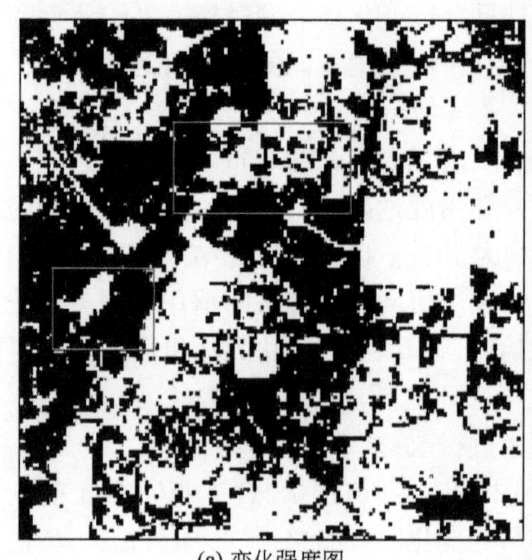

(a) 变化强度图

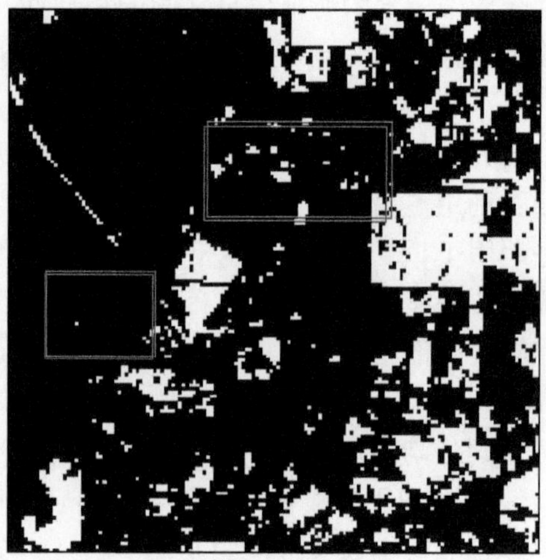

(b) 协同分割结果图

图 3.14　变化强度图与协同分割结果图对比

如图 3.15 所示，红框中的两个地方均是在变化强度图上被高亮显示，但是在协同分割后的结果上没有显示。经过 Google 高分影像的对比来看，右上区域为人造覆盖 2002 年至 2010 年间并未发生改变，可见是非变化区域；左下角的区域为林地，通过人眼识别这个区域无论是植被种类和纹理都没有发生变化，可以认为是没有发生变化。这两个区域均未发生变化，而分割结果也将这两个区域识别为非变化区域，说明分割结果是可靠的。这些区域被去掉的原因是有图像特征参与分割，这两个区域的纹理特征并未发生过大的变化，所以在最小割–最大流计算完成后，最后的结果没有出现这两个位置的变化图斑。由此可见，变化强度图为协同分割的结果提供了变化图斑的大致范围，而图像特征则起到了变化图斑的规范和辅助作用。

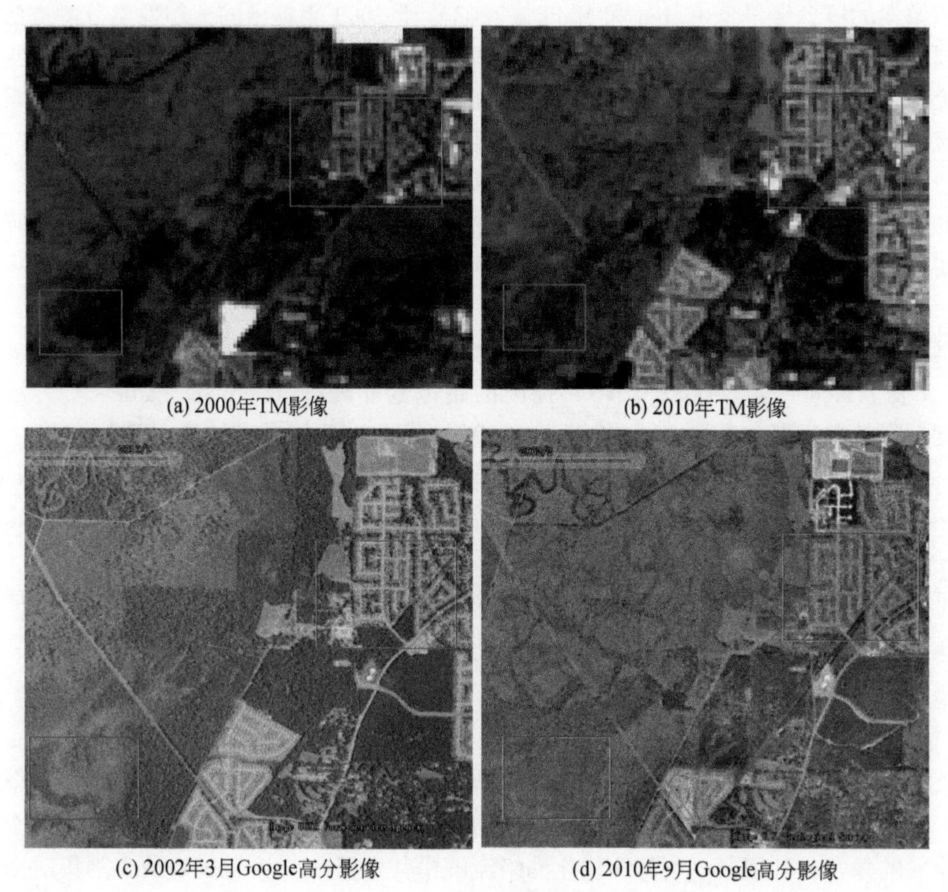

(a) 2000年TM影像　(b) 2010年TM影像

(c) 2002年3月Google高分影像　(d) 2010年9月Google高分影像

图3.15 变化强度图影像分析

3.6 基于超像素的协同分割变化检测

3.6.1 超像素分割研究现状

超像素即为具有相似的纹理、亮度、光谱值等性质的相邻像素构成的同质性区域。由此可知，超像素分割即为将整张图像中具有同质性的相邻像素划分至一起，用超像素来简要的表达图像信息，从而降低图像后处理的复杂程度，这种技术通常被用于分割算法的预处理步骤。因此，将超像素分割引入协同分割变化检测中，减少像素节点的数量降低算法迭代次数，以此来改善其运算量大、效率低下的问题。

超像素分割和基于对象分割的区别在于：超像素分割是在图像中散布种子点，以种子点为中心进行的像素聚类。所以形成的超像素块均匀整齐，与地物边缘的相关性不大。而基于对象的分割是按图像中对象的不同分割而成。所以形成的对象是以地物边缘为准，大小不定，分布杂乱。

超像素的概念最早是由 Ren 和 Malik（2003）于 2003 年提出的，超像素分割方法按原理不同大致可以分为两种类型：基于图论的超像素分割及基于梯度下降的超像素分割。基于图论的超像素分割方法的中心思想是将整幅图像当作一幅网络流图，将每一个像素作为网络流图中的一个节点，像素之间的空间邻接关系作为及节点之间的边，相邻像素的特征作为边的权值，用这种形式将图论的原理和算法引入其中。将网络流图构建完成后，利用不同的分割准则来对图像进行分割。而基于梯度下降的超像素分割则是利用梯度下降的方式对初始的聚类像素进行不断地迭代，修改聚类，直到迭代的误差收敛或小于某一个阈值。

基于图论的分割方法大致有：Shi 等（1997）于 1997 年提出了归一化割（Normalized Cuts）方法；Moore 等（2008，2010）提出的超像素晶阵（Superpixel Lattices）方法。基于梯度下降的方法有：Comaniciu 和 Meer（2002）于 2002 年提出的基于均值漂移（Mean Shift）的方法；Michael 等（2015）于 2012 年提出的 SEEDS（Superpixels Extracted via Energy-driven Sampling）算法；Achanta 等（2012）提出的 SLIC（Simple Linear Iterative Cluster）方法。

不同的超像素分割算法各有各的优点和缺陷，其功能和所应用的领域也各有不同，并不存在一种最佳的分割算法适用于所有情况。

1. 基于图论的分割方法

1）Normalized Cuts 方法

Normalized Cuts 方法是一种基于图论的最小割集的算法，该方法是将图像每一个像素作为一个节点，构建出一个带有权值的无向网络流图。原本的算法是将图分割为两个不相交的像素的集合，利用最小割算法优化网络流图中代价函数，从而找到最小割集对图像进行分割。但是这种最小割方法忽略了流图中节点耦合的情况，最小割会较为分散，所以不能得到最优分割。为了解决这一问题，Shi 和 Malik（2000）对这一算法进行了改进，提出了一种归一化割的方法。这种方法的核心思想在于考虑了各个对象之间的区别且并未将每个对象内部的同质性遗漏。归一化割方法的分割标准为

$$\mathrm{Ncut}(A,B)=\frac{\mathrm{cut}(A,B)}{\mathrm{assoc}(A,V)}+\frac{\mathrm{cut}(A,B)}{\mathrm{assoc}(B,V)} \tag{3.57}$$

式中，A、B 表示两个不相交的子集；V 为构建的无向图中所有节点的集合；$\mathrm{assoc}(A, V)$ 与 $\mathrm{assoc}(B, V)$ 分别表示，子集 A 或 B 中所有节点分别到图中所有节点 V 的边的权重之和；$\mathrm{cut}(A, B)$ 表示图中的最小割集。$\mathrm{Ncut}(A, B)$ 为两个节点之间的归一化割值，该值越小表示两个节点之间相似度越高，越容易被分配到同一个子图中，反之相似度越低余额用以被分到不同的子图中。

2）Superpixel Lattices 方法

这是一种无监督的过分割方法，该方法的提出是为了解决超像素分割算法运行时会忽略原始影像中较为重要的拓扑信息这一缺陷。Superpixel Lattices 方法通过确定将图像分割成很小的垂直或水平区域的最佳路径，来生成符合常规网格超像素，能够将图像的拓扑关系保留下来，并在此基础上保持原有算法的精度和运行速度，算法步骤大致如下。

首先读入图像后，需要输入待分割图像的边界图，根据边界图构建成一幅无向图，在

整个图中搜索穿过图像的最佳路径，也就是无向图中最小权重的路径，将权重最小的边的位置进行图像的分割。通过不断地从水平和垂直两个方向在图中寻找最佳路径，从而不断地将图像在水平和垂直两个方向进行二分，同时将路径中权重最小的边处进行分割，迭代这个步骤即可形成超像素网格。图3.16即为Superpixel Lattices方法的超像素网格产生的示意图，按照从路径1到路径4的顺序按水平和垂直依次寻找最佳路径穿过图像，在原有的超像素网格中再将图像分成两部分，搜索路径1后得到两个区域，搜索路径2后得到4个区域，搜索至路径4后得到九个区域，以此类推，直到误差收敛超像素网格不再增加为止。最后在寻找到的每条路径中权重最小的边处分割图像，完成最终的超像素分割。

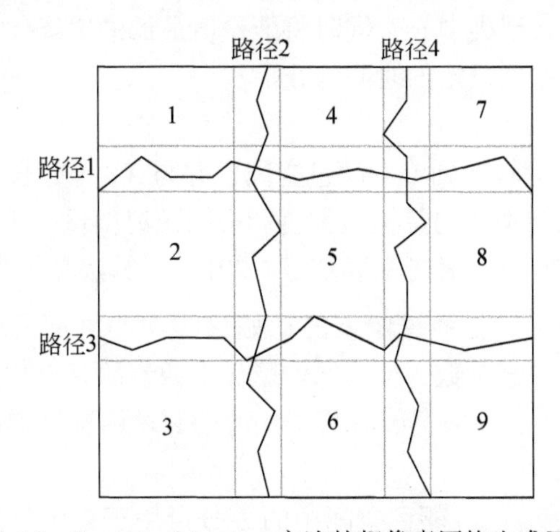

图3.16　Superpixel Lattices方法的超像素网格生成示意图

Moore等（2008，2010）的算法中最优路径的选取可以通过s-t最小割法产生任意拓扑路径或用动态规划法产生无回归路径。但无论哪种方法路径的选取必须满足以下条件：任意两条水平路径或任意两条垂直路径不得相交（王春瑶等，2014）。

2. 基于梯度下降的分割方法

1）Mean Shift方法

Mean Shift方法的特点是无须设置参数的一种快速统计的迭代算法，适用于在灰度上梯度变化较为明显的图像，有较好的稳定性和抗噪性。该算法的核心内容是在图像中以某一个初始点X为中心建立一个半径为h的球区域，依次计算落入该区域的中所有数据点的Mean Shift矢量，求取整个区域中每个像素点的概率密度最大值，然后将窗口不断沿着概率密度的梯度上升的方向移动，即球区域的中心从初始点移动到概率密度最大值的位置。重复迭代整个过程，直到误差小于设定阈值的时候，算法收敛至概率密度最大处，球区域中心点的位置也不再变化，此时这个点被称作模态点。将图像像素特征空间的每一个像素点重复上述过程，最后将这些能够收敛到同一模态点的像素归为一类，即可完成超像素的聚类。

2）SEEDS算法

SEEDS算法的研究简化了需要逐个计算超像素中心到周围像素之间的距离这一步骤，用更加经济快速的爬山算法进行替代（张晓平，2015）。算法首先需要对图像进行预分割，人为设定需要分割的超像素个数 K，然后定义一个能量函数 $E(p)$ 作为超像素归属的度量值，表达式如下：

$$E(p)=H(p)+\gamma G(p) \tag{3.58}$$

式中，$H(p)$ 为像素 p 的颜色表达项；$G(p)$ 为像素 p 的边缘表达项；γ 为边缘表达项的权重，用于调整二者在能量函数中的占比（陈畅等，2018）。颜色表达项是利用颜色直方图来统计当前超像素块中所有像素的颜色分布情况，该值越大表示当前区域中在颜色直方图中越集中。边缘表达项则代表了超像素边缘之间的不规整性，主要用于规范超像素的形状。最后是迭代步骤，从初始点开始，与当前超像素区域的点进行比较，选取最大值的点替换初始点作为新的超像素聚类中心，同时将能量值最低的边缘像素移动至邻接的超像素块中，不断迭代直到时间达到设定的时间为止。

3）SLIC 方法

SLIC 方法是将彩色图像转换到 Lab 颜色空间，并与 XY 坐标合并形成一个五维的特征向量，然后利用 LabXY 五维特征向量构建颜色和空间距离度量，用简单的线性迭代对图像进行局部聚类，生成均匀的超像素（王春瑶等，2014）。算法具体步骤如下：

（1）设置初始聚类中心。若将超像素的初始聚类中心之间的步长设置为 $S=\sqrt{N/K}$，其中 K 为初始预分割的超像素个数，N 为原始影像中像素的总个数。为了防止超像素块的聚类中心位于图像的边缘处，所以需要在聚类中心的邻域内选择梯度最小的点作为新的聚类中心。

（2）Lab 颜色空间转换。Lab 颜色空间中的 L 分量用于表示像素的明度，取值范围是［0，100］；a 表示从红色到绿色的范围，取值范围是［127，-128］；b 表示从黄色到蓝色的范围，取值范围是［127，-128］。进行色彩模型转换的主要目的是 Lab 模型的色彩更贴近人眼对色彩的感知程度，相比于其他模型来说它的色域更加宽阔，比 RGB 颜色空间色彩分布更加均匀。RGB 颜色空间不能直接转换为 Lab 颜色空间，需要借助 XYZ 颜色空间进行过渡。转换公式如下：

$$\begin{bmatrix} X \\ Y \\ Z \end{bmatrix}=\begin{bmatrix} 0.4124 & 0.3576 & 0.1805 \\ 0.2126 & 0.7152 & 0.0722 \\ 0.0193 & 0.1192 & 0.9505 \end{bmatrix}\begin{bmatrix} R \\ G \\ B \end{bmatrix} \tag{3.59}$$

$$\begin{cases} L=116f\left(\dfrac{Y}{Y_n}\right)-16 \\ a=500\left[f\left(\dfrac{X}{X_n}\right)-f\left(\dfrac{Y}{Y_n}\right)\right] \\ b=200\left[f\left(\dfrac{X}{X_n}\right)-f\left(\dfrac{Z}{Z_n}\right)\right] \end{cases} \tag{3.60}$$

$$f(t)=\begin{cases} t^{1/3}, & t>\left(\dfrac{6}{29}\right)^3 \\ \dfrac{1}{3}\left(\dfrac{29}{6}\right)^2 t+\dfrac{4}{29}, & t\leqslant\left(\dfrac{6}{29}\right)^3 \end{cases} \tag{3.61}$$

由于遥感影像是多波段影像，在试验中 RGB 选择影像中的红、绿、蓝波段参与计算。

X，Y，Z 为 RGB 色彩模型转至 XYZ 模型后的值，X_n，Y_n，Z_n 通常取值为 0.95047，1.0，1.088754。

（3）建立距离度量。距离度量 D 由颜色距离 d_c 和空间距离 d_s 构成，计算公式如下：

$$d_c=\sqrt{(L_i-L_k)^2+(a_i-a_k)^2+(b_i-b_k)^2} \tag{3.62}$$

$$d_s=\sqrt{(x_i-x_k)^2+(y_i-y_k)^2} \tag{3.63}$$

$$D=\sqrt{\left(\frac{d_c}{m}\right)^2+\left(\frac{d_s}{S}\right)^2} \tag{3.64}$$

式中，L，a，b，x，y 为用 Lab 颜色空间及像元的 xy 坐标构建出的五维的特征向量；i 代表每一个像元；k 代表每一个种子点；m 为控制超像素紧凑度的常数，m 越大，像素不易黏附到边界，所得到的超像素边界就更加规整，反之 m 越小，像素就更容易黏附到超像素的边界，超像素较为松散且边界不规整，m 的取值范围为［1，40］。

（4）迭代聚类。计算每一个超像素搜索区域的所有像元与种子点的距离度量，取最短距离作为该像元的聚类中心。该算法为了提高运算的速度，将搜索区域设置为以种子点为中心的 2S×2S 区域，不必在整幅图像上进行搜索。完成全部种子点的搜索后，重新计算每个超像素块的质心，将并其作为下一次迭代的新种子点，直至误差收敛即可得到超像素分割结果。

3. 各类方法优缺点对比

Normalized Cuts 方法的优点是可以按照研究的需求，人为的控制超像素的个数，并且分割的得到的超像素的形状较为整齐且紧凑（王春瑶等，2014）。但随着图像尺寸的增大，像素个数的增多，该算法中节点之间归一化割的计算的次数会成指数的增长，会极大地减慢计算效率。本研究的目的是希望通过引入超像素分割的方式，加快算法运行效率，Normalized Cuts 方法与本研究目的不和，故不采用。Superpixel Lattices 算法的特点是可以保留住其他算法中没有的图像的拓扑结构，在加入了拓扑信息约束条件的同时，仍可以使算法有着较高的精度和最佳的运算速度。但这种算法的缺点在于需要输入算法的边界信息，边界图能够直接影响到分割结果的准确与否。此外，最优路径需要在预先设定好的图像带中进行寻找，所以图像带是否均匀分布影响着路径分布额均匀程度。因此 Superpixel Lattices 方法虽然有良好的分割效果和效率，但限制条件较多，并且不能人为的控制超像素点的个数，故不采用。

Mean Shift 方法基于核密度估计快速统计的搜索模式，决定了该方法运行时间短的特点。该算法适用于灰度梯度较为明显的自然图像，若图像的边缘信息不明显，分割结果的精度会大大降低，很容易造成欠分割问题。所以 Mean Shift 方法并不适用于混合像元较多的遥感影像中。

算法虽然简化了普通分割算法的搜索方式，能够保持图像中的边缘信息，但是同一个超像素块内像素的同质性较差（张晓平，2015），分割结果的精度较差。SLIC 方法相较于其他的超像素算法有以下两点优越性：

（1）通过将搜索的滑动窗口设置为与超像素步长 S 成比例的区域，在不影响结果的情况下极大地减少了距离计算的数量，使得算法速度得到提升，并且运算速度与设定的超像

素数量 K 无关；

（2）生成的超像素紧凑均匀，可以通过修改参数来控制超像素的尺寸及其紧凑度。SLIC 方法既能够通过参数的设定人为的控制超像素的个数和分割的紧凑度，又有着较快的计算速度，并且计算的速度不会随着图像尺寸的增大而降低，是目前集中超像素分割算法中最为理想的一种。

因此，在后续的研究中引入 SLIC 方法来进行协同分割变化检测的改进。

3.6.2　基于超像素的协同分割变化检测

图 3.17 为基于超像素协同分割变化检测的流程图，方法主要分为 4 个部分：①预处理；②超像素分割与叠加分析；③变化检测能量函数的构建；④最小割–最大流分割。

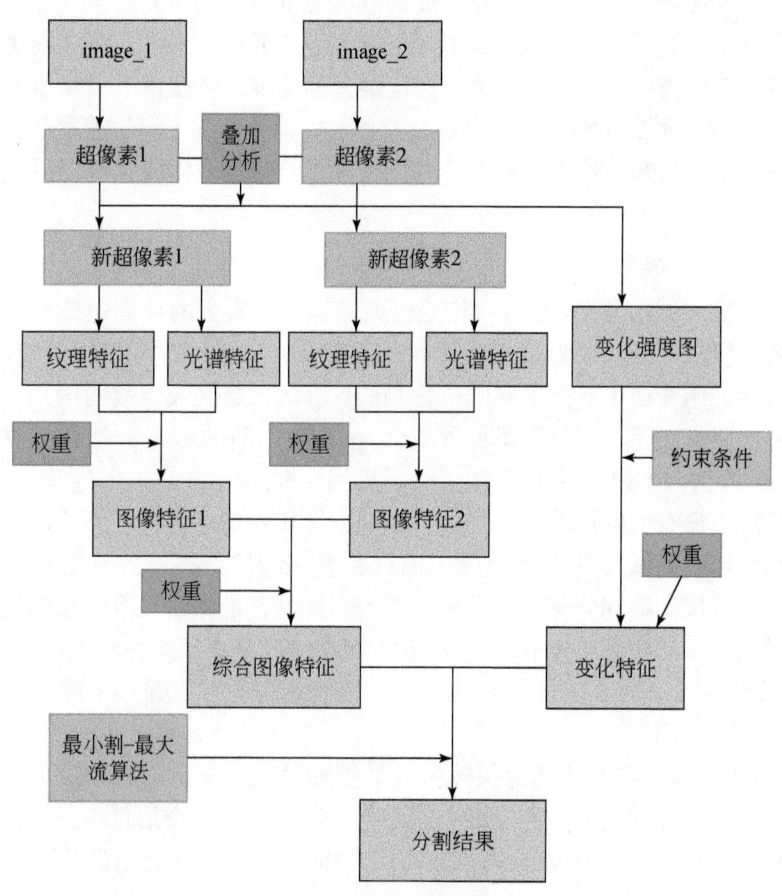

图 3.17　基于超像素的协同分割变化检测流程图

1. 超像素分割与叠置分析

对原始影像进行预处理后，即可对同一地区不同时相的原始影像进行超像素分割。SLIC 算法步骤在 3.6.1 节进行了详细的描述，故在此不再进行陈述。经过超像素分割后的两时相图像，虽然具有相同数量的超像素，但是二者超像素的分割边界必然不能一一对应。超像素分割也不能只单纯依赖一个时相的分割边界作为标准，所以为了便于进行下一步的协同分割，需要将超像素分割边界进行统一。因此将两时相超像素分割边界进行叠加，把提取出的斑块进行筛选后作为新增的超像素覆盖到原始的分割边界中，获得一个统一的综合超像素分割边界，叠加分析的具体流程见图3.18。

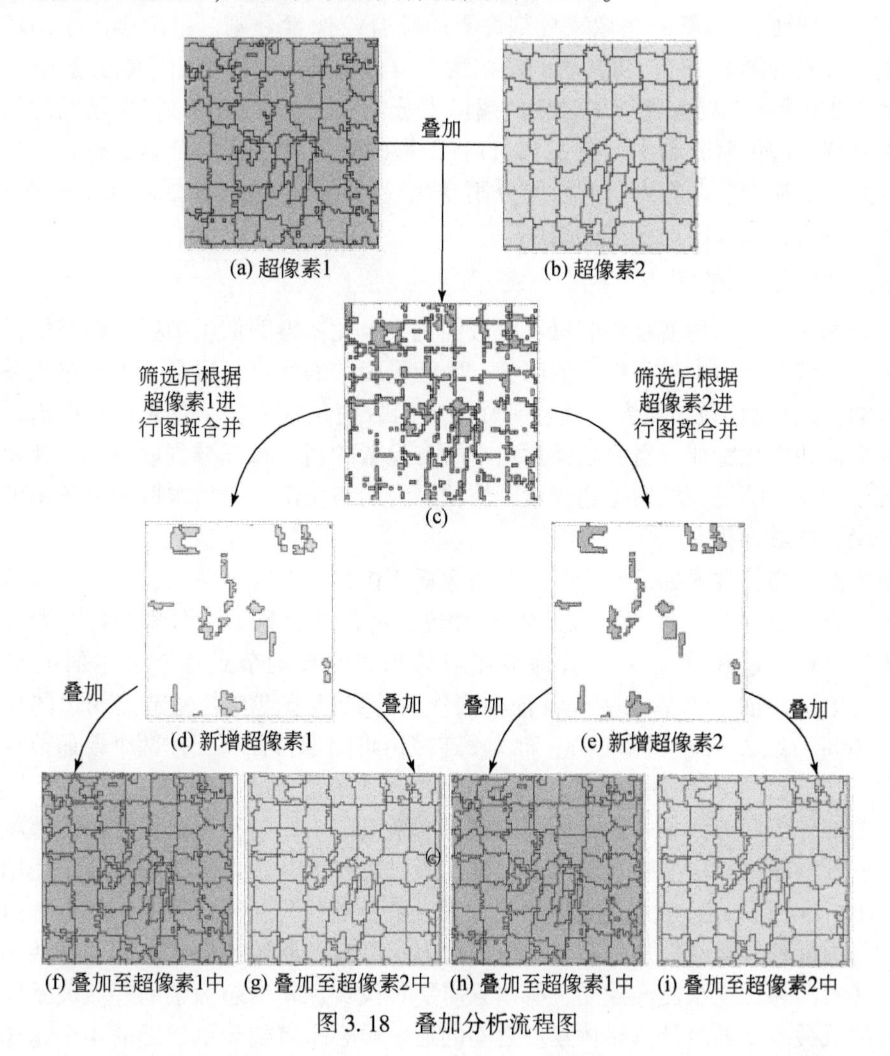

图3.18　叠加分析流程图

超像素叠加分析需要将两张超像素图像进行叠加，提取出二者之间分割不同的斑块，将图3.18(a)、(b)叠加提取出图3.18(c)。从图3.18(c) 可以看到，提取出的斑块中大部分是一些长条形的和单位面积的干扰斑块，分析发现这些干扰斑块大多位于超像素的边界，主要是由于两时相影像存在一个到半个像元的偏差引起的。所以在本研究中设置了两个筛选条件来去除干扰斑块：①去除单位面积的（1～2个像素）的图斑；②去除面积周长比小于8的图斑。

将经过筛选后的斑块作为新增超像素，此时的新增超像素是分散的，需要将具有同一属性的分散图斑进行合并，以此确定新增超像素的边界和个数。但新增超像素的合并可以分为两种情况，一种是以第1时相的超像素的分割属性为准对图斑进行合并，如图3.18

(d)所示；另一种是以第 2 时相超像素的分割属性为准对图斑进行合并，如图 3.18(e) 所示。图 3.18(d)、(e)二者除了新增超像素的个数和边界的划分不同以外，所有图斑的总体的外侧轮廓均一致。

最后把新增的超像素图 3.18(d)、(e)分别覆盖到原始的两时相超像素分割图 3.18(a)、(b)中，形成一幅新的超像素分割边界的综合超像素分割。最后会产生四幅综合超像素分割，分别为图 3.18(f)将新增的超像素 1 覆盖到第 1 时相的超像素分割中，图 3.18(g)将新增的超像素 1 覆盖到第 2 时相的超像素分割中，图 3.18(h)将新增的超像素 2 覆盖到第 1 时相的超像素分割中，图 3.18(i)将新增的超像素 2 覆盖到第 2 时相的超像素分割中。因此会对应产生四幅不同的协同分割变化检测结果，在本书 3.6.2.4 小节中对这 4 个结果进行分析，选择出最佳搭配结果。

2. 最小割–最大流

协同分割的中心思想就是将能量函数最优化，以此获得图像组中感兴趣目标的最优分割，本节即为整个算法中最为核心的部分。而能量函数的优化是通过求得网络流图的最小割来实现的，最小割–最大流方法就是一种能量函数优化的方法。首先计算得出每一个像素的图像特征和变化特征，再将超像素块中所有像素的两个特征分别取平均，获得超像素的图像特征和变化特征，然后把超像素图像映射为网络流图，最后求取网络流图的最小割实现能量函数的最优化。

网络流图的构建方式如下：将每一个超像素块作为一个普通节点，然后设置两个特殊节点 S（目标）、T（背景），节点之间以边相连，将两个特殊节点分别与每个普通节点相连，即为边（s，p）和（p，t），普通节点与其相邻的普通节点相连（本研究采用四邻域），即为边（p，q）。然后将变化特征项当作两个特殊节点与普通节点间边的权重，即 $\lambda \cdot D_p$（“obj”）或 $\lambda \cdot D_p$（“bkg”），称为 t 连接；将图像特征项当作两个普通节点间边的权重，即$V_{\{p,q\}}$，称为 n 连接。至此，网络流图构建完成。

由于叠加分析后加入了一些新增超像素，网络流图中原始超像素块之间的邻域关系被打乱，这些新增超像素块位置不定且不规则，所以需要为其建立邻域关系（采用四邻域关系）。如图 3.19 所示，蓝色点代表原始超像素，黄色点代表新增超像素，红色的边表示新增超像素与周围超像素的邻接关系，黑色的边表示已有的原始超像素之间的邻接关系。蓝色原始超像素的邻域关系已经建立，所以只需要寻找黄色新增超像素的邻域关系即可。本研究的四邻域关系是通过计算超像素块之间的最短质心距离找到最邻近的 4 个超像素，用

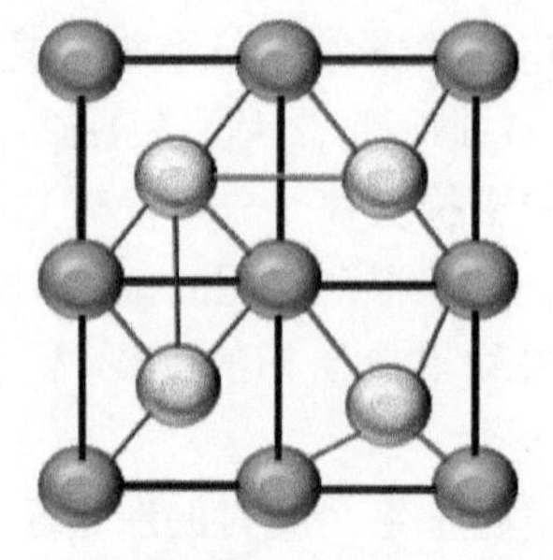

图 3.19　新增超像素在图中的邻域关系示例

这种方式将新增的超像素编入到原始的网络流图中。在搜索最邻近关系前，需要判断当前超像素是否已经存在与其关联的最邻近关系，满足4个或4个以上的最邻近关系即可跳过当前超像素点搜索下一点，若没有或不满4个最邻近关系再进行后续计算，可以避免重复计算浪费时间。

根据Ford-Fulkerson定理（Ford and Fulkerson，1962），在网络流图中最大流的值等于最小割的容量，最小割的表示公式为

$$\text{cut} = \sum_{p \in V_1, q \in V_2} \omega(p,q) \tag{3.65}$$

图3.19中的最小割集是权值最小的边的合集，$\omega(p,\ q)$ 表示权值最小的超像素 p、q 之间的边。若V_1和V_2分别为属于目标和背景的普通节点的子集，当超像素节点 p、q 之间的边在网络流图中权值最小时，超像素 p、q 分别属于两个不同的子集 $p \in V_1$和 $q \in V_2$，这条边即可划分进最小割集cut。找到图中所有最小割集的边将其断开后，每一个超像素块都会被划分至V_1或V_2中，将V_1子集中的超像素赋值为变化区域，V_2子集赋值为非变化区域，即可完成协同分割变化检测。本研究利用Dinic算法（Dinits，1970）求得图的最小割集，具体计算流程如下。

将从节点 S（目标）出发到节点 T（背景）为止的路径距离固定为 k，寻找到路径长度为 k 的路径后，进行流量更新，至少使路径中的一条边达到饱和，将这条边其划分至最小割集中，然后再次从源点出发，寻找新的路径长途为 k 的路径。当没有路径长度为 k 的路径后，再重新进行分层，并寻找长度为 $k+1$ 的路径，直到没有任何路径从原点到达汇点，算法结束。然后将最小割集中的边断开，获得最终的协同分割变化检测结果。

3. 实验结果与分析

首先采用基于超像素的协同分割变化检测方法进行实验，通过对实验结果和精度进行分析，检验基于超像素的协同分割变化检测方法在实际应用中的有效性。本实验选取的试验区数据见本书3.5.2节，试验区共有两块，第一块选取中国江西省南昌市南昌县的高分一号卫星影像［图3.3(a)、(b)］；第二块实验区选取美国密西西比州杰克逊市的Landsat影像（图3.10）。使用误差矩阵和Kappa分析法来对检测结果进行精度评价。

超像素分割中有两个影响结果的参数，分别是紧凑度和分割步长。为了确定这两个参数的最佳阈值，调节参数的大小进行多组实验，通过对初步的实验结果进行目视分析，选择出适合本研究的最佳阈值，便于后续的变化检测实验。本节中所有用于分析展示的结果均截取自上面实验区影像。

首先确定紧凑度参数 m。m 的阈值选取范围为［10，40］，分别设置了10、20、30、40四个参数对两个实验区进行实验，初步实验结果如图3.20和图3.21所示。

从图3.20、图3.21可以看出，两种分辨率的影像都是紧凑度越大分割结果越不精细，超像素的边缘越不贴合地物原有的轮廓，无论地物的形状或者纹理都会随着紧凑度的增大而消失，图3.20(d)、图3.21(d)甚至完全看不清地物的纹理状态。相反，紧凑度越小分割出的超像素边缘越贴合地物轮廓，能够更好地保留图像中的地物特征信息。而紧凑度的大小与影像的分辨率无关，两种分辨率的影像均随着紧凑度的变化而产生相同的变化，并无二致。图3.20(a)、图3.21(a)是四组分割结果中效果最佳的，由此可见，紧凑度参数

m 设置为 10 可以得到最佳结果。

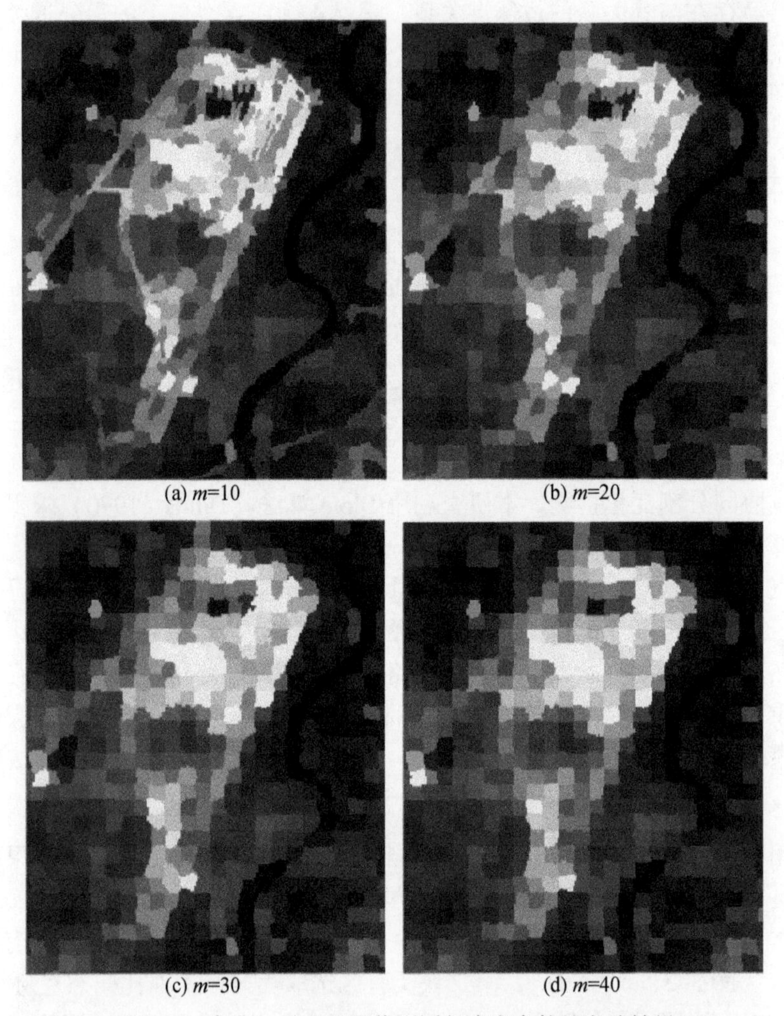

(a) m=10　(b) m=20

(c) m=30　(d) m=40

图 3.20　高分一号卫星影像不同紧凑度参数的实验结果

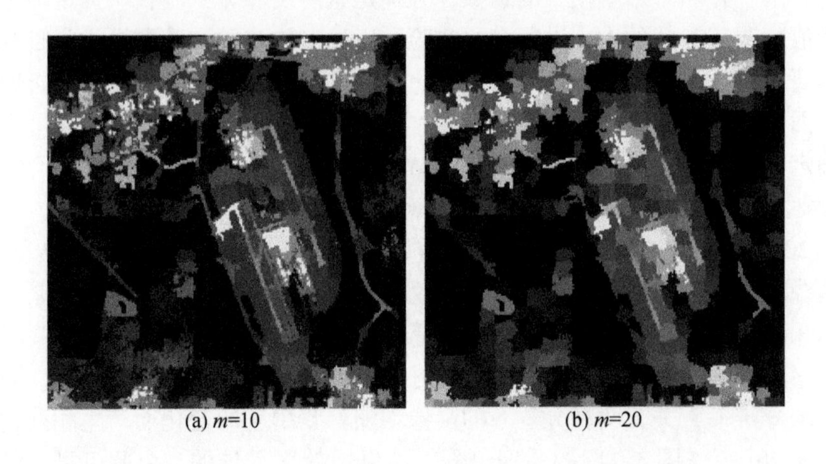

(a) m=10　(b) m=20

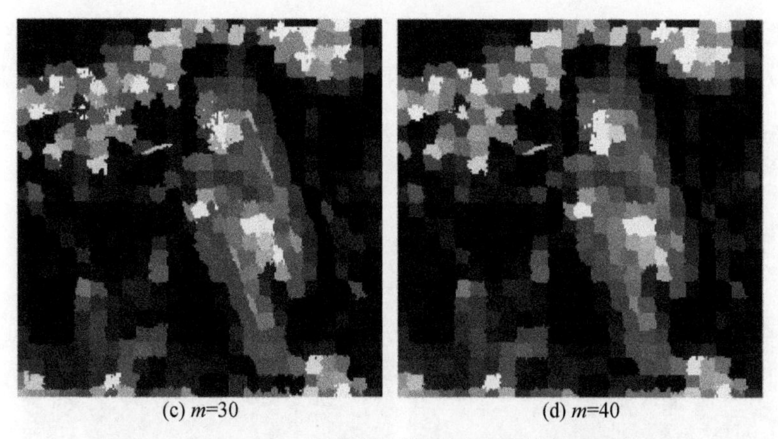

(c) m=30　(d) m=40

图 3.21　Landsat 卫星影像不同紧凑度参数的实验结果

超像素分割中另外一个关键的参数是超像素分割步长 S，分割步长的选择在极大程度上影响了后续协同分割变化检测算法的运行速度和精度，若步长设置过小虽然能够保持变化检测精度，但却无法提升算法的速度，若步长设置过大则会在提高速度的同时降低结果精度。所以本研究为了确定进行最终变化检测最佳的超像素分割步长，对两块试验区分别

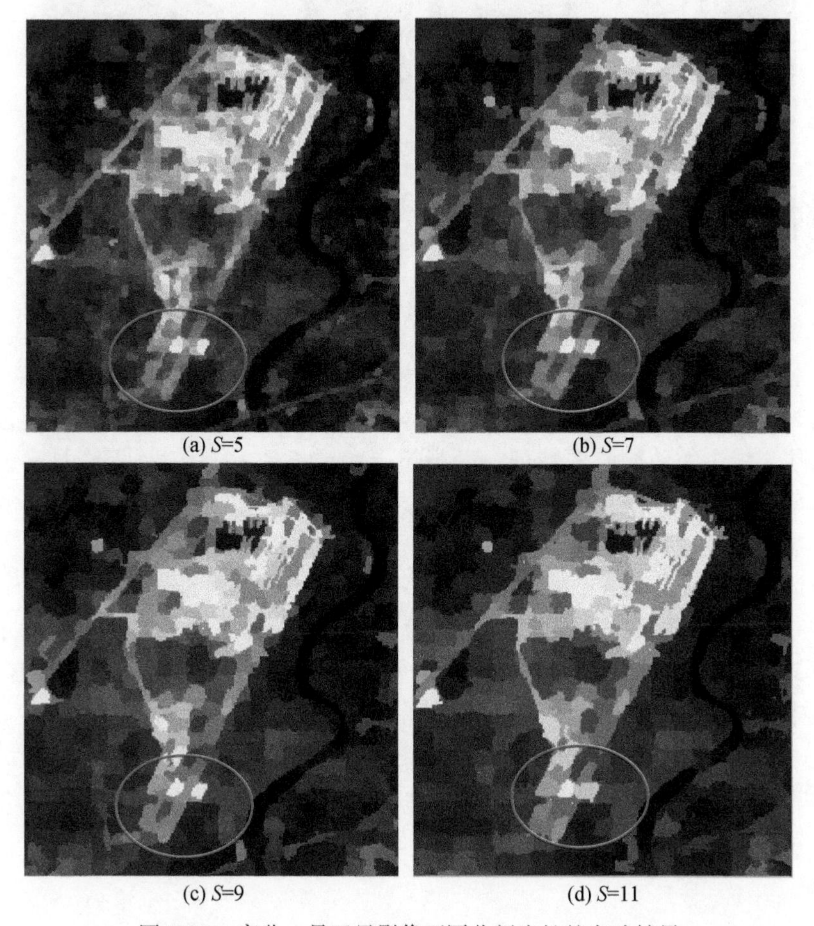

(a) S=5　(b) S=7　(c) S=9　(d) S=11

图 3.22　高分一号卫星影像不同分割步长的实验结果

进行了超像素步长 S 为5、7、9和11的试验，图3.22、图3.23为两块试验区经过不同步长的超像素分割后截取其中某一区域的结果来进行具体分析。

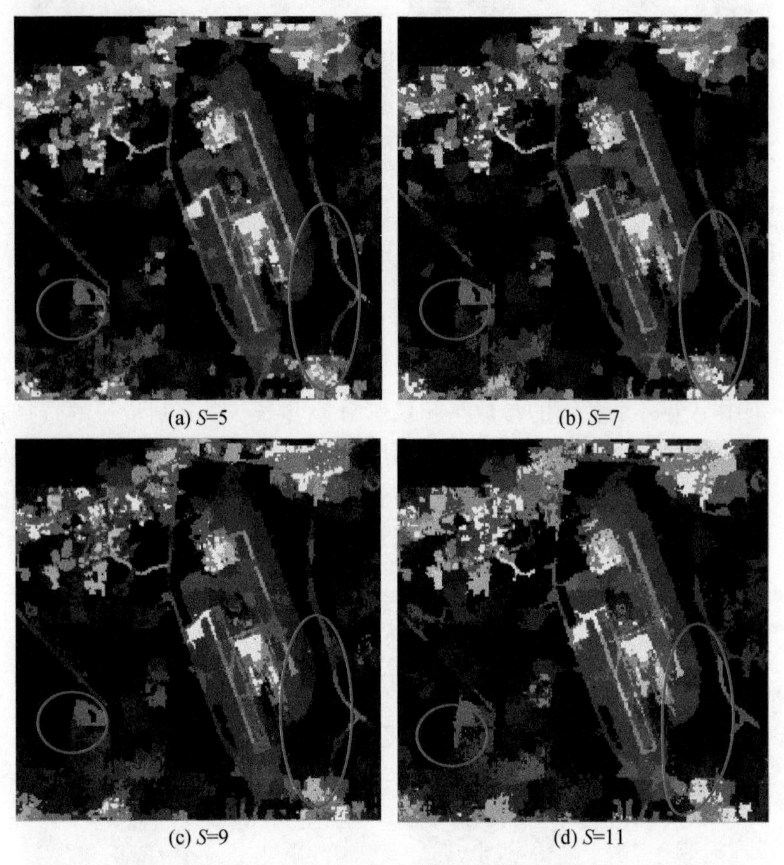

图3.23　Landsat卫星影像不同分割步长的实验结果

从图3.23中红圈标记的部分可看出，当超像素步长 S 为5、7或9时，两个试验区得到的超像素与地物原本的轮廓十分吻合且紧凑均匀，在简化了图像信息的同时能够在极大程度上保留住影像中的地物基本特征。而当超像素步长 S 为11时，无论是高分影像或是低、中分辨率的影像，生成的图像比较模糊，几乎不能完整地呈现地物原本的形状和纹理，甚至模糊掉了一些线状地物，故不可取。而步长为5时分割的地物过细，并且考虑到分割步长与运行时时间成反比，所以最终在7和9之间选择最佳分割步长。

为了进一步确定超像素在协同分割变化检测中最佳的分割步长，再次设置了一组对比试验。图3.22、图3.23为两个实验区分别设置了不同超像素分割步长的协同分割变化检测结果，其中白色部分为未变化区域，黑色部分为变化区域，步长设置为7，9和1（不加入超像素）。由于这组实验的目的是确定最佳分割步长，为了便于实验的进行图3.24和图3.25的检测结果并未加入叠加分析部分，而是在超像素分割后直接进行协同分割得到的中间结果。

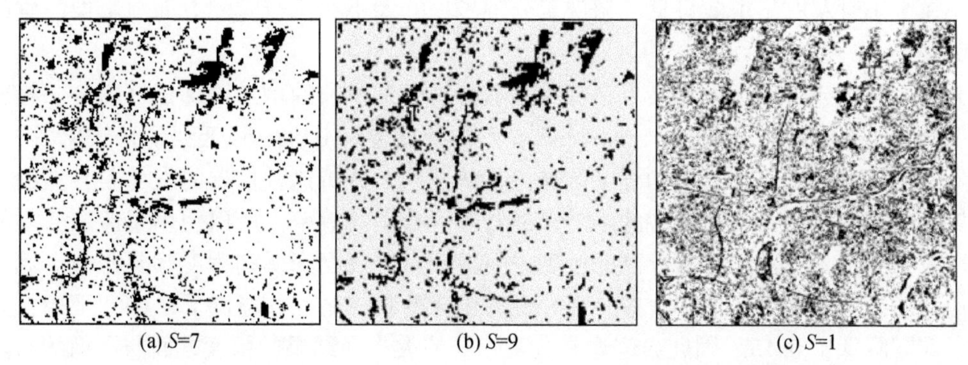

(a) S=7　(b) S=9　(c) S=1

图 3.24　不同分割步长下的高分一号影像的协同分割变化检测结果

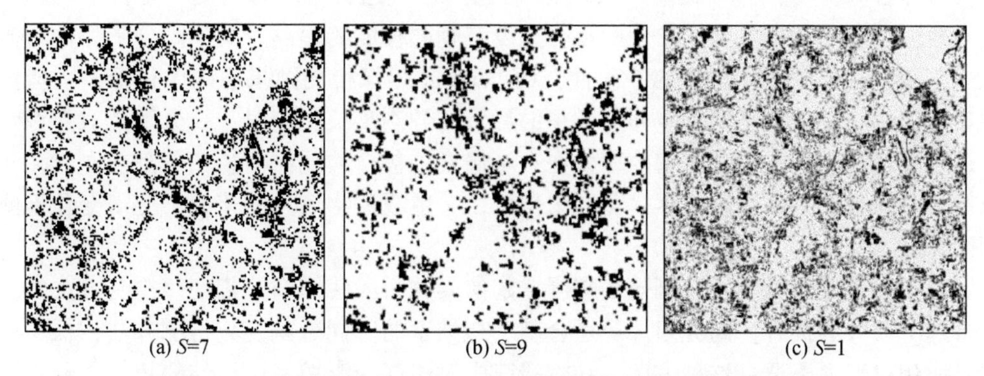

(a) S=7　(b) S=9　(c) S=1

图 3.25　不同分割步长下的 Landsat 影像的协同分割变化检测结果

为了检验分割结果的准确性，使用混淆矩阵在 eCognition 软件中进行精度检验。在实验区内选择一定量的变化和非变化样本，通过计算误差矩阵及 Kappa 系数对检测结果进行精度评价。表3.9 为图3.22、图3.23 中6 个变化检测结果的总体精度、Kappa 系数及运行时间的对比。

表 3.9　不同分割步长的协同分割变化检测结果的精度和运行时间对比

影像类型	步长	运行时间	总体精度	Kappa 系数
高分一号影像	1	超过 24 小时	0.844	0.691
	7	6.9 小时	0.827	0.656
	9	3.8 小时	0.805	0.604
Landsat 影像	1	超过 24 小时	0.888	0.776
	7	6.8 小时	0.808	0.615
	9	3.5 小时	0.738	0.466

首先，超像素分割的加入使得算法在运行时间上有极大幅度的提升，由表 3.10 可看出，计算时间和超像素步长密切相关，最短可达到不超过 4 小时。两种不同空间分辨率影像的变化检测运行时间均随着步长的上升而缩减，并且缩减的程度几乎一致，从超过一天

缩减至3.5小时左右，由此可见，超像素分割步长的大小在运行时间方面与影像的空间分辨率无关。

其次，两种分辨率影像的结果精度均是随着超像素步长的增加而降低。高分一号影像的精度从0.844降低到了0.805，而Landsat影像的精度从0.888降低到了0.738。两种分辨率的变化检测精度都有着不同程度的降低，从理论上分析这种情况的发生是必然的。因为超像素的定义即为简化图像中的信息以提升图像处理的效率，所以使用超像素分割的结果精度应当低于未使用超像素分割的精度。但高分影像精度降低的程度却要比中、低分辨率影像精度降低的程度要更小一些，高分辨率影像的总体精度共降低了0.04，而中低分辨率的影像却降低了0.15。因此，超像素分割步长的大小在结果的精度方面与影像的空间分辨率有极大的关系。

最后综合分析高分一号影像和Landsat影像结果、运行时间和精度可知，不同的分割步长使两种空间分辨率类型的影像的运行速度有相同程度的提高。其中高分影像的检测结果较好，基本保证了变化图斑的准确性，而Landsat影像检测结果准确度很低，图斑的准确性难以保持。所以，当两种空间分辨率的影像的分割步长相同时，高分影像对超像素分割的适应性较强，低、中分辨率的影像在一个像素中包含的地物信息在分割前本就多于高分影像，在此基础上再用超像素简化图像信息，会造成地物信息的流失，使得变化检测结果精度降低。

综合精度、运算时间及分割效果来看，超像素的引入使协同分割变化检测方法的运行速度得到了极大的提升。高分影像更适合基于超像素的协同分割变化检测方法，低、中分辨率影像相对来说不适合这种方法。在本研究中对于高分影像来说最佳的超像素分割步长为9，而对于低中分辨率影像来说可以按照研究需求不同进行选择，若侧重结果的准确性可选择步长7，若侧重运行速度可选择步长9。在本研究中侧重实验的效率，因此将两个实验区的分割步长均固定为9。

基于超像素的协同分割变化检测结果如下：

通过两组实验确定了超像素分割步长和紧凑度后，没有进行叠加分析的变化检测结果精度有不同程度的下滑，与此同时检测出的变化目标的边界与真实地物边界并不贴合，甚至会忽略一些小范围的变化导致精度下降，如图3.28(c)和图3.29(c)内红圈所示。而叠加分析的加入可以提取出两时相影像几何形状不同的部分，将其作为单独的超像素加入到图像中，可以在一定程度上避免地物边界漏检和误检的问题，由此再次印证了叠加分析这一步骤的重要性。

图3.26和图3.27为两个实验区固定了超像素分割步长为9紧凑度为10后，在不同的叠加分析条件下两个实验区的基于超像素的最终变化测结果。4种叠加条件分别为：

（1）15-15/00-00。将图斑按照第1时相（前一时相）影像的超像素的分割属性进行合并，然后以第1时相（前一时相）的超像素分割为基准底图，将图斑叠加至底图上。

（2）17-15/10-00。将图斑按照第2时相（后一时相）影像的超像素的分割属性进行合并，然后以第1时相（前一时相）的超像素分割为基准底图，将图斑叠加至底图上。

（3）15-17/00-10。将图斑按照第1时相（前一时相）影像的超像素的分割属性进行合并，然后以第2时相（后一时相）的超像素分割为基准底图，将图斑叠加至底图上。

（4）17-17/10-10。将图斑按照第 2 时相（后一时相）影像的超像素的分割属性进行合并，然后以第 2 时相（后一时相）的超像素分割为基准底图，将图斑叠加至底图上。

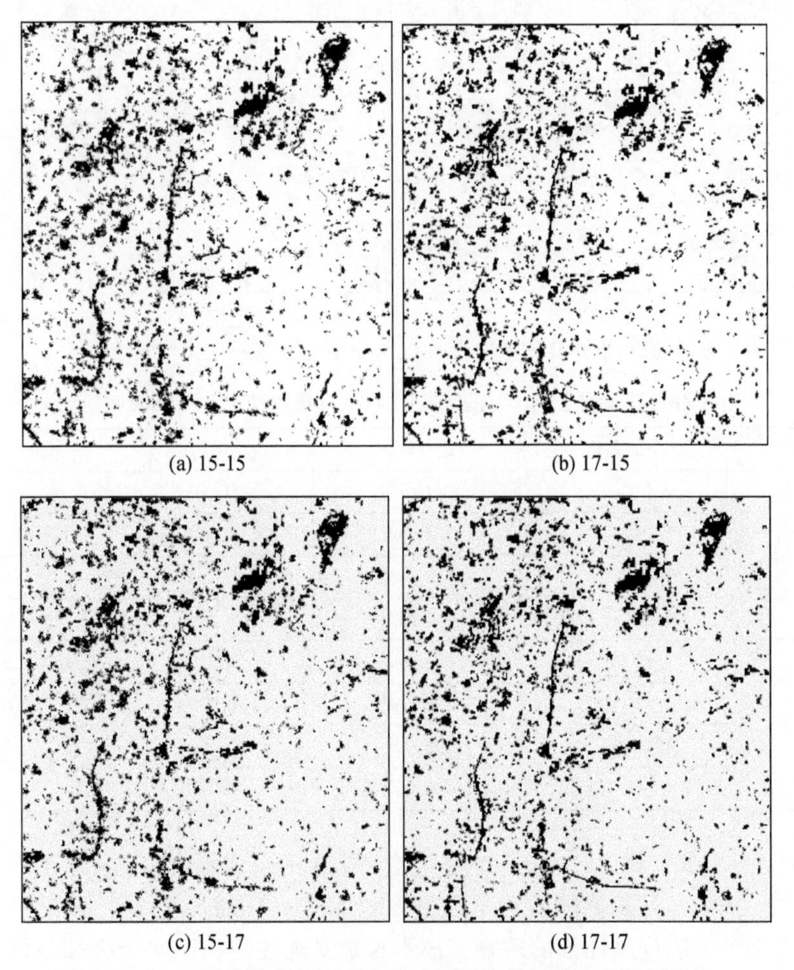

(a) 15-15　(b) 17-15

(c) 15-17　(d) 17-17

图 3. 26　不同叠加条件下的高分一号影像的最终变化检测结果

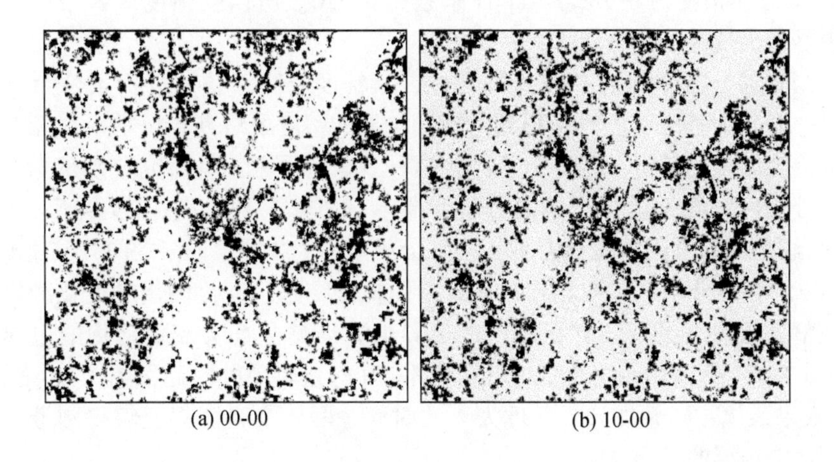

(a) 00-00　(b) 10-00

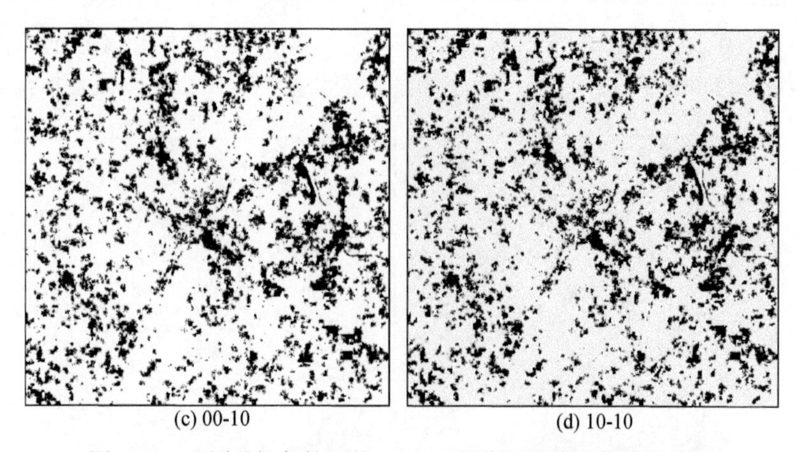

图 3.27　不同叠加条件下的 Landsat 影像的最终变化检测结果

表 3.10　不同叠加条件的最终变化检测结果的精度和运行时间对比

影像类型	叠加条件	运行时间	总体精度	Kappa 系数
高分一号影像	1（15-15）	5.2 小时	0.833	0.666
	2（17-15）	5.4 小时	0.844	0.688
	3（15-17）	5.3 小时	0.849	0.702
	4（17-17）	5.4 小时	0.860	0.724
Landsat 影像	1（00-00）	4.3 小时	0.737	0.475
	2（10-00）	4.6 小时	0.747	0.497
	3（00-10）	4.2 小时	0.769	0.539
	4（10-10）	4.5 小时	0.785	0.570

表 3.10 为图 3.26、图 3.27 中 8 个变化检测结果的总体精度、Kappa 系数及运行时间的对比。首先，高分一号影像的检测结果精度整体高于 Landsat 影像检测结果的精度。其原因在 3.5.2 小节中进行过详细的解释，故不再重复阐述。在这 4 个叠加条件中精度最高的是条件 4 的检测结果，高分一号影像的总体精度达到了 0.860，Kappa 系数为 0.724，Landsat 影像的总体精度为 0.785，Kappa 系数为 0.570。所以就精度来看条件 4 的检测结果相对来说是最为优秀的。

其次，当叠加分析条件为 3 或 4 的时候，其精度要高于叠加分析条件为 1 或 2 的时候，即以后一时相为基准底图时所得到的检测结果的精度要略高于以前一时相为基准底图时所得到的检测结果的精度。为了分析产生这种现象的原因，本研究分别从两个实验区中截取了一块分析区，便于进行详细的分析和展示，如图 3.28、图 3.29 所示。从图 3.28、图 3.29 中的红圈部分可以清楚地看到，叠加分析条件为 2 或 4 时［图 3.28(e)、(g)，图 3.29(e)、(g)］，其分割效果明显要优于其余的检测结果。其检测出的变化图斑比其他的结果更加规整零散图斑更少，变化斑块的边界也更加贴合真实变化地物的边界。再将图 3.28(e)和图 3.28(g)，以及图 3.29(e)和图 3.29(g)进行单独对比，图 3.28(g)和图 3.29(g)的检测效果最优，即叠加分析条件为 4 的时候，两块实验区都能够得到最优秀的最贴合原始变化地物边界的结果。

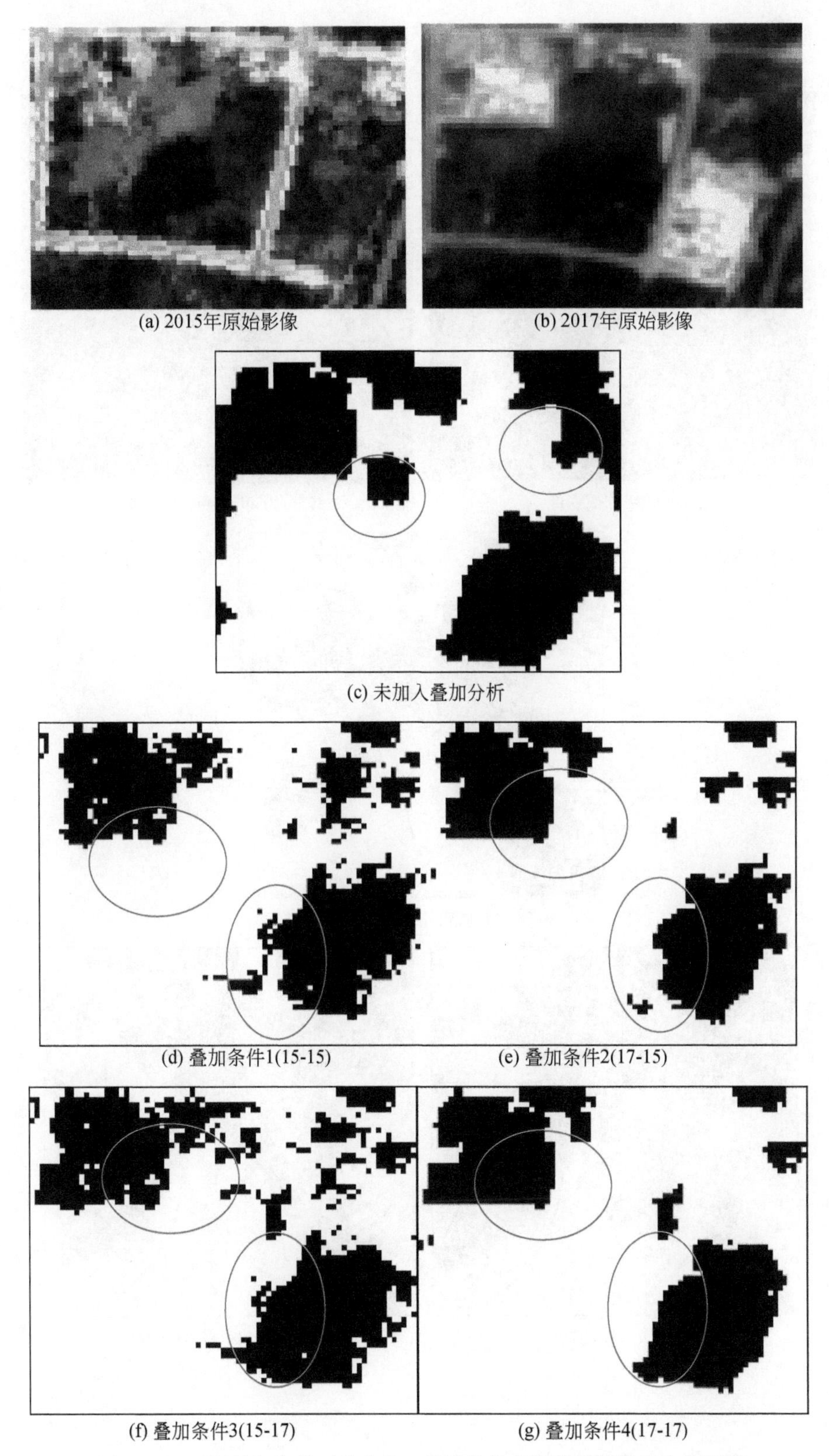

图 3.28　不同叠加条件下的高分一号影像的变化检测结果对比分析图

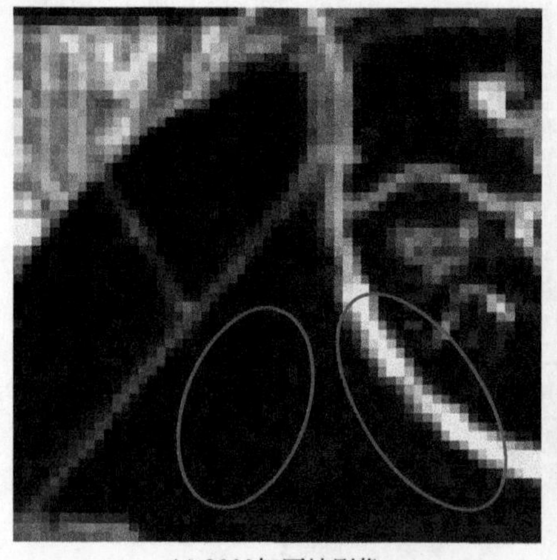

(a) 2000年原始影像

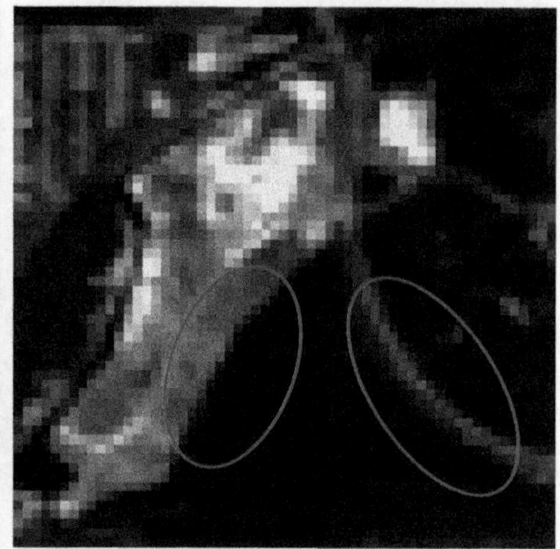

(b) 2010年原始影像

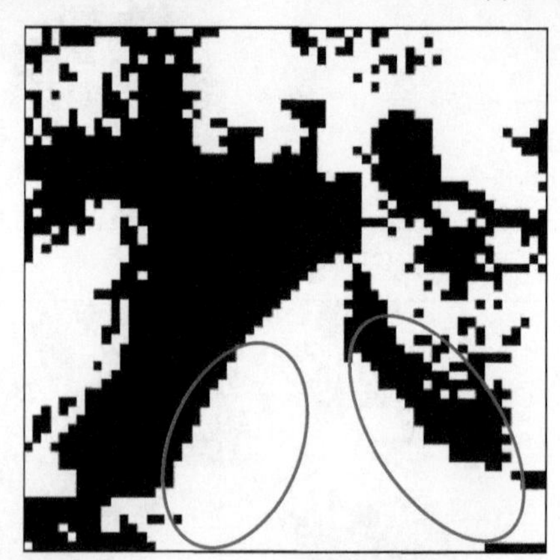

(c) 未加入叠加分析

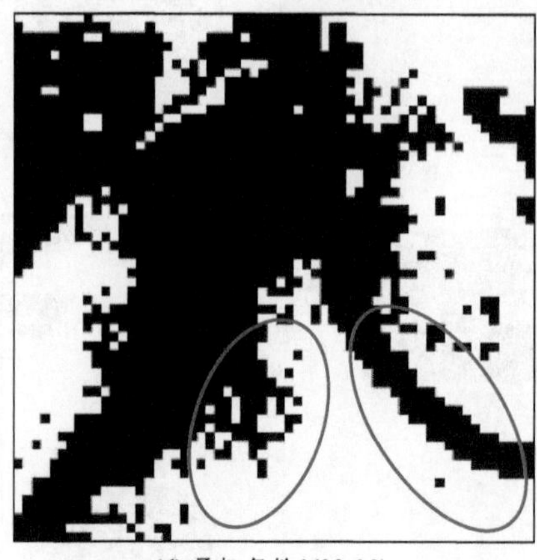

(d) 叠加条件1(00-00)

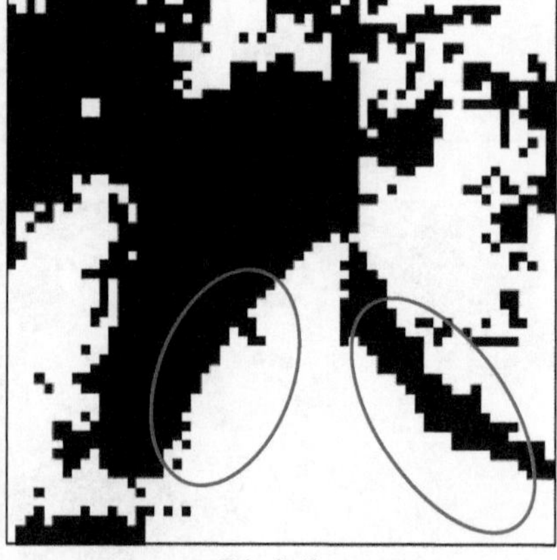

(e) 叠加条件2(10-00)

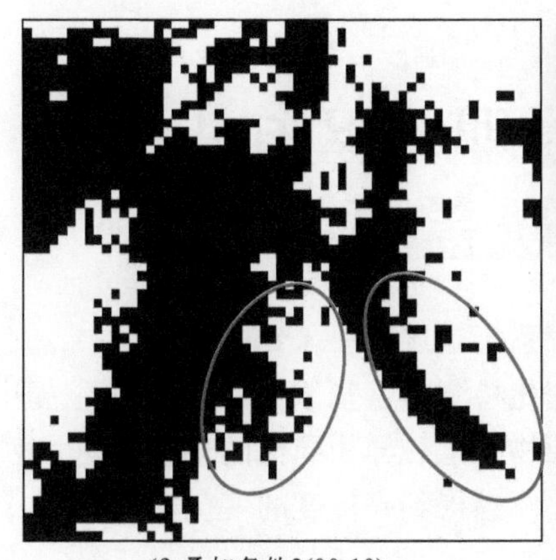
(f) 叠加条件3(00-10)

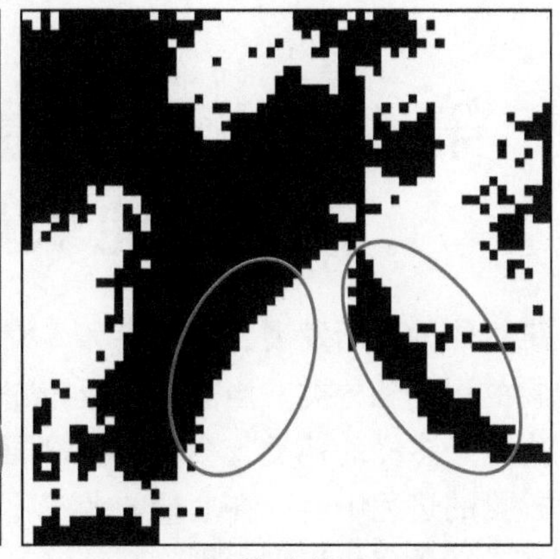
(g) 叠加条件4(10-10)

图3.29　不同叠加条件下的Landsat影像的变化检测结果对比分图

最后，纵观表3.10中这8幅影像的运行时间，最短用时4.2小时，最长不超过5.5小时。影像的运行均在同一台计算机利用相同的硬件设施和运行环境进行的，计算机的配置如下：处理器为Intel(R)Xeon(R)CPUE5-1620v4@3.50GHz；安装内存为16GB；64位操作系统。影像之间的运行时间相差并不大，因此从影像运行时间方面来说，4种条件下的结果都有着相同的运行效率。

综上所述，从检测结果的精度、检测效果及运行时间3个方面综合来看，当叠加分析条件为4的时候，也就是将图斑按照后一时相的分割属性合并，以后一时相的超像素分割为底图进行叠加所得到的变化检测结果最佳。无论是精度、算法运行时间或是检测结果的效果都是四者中最为优秀的。分析这种叠加条件得到的检测结果效果最好的原因如下：两时相的变化地物大多为地物的增加而不是减少，变化地物的轮廓在后一时相影像中能够很清楚地被检测到，而在前一时相影像中变化地物还没有产生无法准确地检测到其轮廓和位置，所以用后一时相做底图的检测结果更加精确。

第4章 生态地理分区知识库辅助地表覆盖更新

随着人工智能的不断发展，知识库和专家系统被逐渐引入到遥感领域中，尤其是针对遥感目标地物的识别和分类。当前地表覆盖变化检测多是基于像素级别的遥感影像，当面对全球范围内复杂多样的地类，会存在大量同物异谱和异物同谱的现象，同时由于物候原因，在变化检测的过程中会存在大量的伪变化。想得到高精度的变化检测结果，要对检测后的变化图斑进行伪变化识别与剔除。

目前变化检测后的伪变化一般是利用人工来识别，不仅浪费时间、耗费大量资源，而且由于识别人员知识的储备不足很容易造成错判。因此，急需建立一个地类知识库，用来自动识别变化检测后的伪变化。全球生态地理分区由于其全球性、分区地类稳定性、地物变化规律性和信息量大等特点，可以用来构建知识库辅助变化检测。

针对以往遥感影像变化检测存在的问题，提出了一种基于生态地理分区知识库来实现伪变化识别的方法，并从知识库的结构、内容设计，知识的表达入库，知识库管理系统的建立，实现了利用规则库识别伪变化，完成了整个去伪流程的结构设计和功能实现。其中对生态分区伪规则库采用面向对象的方法进行设计，有效地实现了规则类之间的继承，提高了伪变化识别的推理效率。利用对象关系型数据库 PostgreSQL 对知识库采用数据库的形式存储，并采用 C#语言和 ArcEngine 开发了生态地理分区知识库管理系统。建立生态去伪插件实现了利用知识库中的规则识别伪变化，并选取北京市和杰克逊市等实验区对剔除伪变化后的变化图斑做了精度验证。结果表明，利用生态地理分区知识库来进行伪变化的识别不仅提高了自动化程度，而且提高了变化检测的精度。

4.1 引　　言

4.1.1 背景与意义

以往的地表覆盖分类和变化检测多是从遥感影像出发，分析其光谱、形状、纹理等特征因子，但遥感影像反映的只是地表的瞬时状态，而且均是基于像素级别的，所以存在很多不确定因素。针对全球范围内复杂多样的地类，存在大量同物异谱和异物同谱的现象，同时由于季候时相的原因，在变化检测的过程中都会存在大量的伪变化。比如在灌溉期，水田由于灌水灌溉，会与水体有非常相似的光谱特征，如果单从影像的光谱特征来做变化检测的话很容易判断此处发生了变化，但实际这属于一种伪变化。如果想要得到高精度的地表分类及变化检测结果，仅仅从光谱上判断是不够的。想要提高变化检测的精度，就要对检测后的变化图斑进行伪变化识别与剔除。

目前伪变化一般是利用人工来识别，不仅浪费时间、耗费大量资源，而且由于识别人员知识的储备不够很容易造成错判。伪变化识别最好的办法就是请遥感专家来识别和判断，利用领域专家的知识，但是由于专家的数量和时间有限，需要寻找一种机器替代专家来判断的可行方法，即建立专家系统。专家系统构建中最重要的就是知识库，要建立知识库来辅助变化检测，就需要找到可用的与地表覆盖相关的辅助数据及相关知识，其中生态地理分区由于其全球性、分区内部地类稳定性、地物变化规律性和信息量大等特点，可以用来构建知识库辅助变化检测。

本章旨在建立生态地理分区知识库，实现利用知识库中的伪变化规则对伪变化进行识别和剔除，以此来提高变化检测精度。生态地理区域系统反映了包括气候条件、地形条件、水分条件、土壤和植被等在内的自然要素的空间格局，并且体现了这些条件与资源环境的匹配关系（吴绍洪等，2003）。目前对于全球范围变化检测结果的自动判断工作还没有展开过研究，对生态地理分区的应用也仅限于利用某些特定区域的分区，而且以对植被生长和变化的判断为主，很少有对全球生态地理分区进行整体归纳与总结。综上所述，从全球生态地理分区出发，因地制宜，分析各分区的优势地类及生物群落，充分利用生态及地理综合性的知识及专家的经验知识，用来辅助变化检测中的伪变化识别，是一个全新的尝试。

4.1.2　生态地理分区的研究及应用

生态地理区划是自然地域系统研究引入生态系统理论之后继承和发展的，是从地域的角度出发，研究地球表层综合体的基础上，运用生态学的相关原理和应用方法，对各生态区域的差异性与相似性规律，以及人类活动对生态区域干扰的规律进行揭示，以便整合和区分，从而划分生态环境的区划单元（杨勤业等，2002a；程叶青和张平宇，2006）。

1. 生态地理分区的研究

国外的生态地理区划研究工作开始于18世纪90年代及19世纪初期，由被称为近代地理学创始人的德国地理学家洪堡（A. von. Humboldt）首先划出全球等温图（程叶青和张平宇，2006）。而后经过霍迈尔、墨里安、道库恰耶夫、赫伯森、柯本、Holdridge等的工作，逐渐对自然自理方面的研究变得成熟起来（高江波等，2010）。随着人们对自然环境因素认识的加深，研究对象逐渐向其他区划扩展。全球生态地理区域的划分始于Herbertson（1905）（杨勤业，2002b）。随着生态学家对全球生态地理单元的区划与介绍，人们逐渐认识到全球生态区域划分的必要性。总的来说，国外的生态区划研究主要集中在系统划分的概念、原则、指标体系等理论。在生态区划的研究上，通常在国家或区域尺度上较多，但是对全球尺度上的研究较少（孔艳，2013）。目前国际上比较著名的生态区划有：全球尺度的生命地带分类（Holdridge模型；Holdridge，1967）、世界生物地理生物群区（Bailey and Hogg，1986；Bailey，1989）、世界生态系统（Bailey，1983）、大陆生态区域（Bailey，2004）及全球生态区（Bashkin and Bailey，1993），世界自然基金会（WWF）为自然保护的目的建立的全球生态区——世界陆地生态区（Olson et al.，2001b）。

从20世纪60年代起，我国开始对生态进行地理分区，但是主要针对自然地理区划，相关研究代表人物主要有林超、赵松桥、罗开富、黄秉维及任美锷等（高江波等，2010）。

直到20世纪80年代，部分学者在自然地域系统的研究中逐步引进生态系统的观点及生态学的相关原理与应用方法，我国对于生态地理区划才得以取得更深层次的研究（杨勤业等，2002a）。1988年，侯学煜（1988）先生基于植被分布的地域差异撰写了“中国自然生态区划与大农业发展战略”，该文章探讨了如何结合全国自然生态区划和国家的大农业发展，该研究为这一阶段最主要的研究成果。人类的活动对生态环境的影响越来越大，渐渐成为生态区划中研究的一个新的热点。首先开始研究的是傅伯杰等（2001）在2001年根据我国的气候、地形、地貌、生态系统特点，在其中特别加入了人类活动规律等特征，结合以上特点，对我国生态环境进行了区域划分。随着地理信息系统的发展，一些学者把GIS引入生态分区的辅助研究中。解焱等采用GIS技术把信息转化为各个基本单元，并且将这些信息以聚类的形式进行定量数据分析，以获得中国生物地理分区的方案（解焱和MacKinnon，2002）。倪健等（2005）以经验判别和GIS系统相结合，对我国西北干旱地区进行了生态区划，把我国干旱地区划分为3个生态域、23个生态区和80个生态小区。此生态区划可以用来指导生态环境建设，促进西北干旱区的可持续发展，提高土地资源的合理配置。汤小华（2005）运用生态学和区划理论及GIS手段，针对福建省生态环境地域的分布规律，将福建省进行了生态区的划分，并重点研究生态功能区的划分。目前国内的研究进展与国际上类似，针对国家和区域尺度上的较多。而且从开始的基于自然地理区域的划分转为研究生态功能区划，逐渐认识到地域生态的价值和重要性。

2. 生态地理分区的应用

下面列举近年来国内专家学者对生态分区的研究。李博等（1990）以内蒙古自治区生态分区图说明为例，分析草地资源区域特征，并结合分区对内蒙古土地资源的管理和利用提出建议。张戈丽等（2010）基于GIMMSNDVI数据集和地面气象台观测数据，分析了生态地理分区植被变化和其气候之间的关系，主要探究了植被变化对气候的影响。宋策等（2012）基于水生态分区的生态承载力模型，采用系统水动力的方法针对太子河流域模拟了其水生态系统的动态变化。这项研究为流域水生态系统的可持续发展提供了可靠依据。张清雨等（2013）基于内蒙古不同生态分区内NDVI变化时空特征，分析了呼伦贝尔、锡林郭勒典型草原及西辽河平原、大兴安岭南端草原区一级华北山地落叶阔叶林区植被的生长情况。郭笑怡和张洪岩（2013）对1982～2006年大兴安岭整体及各生态地理区域植被特征进行检测分析，分析了生态分区内的植被变化情况。张委伟等（2016）基于生态分区提出了分层分类的策略，顾及了多元知识设计了GlobeLand30全球30m地表覆盖数据的检核方法，提高了数据质量。目前对生态分区的应用仅仅限于对某些特定区域的生态分区，而且对植被生长和变化的判断为主，很少有对全球生态分区进行整体归纳、总结与分析。

4.2　全球生态地理分区及知识库介绍

通过前文的分析，为了辅助实现基于遥感影像全球地表覆盖更新制图中变化检测，采用世界自然基金组织（WWF）为自然保护目的建立的全球生态区——世界陆地生态区作为全球生态地理分区知识库的基础框架。该生态分区把全球分为8个生物地理分区（biogeographic realm）和 14 个生物群落（biomes）（Olson et al.，2001）。基于这两个基础图层，全球共划分 867 个生态区。每一个生态分区拥有唯一的编码，编码为 6 位数字。命名规则为：前两位为其所在的地理分区，中间为其生物群落类型，最后两位根据自然属性来区分，顺序编码 01、02 等。例如，PA0101 为欧亚大陆热带与亚热带湿润阔叶林中的贵州高原阔叶林和混交林。地理分区和生物群落见图 4.1 所示。原始数据为 GRID 格式。经过格式转换，得到全球生态分区 SHP 格式的矢量数据，见图 4.2 所示。8 大地理分区中英文名称及代码和 14 个生物群落中英文名称代码见表 4.1、表 4.2。

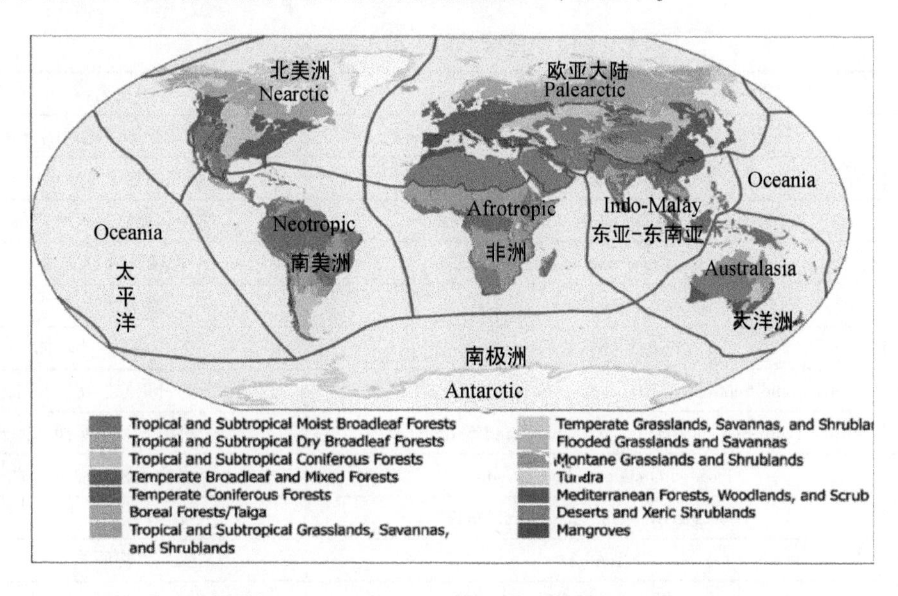

图 4.1　8 大地理分区和 14 个生物群落（图中翻译见表 4.1、表 4.2）

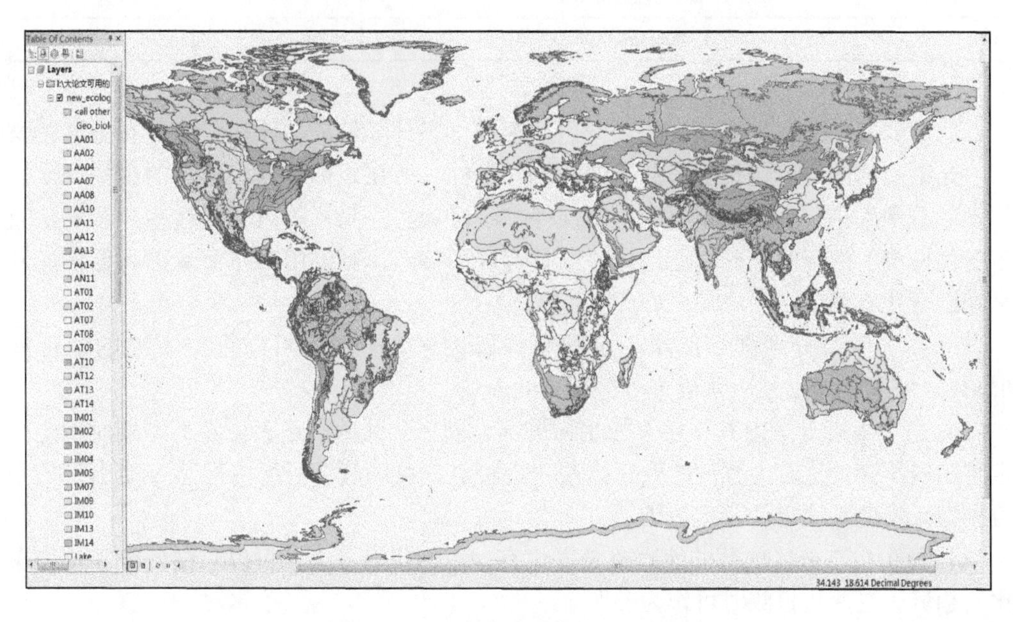

图 4.2　867 个全球生态分区矢量图

表 4.1 大地理分区中英文名称及代码

代码	英文名称	中文名称	代码	英文名称	中文名称
PA	Palearctic	欧亚大陆地区	NA	Nearctic	北美洲地区
NT	Netotropic	南美洲地区	AT	Afrotropic	非洲地区
IM	Indo-Malay	东亚-东南亚地区	AA	Australasia	大洋洲地区
OC	Oceania	太平洋地区	AN	Antarctic	南极洲地区

表 4.2 14 个生物群落中英文名称及代码

代码	英文名称	中文名称
01	Tropical and Subtropical Moist Broadleaf Forests	热带和亚热带湿润阔叶林
02	Tropical and Subtropical Dry Broadleaf Forests	热带和亚热带干旱阔叶林
03	Tropical and Subtropical Coniferous Forests	热带和亚热带针叶森林
04	Temperate Broad leaf and Mixed Forests	温带阔叶混交林
05	Temperate Coniferous Forests	温带针叶林
06	Boreal Forests/Taiga	寒带森林-针叶林
07	Tropical and Subtropical Grasslands, Savannas, and Shrublands	热带和亚热带草原、稀树草原和灌丛
08	Temperate Grasslands, Savannas, and Shrublands	温带草原、稀树草原和灌丛
09	Flooded Grasslands and Savannas	淹水的草原和稀树草原
10	Montane Grasslands and Shrublands	山地草原和灌丛
11	Tundra	苔原
12	Mediterranean Forests, Woodlands, and Scrub	地中海森林、林地和灌丛
13	Deserts and Xeric Shrublands	沙漠与旱生灌丛
14	Mangroves	红树林

目前可收集的全球生态分区的数据包括全球生态分区矢量文件和全球生态分区的文档介绍。介绍文档的内容包括生态分区的代码、名称、所在地理分区、具有的生物群落、具体位置、范围大小、具有的主要动植物、保护状况和实地照片等内容。这些内容无法直接用于变化检测，但因为全球生态地理分区具有以下特点，可以用来作为基础数据构建知识库来辅助变化检测：

（1）每个生态分区都是按照一定的地理属性来划分的，可以根据不同的地理属性（如海拔、坡度、降水等）来收集分区伪变化规则。

（2）每个生态分区内具有相似的生物群落，同一分区内的地表覆盖类型相对稳定，在一定时期内不会发生较大程度的变化。基于此特点，可以分析分区内部不可能出现的地表覆盖类型，依此来确定伪变化规则。

（3）每个生态分区内部的地表覆盖变化有一定的规律可循，可以总结各分区地表覆盖变化的趋势，在变化检测时可作为参照。

综上，生态地理分区由于其全球性、分区内部地类稳定性、地物变化规律性和信息量大等特点，可以用来作为基础数据构建知识库辅助变化检测。但已有的分区文档描述和分区矢量图形这些知识并不能够直接用来建立知识库，需要对知识进行进一步的挖掘。所以从全球生态地理分区已有的知识出发，①根据不同的地理属性，分析各分区对应地理属性条件下的地表覆盖状况；②因地制宜，分析各分区特有的优势地类、生物群落和地类变化规律。如此即可充分利用全球生态地理分区的综合性知识，并且结合专家的经验知识设计合理的知识库结构模型，使知识库能够用来进行伪变化识别。

4.3　生态地理分区知识库的构建

搭建了知识库的基本组成部分，并对各部分进行了结构设计。对生态地理分区规则库进行了面向对象的框架设计，结合生态分区数据集，在八大生物地理分区和14个生物群落的基础上，对每一个小分区考虑了温度、降水量、NDVI、海拔、坡度等属性因素，根据GlobeLand30全球地表覆盖产品的十大基础地类（10耕地、20林地、30草地、40灌木、50湿地、60水体、70苔原、80人造覆盖、90裸地、100永久积雪），设计了规则的存储内容和框架，分析总结了各属性条件下的伪变化规则和各分区特有的伪变化规则。归纳整理了生态分区的文档资料与图片，并收集分区相对应的国家政策文件，如古建筑遗产保护区的划定，国家级自然保护区的划定等，实现了专题资料库的建立。其次结合自然人文等因素，充分利用各种地表覆盖分布的先验知识总结了地表覆盖地类的分布规律，构建了地表覆盖辅助变化规则库。集合以上三项，设计并构建了生态地理分区知识库。其次，合理有效地对知识进行抽象、提取和表达，并用对象关系型数据库PostgreSQL对知识库采用数据库形式来存储和管理，基于C#语言和ArcEngine开发了知识库管理系统。

对于生态分区伪变化变化规则库，由于生态分区把全球基于8个生物地理分区和14个生物群落这两个基础图层划分为867个生态区，各分区存在其特有伪变化规则且数据量巨大。因此，对生态分区伪变化规则库单独设计一种面向对象的方法来构建。面向对象设计由于其对象唯一性、封装性、抽象性、继承性等特点，适合用作规则库的构建。867个小生态分区除其特有的伪变化规则外，还要继承8个生物地理分区和14个生物群落的共有规则。用面向对象的方法，子类可以继承父类中的全部属性而不必重新定义，其主要优点在于，它是一种结构化的知识表示技术，以领域对象为中心；它的继承和派生特性，大大减少了工作量。

4.3.1　生态地理分区规则库的模型设计

规则库的设计主要根据生态分区基础数据原始的划分原则，在生态方面，考虑地理分区及生物群落两方面；在自然属性方面考虑海拔、坡度、归一化植被指数（NDVI）值、温度和水分。此规则库采用面向对象的方式，自上而下（topdown）建立不同层间的派生和继承关系，以此来构造规则库。本规则库采用左右两支并行的方式，按照左右分别向下一层展开，前三层左右互不交叉，到最后一层按照各分区对应的地理位置、生物群落和各种自然属性继承其父类的规则。规则库的整体框架如图4.3所示。

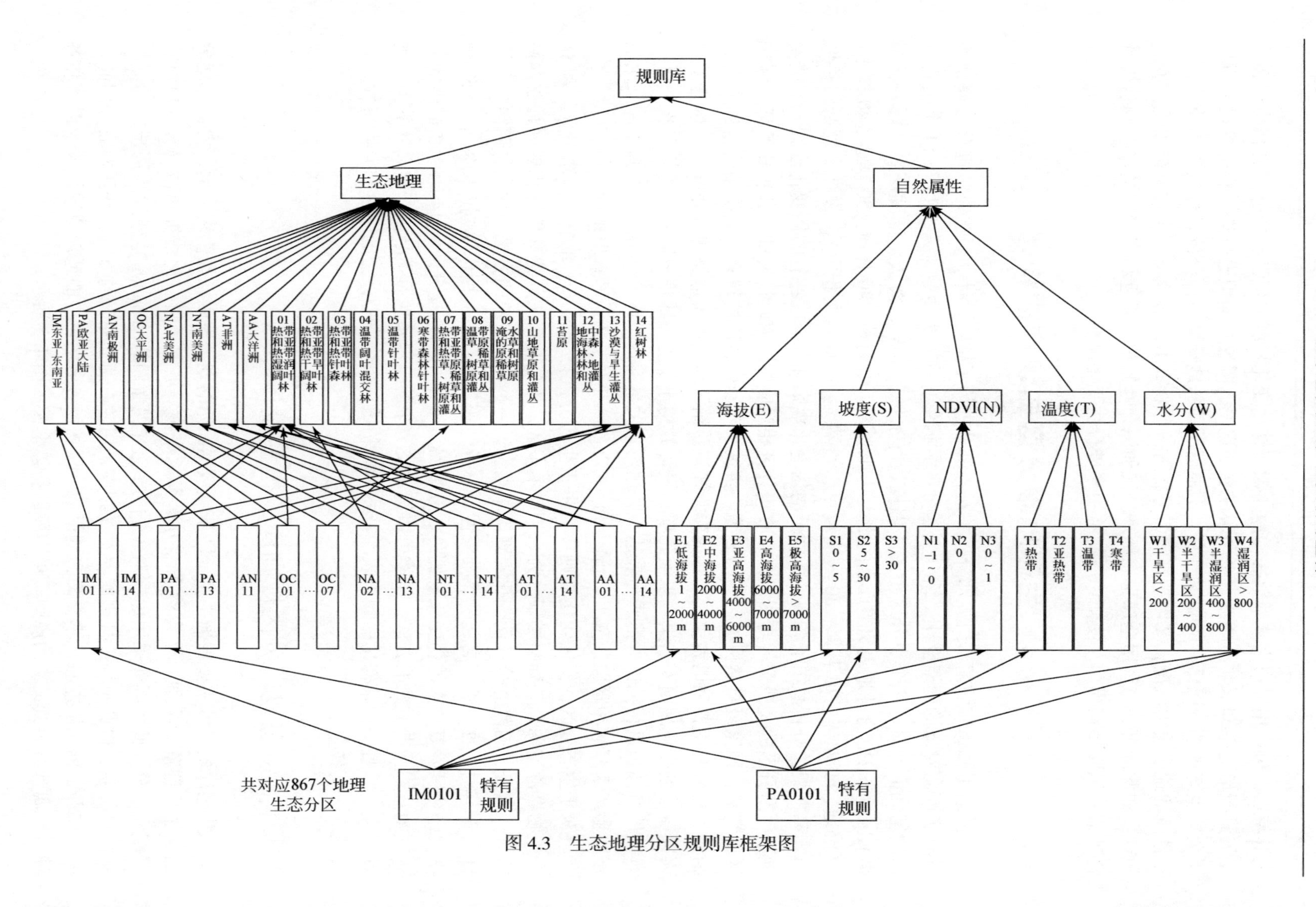

图 4.3　生态地理分区规则库框架图

第一层，左支设计为生态地理类，右支设计为自然地理类，本层是“TOP”层，所有其他对象都是它们两个的子类。第二层，左支为8个地理分区和14个生物群落作为生态地理类的子类，右支设计为海拔、坡度、NDVI、温度、水分五个属性。第三层，左支为地理生态分区，即地理分区和生物群落的交叉继承类，不同分区存在的生物群落种类不同，本层左支一共有64个，命名为IM01、PA01等。右支按照不同生态分区的自然条件不同，把海拔（E）、坡度（S）、NDVI值（N）、温度（T）和水分（W）分别按照其存在的不同值来划分。海拔分为：E1低海拔（<2000m）、E2中海拔（2000～4000m）、E3亚高海拔（4000～6000m）、E4高海拔（6000～7000m）和E5极高海拔（>7000m）；坡度分为：S1低坡度（<5°）、S2中坡度（5°～30°）和S3大坡度（>30°）；温度分为：T1热带、T2亚热带、T3温带、T4寒带；水分分为：W1干旱区（降水量<200mm）、W2半干旱区（降水量200～400mm）、W3半湿润区（降水量400～800mm）、W4湿润区（降水量>800mm）；NDVI值分为：N1（-1～0）、N2（0）、N3（0～1）。由于每一个生态分区范围过大，此处均取生态分区的平均值。本层各自类别分别存储其相应的伪变化规则。第四层为最底层，是由867个具体的地理分区组成，分别存储属性信息及本小分区内特有的伪变化规则，本层的规则全部根据所在的地理分区、拥有的生物群落和其具有的自然属性由第三层继承而来。

4.3.2　知识库的内容设计

1. 地表覆盖辅助变化规则库

本规则库主要是与地表覆盖相关的变化规则，首先总结了地表覆盖变化的先验知识，如不可能存在的地表变化和在不同季候时相条件下的地表变化，从这些先验知识中提炼出可用于伪变化识别的规则。

1）不合理的变化知识

南极地区苔原不可能变化为林地、草地、灌木、耕地和湿地。由于南极的低温、大风、缺水和夏季周期短暂，大大限制了植物的生存，南极是地球上唯一完全位于“树线”以外的大陆不可能出现树木；冰川和永久积雪不可能和林地、草地、灌木、耕地和湿地相互转化；冰川和永久积雪只有在超过某地雪线的情况下存在；冰川和永久积雪主要分布在地球的两极和中、低纬度的高山区；一般情况下，远海的地区的林地、草地、灌木、和耕地不会转化为水体；水体不可能直接转化为林地、草地和灌木；除两极及高山地区极其低温地区，水体不会转化为冰川和永久积雪。

2）由于季候和时相条件下地类的变化知识

丰水期湿地光谱特征与水体类似；植物生长期湿地光谱特征与林地（或草地）类似；水田的光谱特征与水体类似（实行水生、旱生农作物轮种的耕地随时相显现出不同的光谱特征）；收割期耕地光谱特征与裸土类似；种植蔬菜等的大棚用地光谱特征显示异常；海涂中的耕地的光谱特征与海水类似，但一般有人工标志物；在耕地的灌水期，通常水的高度要盖过秧苗，从影像上看，呈现水体的光谱特征，易错分为水体，造成伪变化；掌握水稻的主要分布区域，有助于耕地错误判断为水体所造成的伪变化的发现（刘吉羽等，

2015)；落叶期林地光谱特征与草地（或裸土）类似；湖泊、河流等水域夏季易发水华，导致光谱特征与植物类似；河流冰冻期光谱曲线特征表现为冰；河流枯水期，滩涂由于自然生长或人为种植，导致光谱曲线表现为草地或耕地；湖泊、坑塘等在落叶期光谱特征与草地（或裸土）类似；芦苇等水草的生长期光谱特征表现为草地（或林地）；沟渠等人工挖掘的地物在无水流时光谱特征表现异常；冻原的植物生长季一般为 2～3 个月，耐寒的北极和北极－高山成分的藓类、地衣、小灌木及多年生草本植物为主组成的植物群落使在此期间光谱特征与草地类似；冻原一般位于北极圈内及温带、寒温带，气温较低，冬季积雪导致光谱特征与极地（冰、雪）的光谱特征类似。

上面从不同季候时相条件下，列举了全球地表覆盖分布与变化相关的先验知识，为了利用先验知识达到去除伪变化图斑的目的，需要将这些先验知识进行精炼，表达成为可以进行伪变化判断的知识规则（表 4.3）。

表 4.3　季候时相条件下的先验知识和伪变化规则示例

季候时相	先验知识	伪变化规则
丰水期	湿地、草地、裸地的光谱与水体类似，易被错判为水体	草地变水体、草地变湿地、湿地变水体、裸地变水体
枯水期	水量减少，河道干涸，滩涂自然生长和人为开垦，导致水体与湿地、草地和裸地光谱类似	水体变草地、水体变裸地、水体变耕地、湿地变草地
灌溉期	作物灌溉期，水田光谱与水体类似	耕地变水体、耕地变湿地
收割期	作物收割期，耕地光谱与草地、裸地类似	耕地变草地、耕地变裸地
植物生长期	植物生长期，湿地光谱与草地类似；水体易发生水华现象，与草地类似	湿地变草地、水体变草地、裸地变草地
植物落叶期	落叶期林地光谱与草地、裸地类似；草地荒芜与裸地类似	林地变草地、草地变裸地
冰冻期	河流冰冻期光谱曲线特征表现为冰；苔原由于积雪光谱与冰雪类似	水体变积雪、苔原变积雪

2. 生态分区变化规则库

分区规则库中最主要的规则就是不同属性条件下地表覆盖存在的伪变化规则，下面针对不同的海拔、坡度、NDVI 值、温度和水分 5 个属性分别总结知识，并给出部分规则示例。

（1）海拔：受海拔影响，耕地在 4000m 以上很少存在。树线的高度以地理位置不同而不同，如中国东北长白山为 1800～2100m，而四川西南则为 3800～4200m；其高度大致由赤道向极地两端逐渐降低，在亚热带最高（武吉华等，2004）。一般来说海拔在 4000m 以上很少存在树木；海拔在 4700m 以上很少存在耕地（张晶等，2007）；海拔在 6000m 以上很少存在草地；海拔在 7000m 以上很少存在苔原。

（2）坡度：按照坡度来看：耕地分布一般不超过 30°、水体分布一般不超过 5°、湿地分布一般不超过 3°（如我国湿地 93% 分布在坡度 3°以内）（牛振国等，2009）；耕地一般分布在缓坡且距河流较近的地方；发达国家，耕地坡度一般小于 25°，在发展中国家，尤其是人口众多的国家，耕地坡度则可达到 30°甚至更高。

（3）NDVI：归一化植被指数可以检测植被生长状态，分析植被覆盖度和消除部分辐射误差等。NDVI 的值介于−1 和 1 之间，负值表示地面覆盖为云、水、雪等，对可见光高反射；0 表示有岩石或者裸土等。正值表示有植被覆盖，而且随着植被覆盖度的增大而增大。根据不同 NDVI 条件下的先验知识，我们可以得到不同的伪变化规则。当 $-1<\mathrm{NDVI}<0$ 时，地表不可能存在耕地、林地、草地、灌木、湿地、苔原、裸地和人造覆盖；当 NDVI =0 时，地表不可能存在耕地、林地、草地、灌木、湿地、水体、苔原、人造覆盖和冰雪；当 $\mathrm{NDVI}>0$ 时，表示有植被覆盖，此时地表随着植被的密度的增加，NDVI 值越大，但是地表不可能存在裸地和冰雪。水体虽然 NDVI 值通常为负值，但是当夏天，有些湖泊会有大量植被生长，或者发生水华等现象，存在 NDVI 为正的情况。

（4）温度：温度的表示方式有很多种，可以表示成气温摄氏度、温度带等，由于生态分区面积比较大，气温并不统一，本书采用温度带表示温度属性，分为热带、亚热带、温带、寒带。温度影响着不同地表覆盖的分布，尤其是对植被，冰雪，裸地，苔原等自然地表。比如热带植被主要有热带雨林、热带季雨林、热带稀树草原、红树林等。红树林在全球地表覆盖 GlobeLand30 中被归为湿地一类，所以其主要地表覆盖为湿地。亚热带植被主要有常绿阔叶林、针叶常绿林和荒漠。温带植被主要有落叶阔叶林、针阔叶混交林、北方针叶林和草原。寒带植被主要指冻原，又称苔原，主要分布在北半球欧亚大陆和北美大陆的北部边缘地区。此外寒带还包括永久性积雪。在暖湿化气候背景下，全球大部分干旱和半干旱区的植被显著增长。根据不同温度带条件下的先验知识可以总结出：热带地区，不可能存在冰雪、苔原。寒带地区只存在冻原即苔原，不存在林地等高大的木本植物。

（5）水分：本规则库中水分属性按统一标准年降水量的不同来划分湿润和干旱区。年降水量少于 200mm 的地区为干旱区，其天然植被为荒漠，有水源处有绿洲农业。年降水量在 200 ~ 400mm 的地区为半干旱区，其天然植被为草原。年降水量在 400 ~ 800mm 的地区为半湿润区，其天然植被为森林、草原。年降水量大于 800mm 的地区为湿润区，其天然植被以森林为主。另外，如果年降水量少于 400mm，不依靠人工灌溉无法发展种植业，一般为牧业。如果年降水量在 400 ~ 800mm，种植业通常为旱地农业；如果年降水量大于 800mm，种植业则通常为水田农业。干旱区一般不可能存在冰雪和苔原，而且随着全球气候变暖和人为原因，干旱与半干旱区的湿地在不断退化。

综上，从不同属性条件下，列举了全球地表覆盖分布与变化相关的先验知识，并将这些先验知识进行精炼，表达成为可以进行伪变化判断的知识规则，如表 4.4 所示。

表 4.4　属性条件下的先验知识与伪变化规则示例

属性条件	先验知识	伪变化规则
海拔	当海拔 >4000m 时，地表不可能存在耕地和林地	耕地变其他地类、其他地类变耕地、林地变其他地类、其他地类变林地
	当海拔 >6000m 时，地表不可能不存在草地	草地变其他地类、其他地类变草地
	当海拔 >7000m 时，地表不可能不存在苔原	苔原变其他地类、其他地类变苔原

续表

属性条件	先验知识	伪变化规则
坡度	当坡度>5°时，地表不可能存在湿地和水体	湿地变其他地类、其他地类变湿地、水体变其他地类、其他地类变水体
	当坡度>30°时，地表不可能存在耕地	耕地变其他地类、其他地类变耕地
NDVI 值	当-1<NDVI<0 时，地表不可能存在耕地、林地、草地、灌木、湿地、苔原、裸地和人造覆盖	耕地、林地、草地、灌木、湿地、苔原、裸地和人造覆盖与其他地类之间互相转变
	当 NDVI=0 时，地表不可能存在耕地、林地、草地、灌木、湿地、水体、苔原、人造覆盖和冰雪	耕地、林地、草地、灌木、湿地、水体、苔原、人造覆盖和冰雪与其他地类之间互相转变
	当 NDVI>0 时，地表不可能存在裸地	裸地变其他地类、其他地类变裸地
温度	热带地区［纬度范围（0°～23.5°）］，地表不可能出现冰雪和苔原	冰雪变其他地类、其他地类变冰雪、苔原变其他地类、其他地类变苔原
	寒带地区［纬度范围（66.5°～90°）］，地表只存在苔原，不可能存在树木等高达植株	林地变其他地类、其他地类变林地
水分	干旱区或半干旱区［降水量范围（0～400mm）］，地表不可能存在冰雪和苔原	冰雪变其他地类、其他地类变冰雪、苔原变其他地类、其他地类变苔原

以上这些规则多是先验知识总结出来的示例，每一个属性条件下的伪变化规则单一考虑，具有一定的主观性和非确定性。本知识库中的规则还需进一步增加、修改和完善，在此本书只做部分示例用作知识库的设计和生态去伪方法的研究。

4.3.3　知识的表示方式

知识表达主要指的是规则的表达，规则的表达采用产生式规则表达法和面向对象法相结合的形式。对于生态地理分区知识库中的规则和地表辅助变化规则库中的规则，本书采用统一的规则表达方式。为使这些规则方便用于判断伪变化，利用代码对规则进行抽象化的表达。因为本书研究的方法主要用作地表增量更新，所以实验使用的分类数据也是按照 GlobeLand30 全球地表覆盖的十大地类分类方法。GlobeLand30 全球地表覆盖产品总共分 10 个一级地表覆盖类型，包括耕地、林地、草地、灌木、湿地、水体、苔原、人造覆盖、裸地和永久性积雪与冰川。该十大类的赋值及颜色配置表如表 4.5 所示。分别对地类进行赋值，耕地为 010、林地为 020、草地为 030、灌木为 040、湿地为 050、水体为 060、苔原为 070、人造为 080、裸地为 090、积雪为 100。这样伪变化（spurious-change）规则就可以用简单的数字来代替，便于操作和识别。如草地变林地可以表示成六位代码 030010、人造变耕地表示成两位代码 080010。

表 4.5　GlobeLand30 地表覆盖产品一级代码

编号	代码	地表类型	颜色
1	010	耕地	
2	020	林地	
3	030	草地	
4	040	灌木	
5	050	湿地	
6	060	水体	
7	070	苔原	
8	080	人造	
9	090	裸地	
10	100	冰雪	

由于知识库系统拥有成百上千条规则，传统的知识库规则均以外部数据文件 I/O 的方式存储，如顺序文件、索引文件、Hash 文件等，存在访问速度慢、使用效率低、管理能力差、不能有效的维护和扩充数据等（吴顺祥和吉国力，1999；王巍和贺建军，2007）；数据库系统通常具有处理海量数据的能力，可以更好地替代知识库来对生态分区知识库进行存储和可视化管理，所以本书采用数据库的技术手段来存储和管理知识库。

使用数据库来存储规则，关键要对分区属性及对应的伪变化规则进行逻辑设计，要设计合适的逻辑关系和表格，既能够合理全面的表达规则，又能够方便存储和使用。

规则库采用面向对象的方法建立，并且基于数据库的技术来存储和管理知识库，其中最重要的一项是对象模型向关系数据库模式的转化。规则库逻辑设计即对象模型向数据库表格映射的方法，如果模型转换的好，可以使得系统的实现得以简化，大大减轻了编程的任务量。在本知识库结构中，分别存在两种规则类，即不存在继承关系的规则类和存在继承关系的规则类。下面分别介绍这两种规则类的逻辑设计。

不存在继承关系的规则类，在本知识库中，不存在继承关系的规则类为：不可能出现的变化规则类和季节时相原因造成的伪变化规则类。由于其不存在继承关系，既不从上层继承也不往下层派生，自己独立表达，所以一个类就映射一张数据表。主键设置为其 ID，为了便于后续程序识别处理方便，表格里的表头均采用英文名称。表 4.6 为不可能存在的变化规则，表 4.7 为季节时相原因造成的伪变化规则。在表 4.7 中，ST1 代表丰水期；ST2 表示枯水期；ST3 表示灌溉期；ST4 表示收割期；ST5 表示植物生长期；ST6 表示植物落叶期；ST7 表示冰冻期。

表 4.6　不可能存在的变化规则

特定变化
010070 010600 010100 020050 020060 020070 030100 030060 030070 040060 040070 040100 050070 050100 060070 060100 070020 070040 070030 070010 070080 070050 070100 080050 080070 080100 090050 090100 100010 100020 100030 100040 100050 100070 100080 100090

表 4.7　季节时相对应的伪变化规则

编号	代码	名称	伪变化
1	ST1	丰水期	030060 030050 050060 090060
2	ST2	枯水期	060030 060090 060010 050030
3	ST3	灌溉期	010060 010050
4	ST4	收割期	010030 010090
5	ST5	植物生长期	050020 050030 060030 090030
6	ST6	植物落叶期	020030 020040 030090
7	ST7	冰冻期	060100

存在继承关系的对象类，在本书的分区规则库中为规则库模型的第三层，即不同属性（高度、坡度、NDVI 值、温度和水分）条件下存在的伪变化规则。把所有属性和其对应的伪变化规则映射到 Excel 表中，表的设计为 ID 号、属性名称、属性的范围和伪变化规则，主键统一设置为 ID，得到 5 张属性规则表。表 4.8 为不同海拔条件下的伪变化规则表；表 4.9 为不同坡度条件下的伪变化规则表；表 4.10 为不同 NDVI 值条件下的伪变化规则表；表 4.11 为不同温度条件下的伪变化规则表；表 4.12 为不同水分条件下的伪变化规则表。

表 4.8　海拔对应的伪变化规则

编号	海拔	范围/m	伪变化
1	E1	<1000	020050 020080 030060
2	E2	（1000，2000）	040050 020060 020090
3	E3	（2000，4000）	030060 050080
4	E4	（4000，6000）	020050 040050 050070
5	E5	>6000	020050 050040 010060

表 4.9　坡度对应的伪变化规则

编号	斜率	范围/(°)	伪变化
1	S1	（0，5）	
2	S2	（5，30）	060010 060030 060050 060080 060090
3	S3	>30	060010 060030 060050 060080 060090 010020 010040 010060 010090

表4.10　NDVI值对应的伪变化规则

编号	NDVI	范围	伪变化
1	N1	(-1, 0)	020050 030060 040080 050090 010020 040070
2	N2	0	050060 040050 050080 020060 010040 020050
3	N3	(0, 0.4)	010020 040050 080090 060050 060020 060030
4	N4	(0.4, 0.8)	070010 070050 070030 050080 020090 080050
5	N5	(0.8, 1)	020050 040050 090060 080040 070050 090050

表4.11　温度对应的伪变化规则

编号	温度	名称	纬度范围/(°)	伪变化
1	T1	热带	(0, 23.5)	070010 070020 070030 070040 070050 070060 070080 070090 070100 100010 100020 100030 100040 100050 100060 100070 100080 100090 050020 050030 050060 050070 050090 050100 090020 090040 090050 090060 090100
2	T2	亚热带	(23.5, 40)	070010 070020 070030 070040 070050 070060 070080 070090 070100 100010 100020 100030 100040 100050 100060 100070 100080 100090
3	T3	温带	(40, 66.5)	070010 070020 070030 070040 070050 070060 070080 070090 070100 100010 100020 100030 100040 100050 100060 100070 100080 100090
4	T4	北方	(66.5, 90)	020010 020030 020040 020050 020060 020070 020080 020090 020100 030010 030020 030040 030050 030060 030070 030080 030090 030100 040010 040020 040030 040050 040060 040070 040080 040090 040100 050100 050200 050030 050040 050060 050070 050080 050090 050100

表4.12　湿度对应的伪变化规则

编号	湿度	降水范围/mm	伪变化
1	W1	<200	010050 010080 010090 020050 030040 030090
2	W2	(200, 400)	030060 020050 040090 050080 060010
3	W3	(400, 800)	060080 050070 020050 030060
4	W4	>800	010050 010090 050020 080060

分区规则库模型中的第四层为每一个小生态分区的伪变化规则，而每一个生态分区的伪变化规则类是根据其具有的属性从第三层继承而来的。所以，在把这一层规则类映射关系数据表的过程中，把每一个生态分区的Shape文件的属性表依次添加地理生态、海拔、坡度、NDVI值、温度和水分六大属性字段，并按照他们的属性依次赋值为E1、N1、S1等，完成后的生态分区矢量属性如表4.13所示。

表 4.13　生态分区属性表

FID	Shape *	eco_code	NDVI	Temperatu	Elevation	Wet	Geo_biolog	Slope
0	Polygon	AA0101	N3	T2	E2	W2	AA01	S2
1	Polygon	AA0102	N2	T2	E1	W3	AA01	S2
2	Polygon	AA0103	N3	T3	E2	W2	AA01	S1
3	Polygon	AA0104	N3	T3	E4	W2	AA01	S2
4	Polygon	AA0105	N2	T2	E2	W4	AA01	S1
5	Polygon	AA0106	N2	T2	E5	W1	AA01	S3
6	Polygon	AA0107	N3	T2	E3	W2	AA01	S2
7	Polygon	AA0108	N3	T2	E2	W3	AA01	S1
8	Polygon	AA0109	N2	T4	E2	W2	AA01	S2
9	Polygon	AA0110	N3	T2	E2	W2	AA01	S2
10	Polygon	AA0111	N3	T2	E1	W4	AA01	S1
11	Polygon	AA0112	N2	T3	E3	W1	AA01	S2
12	Polygon	AA0113	N2	T3	E4	W2	AA01	S1
13	Polygon	AA0114	N3	T2	E2	W3	AA01	S3
14	Polygon	AA0115	N3	T2	E1	W2	AA01	S2
15	Polygon	AA0116	N2	T2	E2	W2	AA01	S1
16	Polygon	AA0117	N3	T2	E4	W4	AA01	S2
17	Polygon	AA0118	N3	T4	E2	W1	AA01	S2
18	Polygon	AA0119	N2	T2	E5	W2	AA01	S1
19	Polygon	AA0120	N2	T2	E3	W3	AA01	S2
20	Polygon	AA0121	N3	T3	E2	W2	AA01	S1
21	Polygon	AA0122	N3	T3	E2	W2	AA01	S3
22	Polygon	AA0123	N2	T2	E2	W4	AA01	S2
23	Polygon	AA0124	N3	T2	E1	W1	AA01	S1
24	Polygon	AA0125	N3	T2	E3	W2	AA01	S2
25	Polygon	AA0126	N2	T2	E4	W3	AA01	S2
26	Polygon	AA0127	N2	T4	E2	W2	AA01	S1
27	Polygon	AA0128	N3	T2	E1	W2	AA01	S2
28	Polygon	AA0201	N3	T2	E2	W4	AA02	S1
29	Polygon	AA0202	N2	T3	E4	W1	AA02	S3
30	Polygon	AA0203	N3	T3	E2	W2	AA02	S2
31	Polygon	AA0204	N3	T2	E5	W3	AA02	S1
32	Polygon	AA0401	N2	T2	E3	W2	AA04	S2
33	Polygon	AA0402	[illegible]	[illegible]	[illegible]	[illegible]	AA04	[illegible]

由于数据库系统通常具有处理海量数据的能力，可以更好地对知识库进行存储和可视化管理，因此采用数据库的技术手段来存储和管理生态地理分区知识库。PostgreSQL 的面向对象特征及 PostGIS 的空间扩展模块的功能，使得采用 PostgreSQL 对象-关系型数据库来作为基础数据库，既满足了功能需求，又可以节约成本。

PostgreSQL 即对象 - 关系型数据库管理系统，是一种支持包括事物、子查询和用户定义类型和函数在内的所有 SQL 标准特性的数据库，并且对多种开发语言提供支持，支持常见的开发语言 C、C++、Java、Perl、Tcl 及 Python 等（彭晓明，2001）。它是由美国加州大学伯克利分校研发的 Postgres 软件包演变而来的。经过近三十年的发展，PostgreSQL 对象-关系型数据库已成为世界上可自由获得的、先进的源代码数据库管理系统，具有自己鲜明的特点，如面向对象、数据类型丰富、全面支持 SQL 与 Web 的集成、大数据库的特征等。生态地理分区知识库采用 PostgreSQL 存储。

4.4　生态去伪实验方法与结果分析

4.4.1　生态去伪判断方法

设计了一种类正向推理的伪变化识别方法。传统的正向推理是指逐条搜索规则库，对每一条的规则或条件都要在事实库中检验是否存在。若不存在，则放弃该条规则。若在事实库中存在，则实行该规则，把结论放到事实库中。反复循环执行该过程，直到推出目标结果，并存入到事实库中为止。本书由于采用面向对象建立的伪变化规则库，使得判断效率得到大大的提高，只需要判断变化图斑所在的生态分区，并调取生态区分的规则库来进行匹配，此过程类似于正向推理，依次判断规则，最后得到结果并保存。生态去伪的具体推理流程如图 4.4 所示：

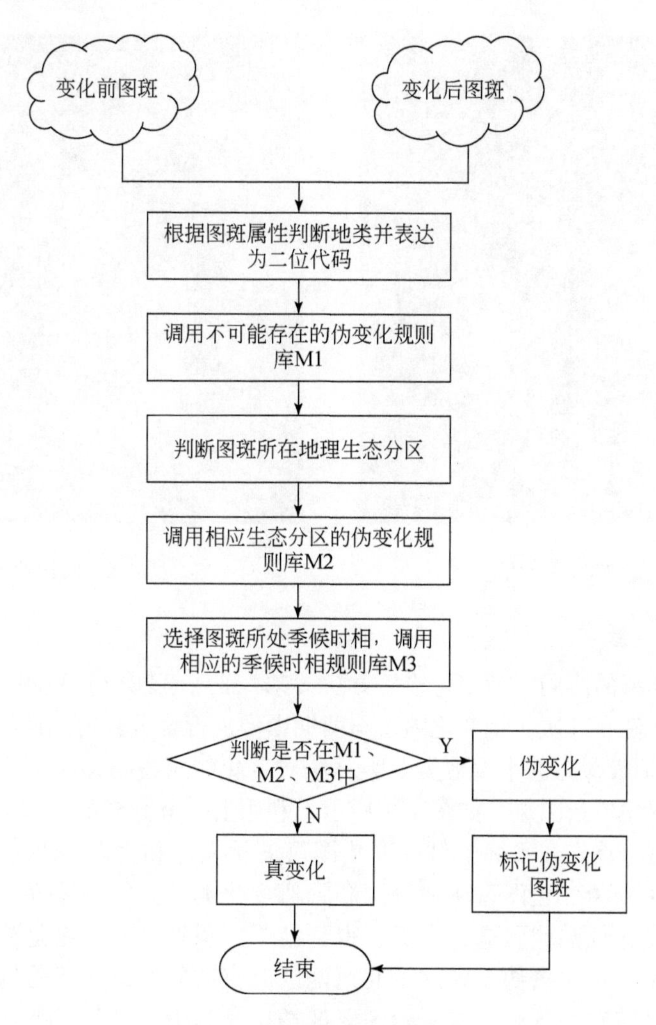

图 4.4　生态去伪判断流程图

4.4.2　生态去伪实例一

1. 实验区介绍

第一个本实验区选自中国北京市，Landsat 卫星轨道号是 P123R032，实验区大小为 1024×1024 像素，本实验采用的是美国陆地卫星 Landsat 的 30m 分辨率的 TM 影像，两期影像的成像时间分别为2000-08-20、2010-08-08。如图4.5、图4.6所示（波段组合为432假彩色影像）。本实验区位于生态分区PA0424内部，在北京的西面、北面和东北有群山环绕，东南平原，平原的海拔一般在20～60m，山地海拔一般在1000～1500m。北京地处温带，属于半湿润地区，冬季寒冷干燥，夏季潮湿多雨。北京的降水季节分配很不均匀，70%的降雨集中在7、8、9月。近年来北京地区发展迅速，十年间，人造覆盖快速增加，但是由于政府保护耕地和林地的策略，北京城区大部分耕地和林地较少发生变化。

图4.5　2000期影像

图4.6　2010期影像

2. 实验过程与结果

利用第3章介绍的协同分割变化检测方法（Xie et al.，2017）检测出变化信息，得到变化图斑的矢量文件。其次，将变化图斑与两期影像进行叠置，得到两期变化影像，参照GlobeLand30全球地表覆盖的十大地类分类算法对变化结果进行地物分类，得到带有两期地类信息属性的变化矢量图斑，如图4.7所示。利用上一节介绍的生态去伪插件，对变化图斑进行去伪处理。首先在系统中打开变化图斑矢量文件和生态地理分区矢量文件，执行生态去伪，依次判断变化图斑所在分区和图斑变化类型，并将6位代码变化类型与规则库中的6位伪变化规则代码进行匹配，得到结果，识别出的伪变化图斑用红框加以标记，如图4.8所示。本次去伪规则除了北京地区对应的属性条件下的伪变化规则外，还有一些季候和分区特殊的规则。本实验区影像拍摄时间为8月，正是水田灌溉期，植被生长期和丰水期，这样就可以加入季候时相相关的伪变化规则。此外，收集北京相关的一些政策规定，也可以得到一些相关规则来辅助去伪。例如，从国家国土资源局得到的北京市2004～2010年的林地覆盖数据（图4.9）中可以发现，近十年的林地面积在不断增加，尤其是人工林地的面积在不断增长，依此可以粗略的认为林地变为其他地类是伪变化。

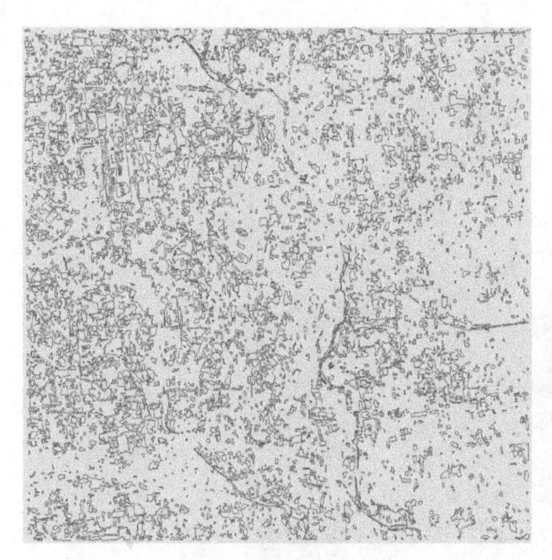

图4.7　变化图斑

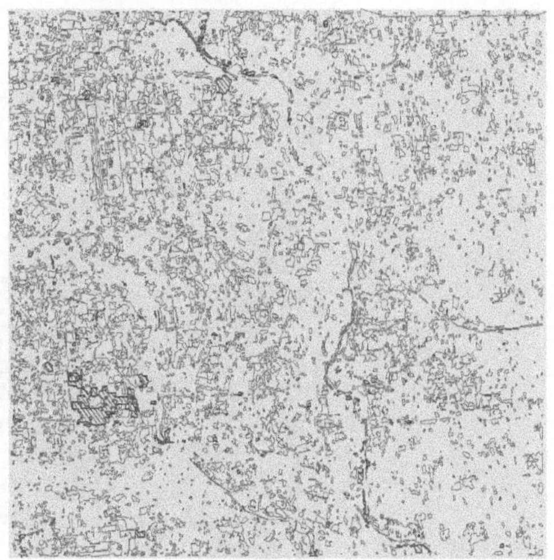

图4.8　伪变化图斑（红色标出）

指标	2010年	2009年	2008年	2007年	2006年	2005年	2004年	2003
林业用地面积(万公顷)	101.35	101.35	97.29	97.29	97.29	97.29	97.29	
森林面积(万公顷)	58.81	58.81	37.88	37.88	37.88	37.88	37.88	
人工林面积(万公顷)	37.15	37.15	27.08	27.08	27.08	27.08	27.08	
森林覆盖率(%)	35.8	35.8	21.3	21.3	21.3	21.3	21.3	
活立木总蓄积量(亿立方米)	0.18	0.18	0.12	0.12	0.12	0.12	0.12	
森林蓄积量(亿立方米)	0.14	0.14	0.08	0.08	0.08	0.08	0.08	

图4.9　北京市近10年森林资源变化

4.4.3　生态去伪实例二

1. 实验区介绍

所选的实验区位于美国密西西比州的杰克逊市，实验用遥感卫星数据见3.5.2节。本实验区位于生态分区NA0413内部，主要位于北美洲东部，美国东部地区。面积134300平方英里（347800km^2），主要生物群落是温带阔叶林和混交林。东南混交林生态区是美国东海岸中人类定居最多的地区，该地区99%的森林已经被砍伐，变成了烟草、花生等作物用地。该地区有3600多种草本植物和灌木。密西西比州全州地势低洼，最高点在东北部丘陵地带的伍达尔山，海拔仅246m。大部分地区属于山地和丘陵，属于亚热带气候，夏季湿润炎热，冬季温暖。

2. 实验过程与结果

实验步骤与上一节北京市实验区相同，同样是在去伪插件中打开变化图斑（图3.13）和生态分区矢量文件，执行生态去伪，可以得到伪变化图斑，结果如图4.10所示。本实验区影像拍摄时间为9月，处在水田灌溉期，植被生长期和丰水期，所以本次去伪规则除了杰克逊市实验区对应的属性条件下的伪变化规则外，还有加入了季候时相的规则。

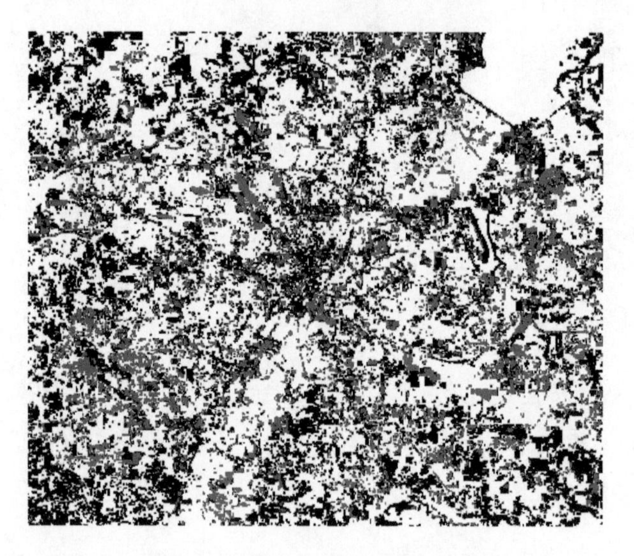

图 4.10　伪变化图斑（红色标出）

4.4.4　生态去伪实例三

1. 实验区介绍

本实验选择的实验数据为 GlobeLand30 2010 期和 2015 期地表覆盖产品。实验区主要位于加里曼丹岛，横跨印度尼西亚、文莱和马来西亚。东南亚地表覆盖产品的低精度是选择实验区的原因之一。全球生态地理分区中实验区的位置如图 4.11 所示。

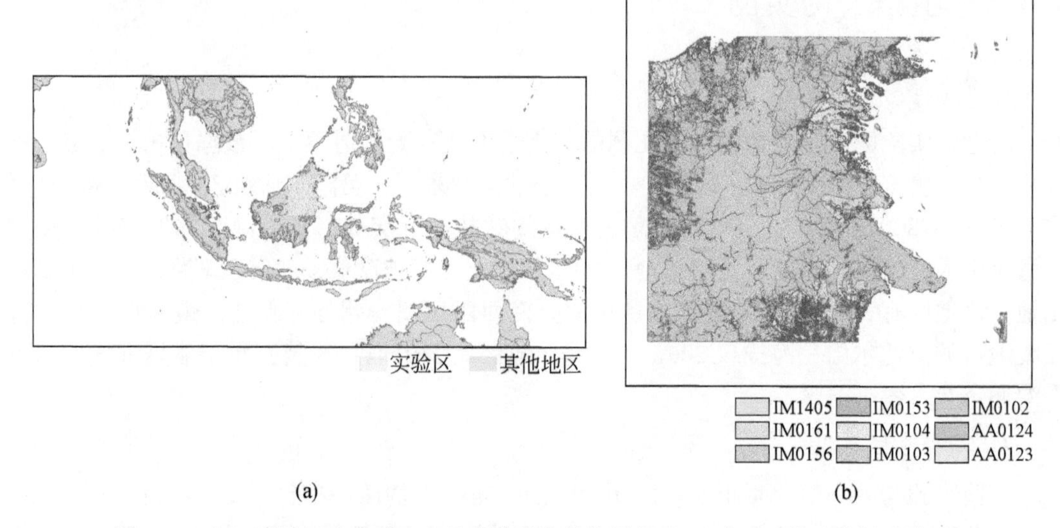

图 4.11　（a）实验区在全球生态地理分区中的位置和（b）实验区的生态地理分区

实验区域包括9个生态分区，即AA0123、AA0124、IM0102、IM0103、IM0104、IM0153、IM0156、IM0161和IM1405，如图4.11（b）所示。2010年和2015年的土地覆盖产品如图4.12（a）、（b）所示。

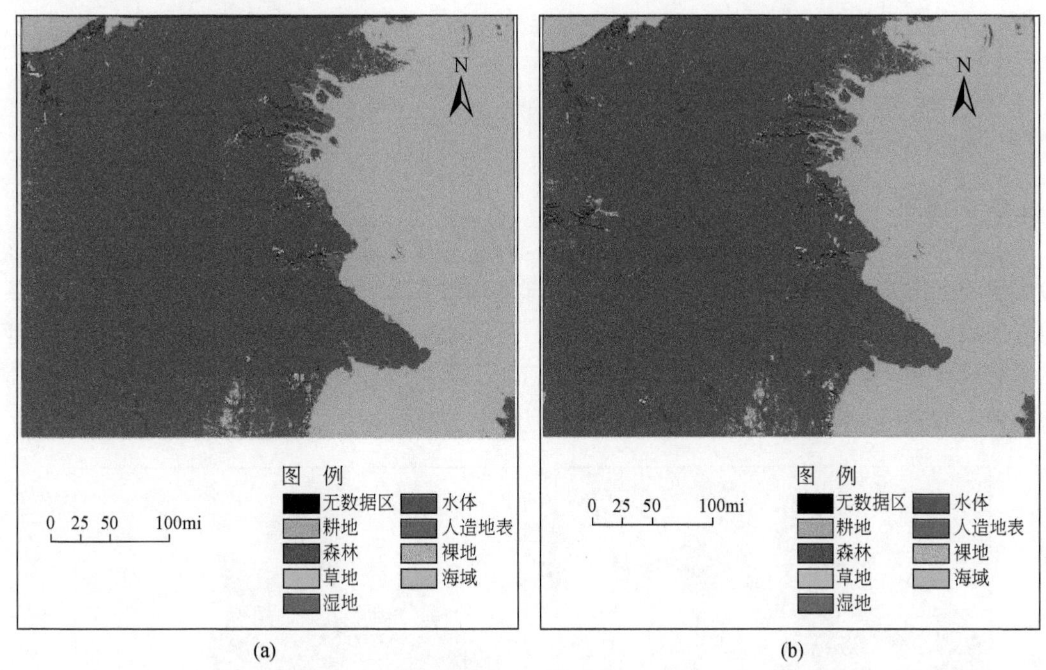

图4.12　（a）2010年Globeland30地表覆盖产品和（b）2015年Globeland30地表覆盖产品

1mi=1.609344km

2. 实验过程与结果

将两期产品相减之后（这一步骤在ArcGIS中完成），得到了7097个变化图斑，如图4.13(a) 所示。生态地理分区规则库识别并标记处的伪变化图斑共1085个，如图4.13(b) 所示。

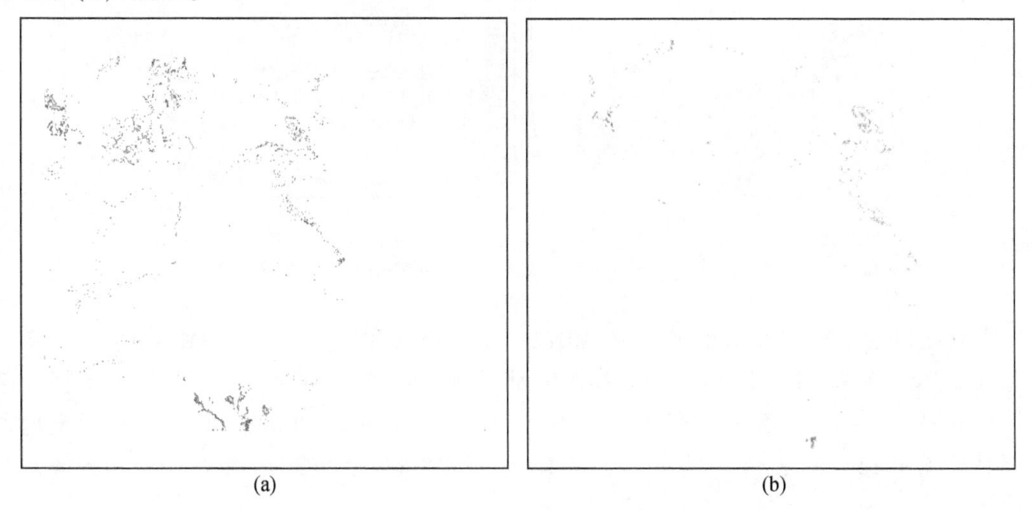

图4.13　（a）变化图斑和（b）伪变化图斑

实验区通过生态分区规则库检测出的伪变化图斑中，2010 年的主要地表覆盖类型是森林、湿地和人造地表，2015 年的主要地表覆盖类型是耕地、森林、湿地和裸地。识别出的伪变化图斑中，39 个由森林变为耕地，24 个由森林变为湿地，6 个由森林变为裸地，764 个由湿地变为森林，252 个由人造地表变为森林。

4.4.5 生态去伪实例四

1. 实验区介绍

本实验中选择的实验数据是 GlobeLand30-2000 和 GlobeLand30-2010 地表覆盖产品。实验区位于老挝。老挝是一个位于中南半岛北部的内陆国家，国土面积为 236800km^2。80% 的老挝是山地和高原，大部分被森林所覆盖，北部地势高，南部地势低。老挝属热带和亚热带季风气候，雨季为 5 月至 10 月，旱季为 11 月至 4 月，年平均气温约为 26°C，全年都会有很多的降雨。起源于中国的湄公河是老挝最大的河流。

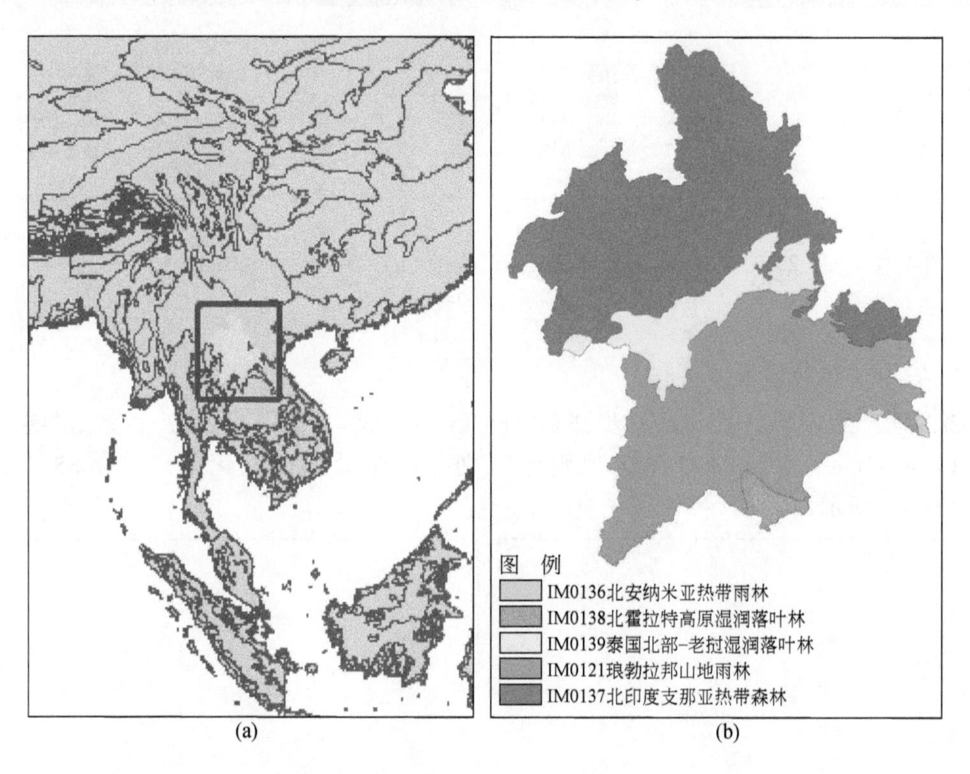

图 4.14　(a) 实验区在全球生态地理分区中的位置和 (b) 实验区生态地理分区

实验区包括琅勃拉邦山地雨林（IM0121）、安南北部热带雨林（IM0136）、中南半岛北部亚热带森林（IM0137）、柯叻高原北部湿润落叶林（IM0138）和泰国 - 老挝北部湿润落叶林（IM0139）5 个生态区，如图 4.14（b）所示。2000 年和 2010 年的土地覆盖产品如图 4.15（a）、（b）所示。表 4.14 显示了 2000 年和 2010 年每个类别的像素数和比例。

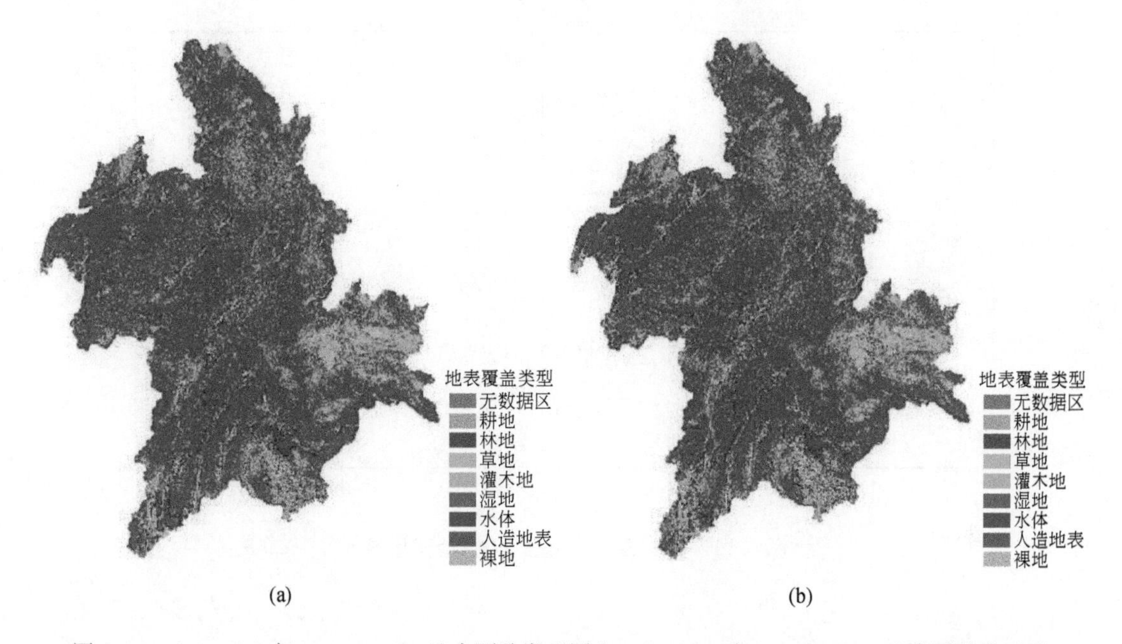

图4.15　(a) 2000年GlobeLand30地表覆盖类型图和 (b) 2010年GlobeLand30地表覆盖类型图

表4.14　2000年和2010年地表覆盖类型统计

2000年			2010年		
类别	像素数	比例/%	类别	像素数	比例/%
耕地	6345596	4.8931	耕地	7998768	6.1681
森林	107982423	83.2651	森林	105948101	81.6997
草地	13824404	10.6600	草地	14224263	10.9687
灌木地	362188	0.2793	灌木地	413244	0.3187
湿地	9181	0.0071	湿地	4815	0.0037
水体	1101713	0.8495	水体	1018223	0.7852
人造地表	57121	0.0440	人造地表	71800	0.0554
裸地	2542	0.0020	裸地	679	0.0005

2. 实验过程与结果

将两期产品通过ArcGIS中的操作相减只有，得到6390个变化图斑，如图4.16(a) 所示，其中共3786个伪变化图斑被生态地理分区规则库识别并标记，如图4.16(b) 所示。

在实验区的生态地理分区规则库检测到的伪变化斑块中，2000年地图的主要土地覆盖类型是森林、草地和灌木。2010年地图的主要土地覆盖类型是草地、灌木和水体。例如，草地到水体，就是一种虚假的变化，通常是由于光谱差异，我们的生态地理分区规则库可以识别它。

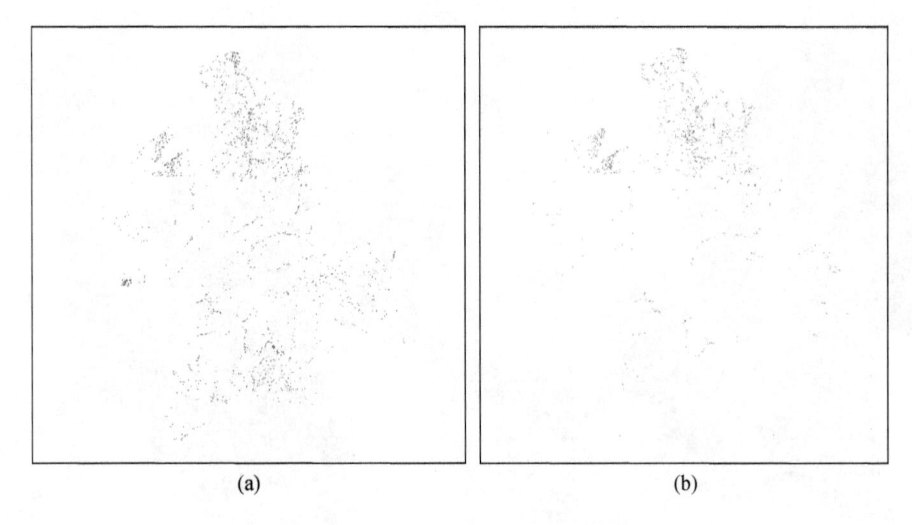

图 4.16　(a) 变化图斑和 (b) 伪变化图斑

4.4.6　结果分析

从以上 4 个实验区可以看出，采用生态分区知识库可以识别部分伪变化。下面将两个实验区变化图斑个数和识别出的变化图斑个数做统计和分析。如图 4.17 所示，北京市实验区原始变化图斑为 5687 个，识别出的伪变化图斑为 326 个，删除伪变化图斑后还剩 5361 个，变化图斑数量减少了 5.7%。杰克逊市实验区原始变化图斑为 7137 个，识别出的伪变化图斑为 812 个，删除伪变化图斑后还剩 6325 个，变化图斑数量减少了 11.4%。在文章开头提到，变化检测中的错误通常分为以下 3 个，第一种是过度检测，即本来没有发生变化的地类检测为变化地类；第二种是未检测出的变化，即发生了变化的地类，没有被识别出来；第三种则是分类错误，这些错误经常发生，导致变化图斑的数量巨大，远远大于真实变化的图斑个数。本书的生态去伪系统可以有效地减少变化图斑数量，提高变化检测的精度。尽管变化图斑个数有所减少，但还是会比实际变化多。

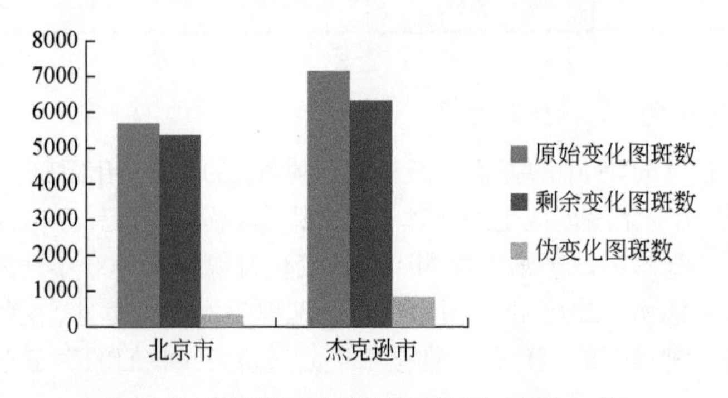

图 4.17　去伪前后图斑数量对比图（单位：个）

为了验证识别出的伪变化图斑的正确率，分别对实验区的伪变化图斑进行采样。北京市实验区采样32个伪变化样本点，约占总伪变化个数的10%，杰克逊市实验区采样81个样本点，约占总伪变化个数的10%，东南亚在1085个样本中共采集了107个伪变化图斑，占伪变化图斑数的10%左右，老挝在3786个样本中共抽取370个伪变化图斑，占总伪变化图斑数目的约10%。由于时间和资金条件受限，无法野外实地调查，因而主要参考谷歌地球上时相相近的高分影像对抽样的伪变化样本进行判别。结果如表4.15所示，北京市实验区的伪变化判断的正确率为62.5%，杰克逊市实验区的伪变化判断的正确率达79%，东南亚和老挝实验区的伪变化判断正确率高达97.2%和95.1%。

表4.15　伪变化图斑的正确率

	样本个数/个	正确的伪变化个数/个	正确率/%
北京市	32	20	62.5
杰克逊市	81	64	79.0
东南亚	107	104	97.2
老挝	370	352	95.1

随机在其中两个实验区抽取3个变化图斑，查看其实际变化情况。第一个图斑（图4.18）选取的是北京市区域，查看其属性表中地类赋值得到，此区域被识别为草地变水体。在季候时相的伪变化规则库中，存在着在丰水期，草地变水体是一种伪变化，所以去伪系统将此变化区域识别成伪变化。从两期影像可以看出，2000年期影像偏亮，2010年期影像呈现深色。仅从光谱上判断容易误判此区域发生了变化。从两期高分影像（图4.19）上可以看出，2000年的时候此区域为草地，2010年由于降水的原因此区域积水，但是实则还是草地，没有发生变化。此示例表明，仅仅从光谱层面上来做变化检测存在很多错误，系统识别出的伪变化是准确的。

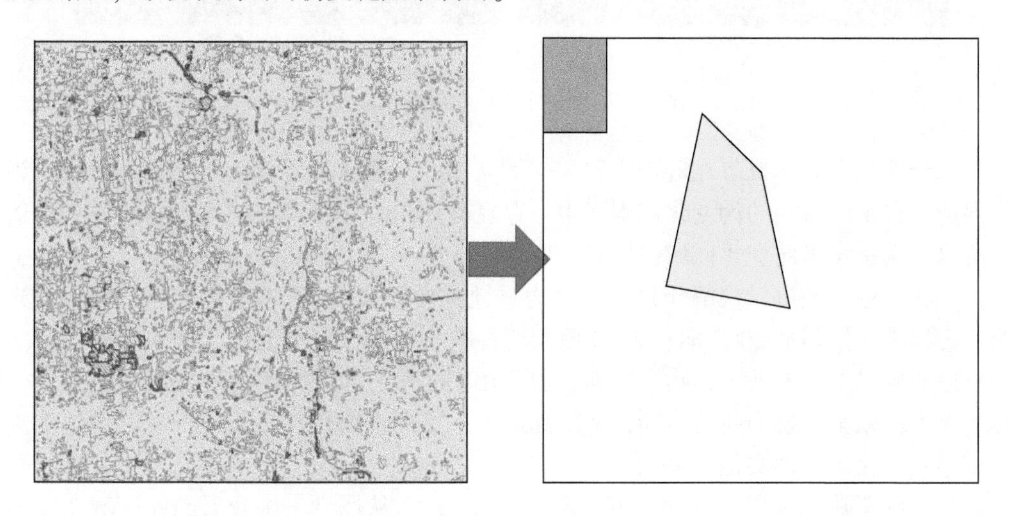

图4.18　典型变化图斑

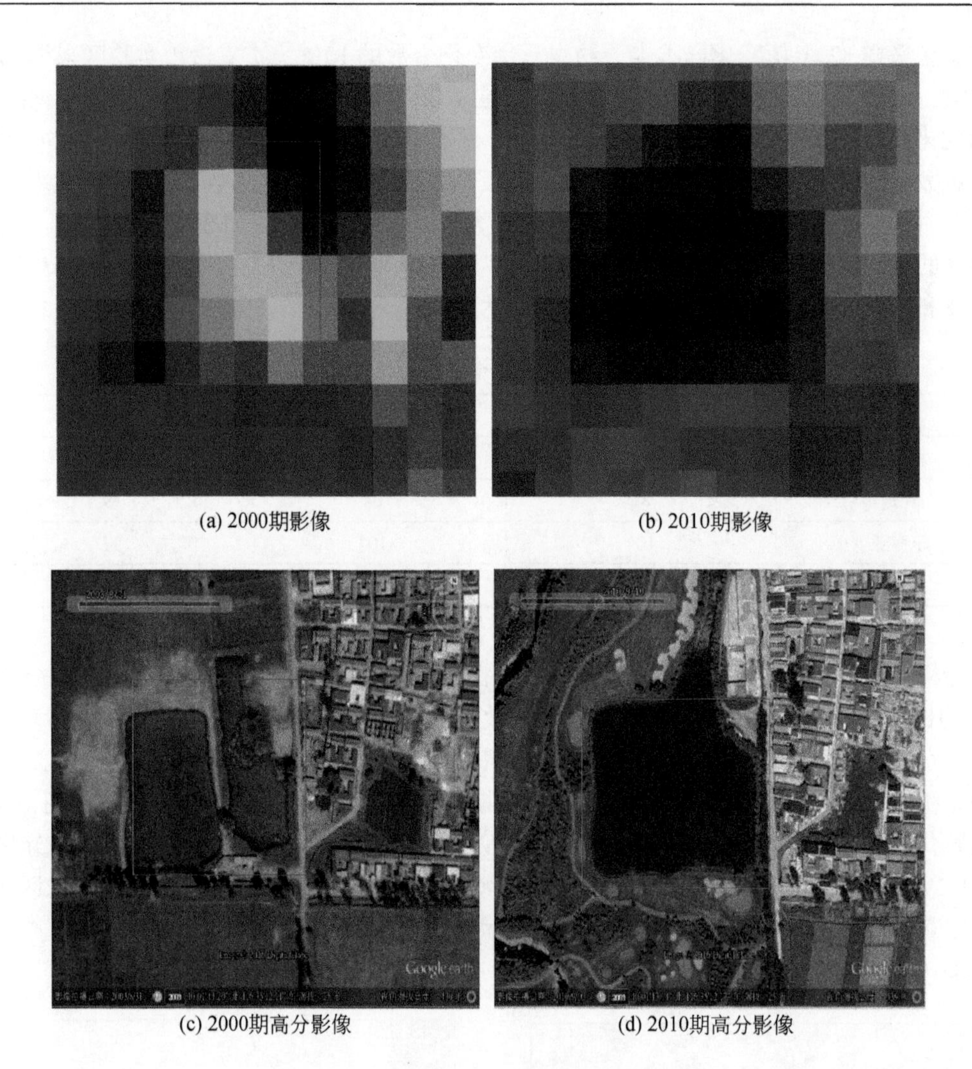

(a) 2000期影像　(b) 2010期影像

(c) 2000期高分影像　(d) 2010期高分影像

图 4. 19　两期 TM 影像和高分影像

第二个变化图斑选自杰克逊市实验区（图 4. 20），查看其属性表得到此区域判断为耕地变湿地。在季候时相的伪变化规则库中，存在着在作物灌溉期，耕地变湿地是一种伪变化，所以去伪系统将此变化区域识别成伪变化。从图 4. 21 中 2000 期影像上可以看到，此区域呈现粉红色，通过目视解译判断此处为耕地，而在 2010 期影像上呈深红色，从光谱上判断为湿地。但是从 2000 期和 2010 期两期谷歌高分影像上查看到此区域均为耕地。本实验影像成像时期正好处于作物灌溉期，由于作物灌溉，2010 年耕地内部有少量积水，所以光谱与本应该呈粉色的耕地不同，呈现深红色，实际地物仍然是耕地，没有发生地类变化，说明此变化图斑确实是伪变化。

第三个图斑随机选自杰克逊市实验区（图 4. 22），从属性表中查看到此区域变化类型是湿地变为水体。在季候时相的伪变化规则库中，存在着丰水期，湿地变水体是一种伪变化，所以去伪系统将此变化区域识别为伪变化。从图 4. 23 中 2000 期影像上可以看到此区域呈现深红色，可以目视解译得到此处为湿地，而在 2010 期影像上呈黑色，从光谱上判断

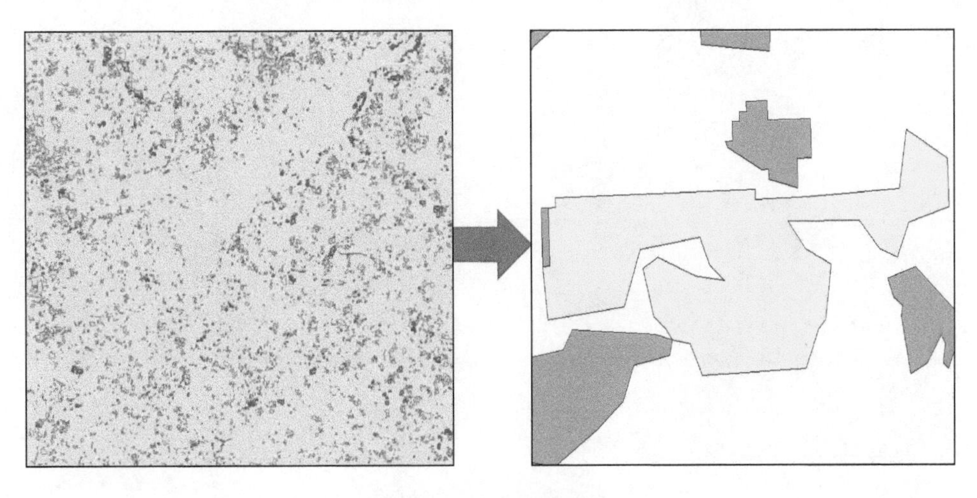

图 4. 20　典型变化图斑

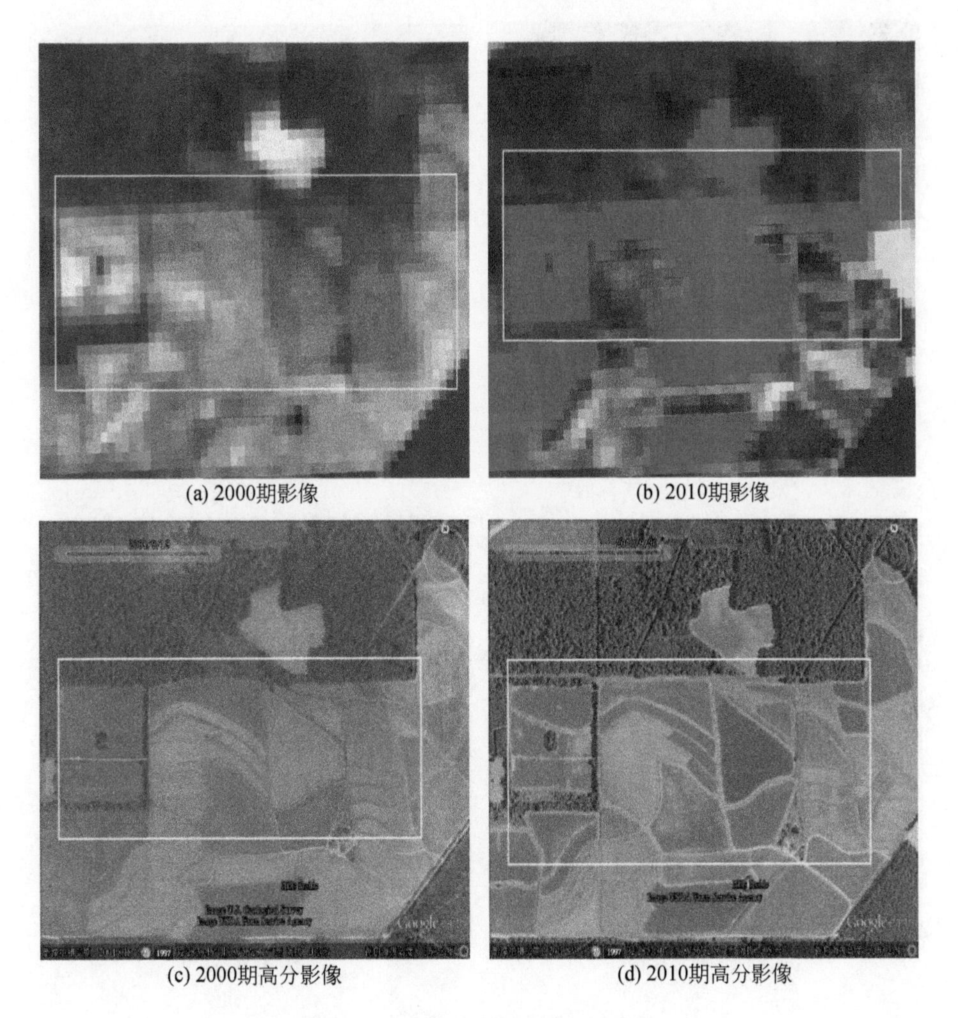

(a) 2000期影像　(b) 2010期影像

(c) 2000期高分影像　(d) 2010期高分影像

图 4. 21　两期 TM 影像和高分影像

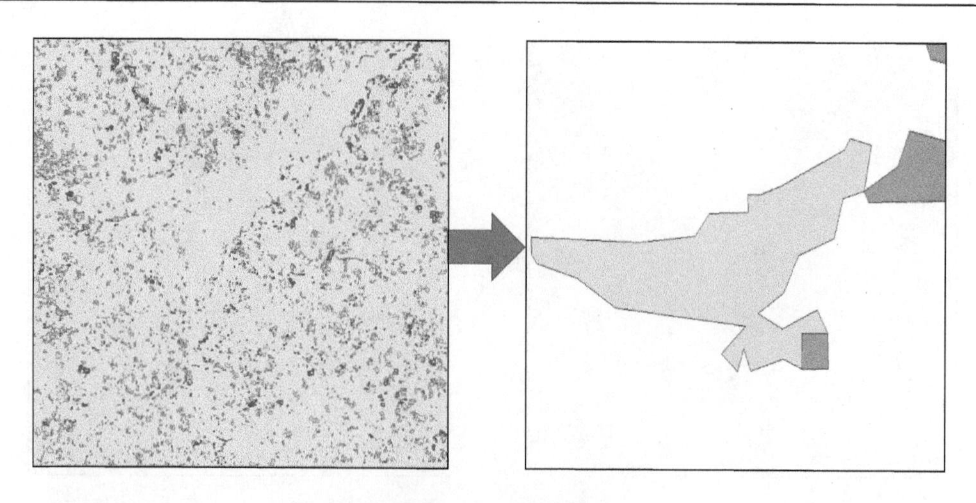

图 4.22　典型变化图斑

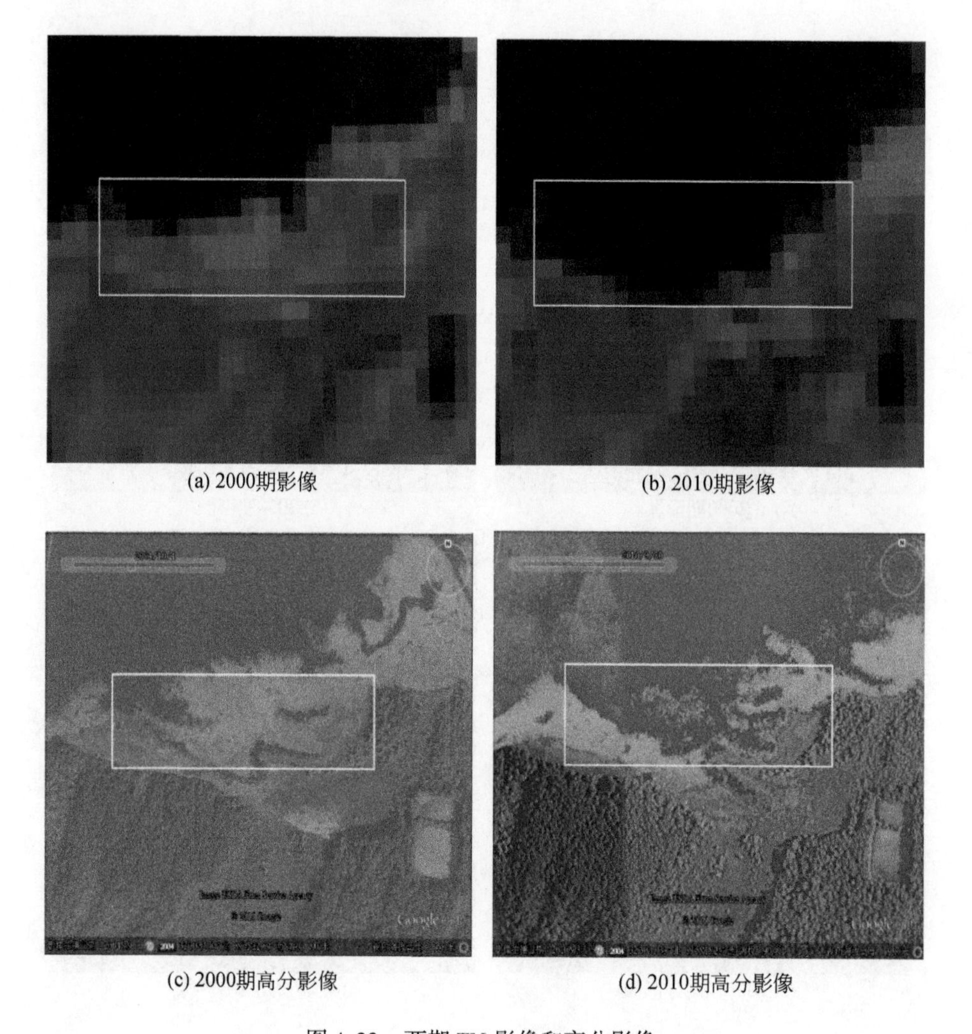

(a) 2000期影像　(b) 2010期影像

(c) 2000期高分影像　(d) 2010期高分影像

图 4.23　两期 TM 影像和高分影像

为水体。但是在 2000 期和 2010 期的谷歌高分影像上查看发现由于 10 年降水丰富，此处湿地被淹没，所以影像上呈黑色，实际地物仍然是湿地，没有发生实质性的地类变化，说明此变化图斑确实是伪变化，系统识别其为伪变化是正确的。

4.4.7　精度分析

本节将对以上 4 个实验进行精度验证，分析利用生态地理分区知识库来去除伪变化，是否可以提高变化检测的精度。混淆矩阵是精度验证中常用的标准之一，也是遥感学者常用的精度验证方法。本书也将采用混淆矩阵来分析验证去除伪变化之后变化检测的精度变化。

从北京市实验区随机在变化图斑和未变化图斑中分别采样了 280 个样本点，一共 560 个样本点，约占实验区总变化图斑数的 10%。由于谷歌地球使用的是 . kml 格式，因此对于生成的 shp 格式的抽样点文件进行格式转换，转换成 . kml 格式的矢量文件，然后导入 Google Earth 并结合 TM 影像确定样本的地表真实变化情况。表 4. 16 为北京市实验区原始变化检测后的混淆矩阵，表 4. 17 为北京市实验区去除伪变化图斑后的混淆矩阵。从结果可以看出，在变化图斑的 280 个样本点，有 108 个是未变化点，只有 172 个是变化点，使用者精度才为 61. 4%，说明变化检测中过度检测的现象比较明显。在 280 个未变化样本点中，仅有 23 个是变化点，使用精度达到 91. 8%，总体精度为 76. 6%。以上说明影响变化检测精度的主要因素是把未变化的图斑检测成变化图斑，也就是变化检测后的伪变化数量过多。从表 4. 18 中可以看出，在剔除利用去伪系统识别出的伪变化之后，同样是 280 个变化样本点中，未变化图斑减少到 97 个，比去伪之前减少了 11 个图斑，使用者精度提高了 4%，总精度提高了 2. 9%。

表 4. 16　原始变化检测混淆矩阵

	变化图斑	未变化图斑	总和	使用者精度
变化图斑	172	108	280	61. 4%
未变化图斑	23	257	280	91. 8%
总和	204	356	560	
生产者精度	88. 7%	72. 2%		
总体精度	76. 6%			

表 4. 17　删除伪变化图斑后混淆矩阵

	变化图斑	未变化图斑	总和	使用者精度
变化图斑	183	97	280	65. 4%
未变化图斑	18	262	280	93. 5%
总和	201	359	560	
生产者精度	91. 4%	74. 6%		
总体精度	79. 5%			

同时，从杰克逊市实验区随机在变化图斑和未变化图斑中分别采样了350个样本点，共700个样本点，约占实验区总变化图斑数的10%。表4.18为杰克逊市实验区原始变化检测后的混淆矩阵，表4.19为杰克逊市实验区去除伪变化图斑后的混淆矩阵。从表4.18中可以看出，杰克逊实验区同样存在过度检测的现象。在350个变化样本点中，未变化的样本点达到134个，使用者精度仅为61.7%。在350个未变化样本点中，变化的样本点仅有22个，使用者精度达到93.7%。但是总精度仅为77.7%。经过分析，造成过度检测的原因主要有两点，一是由于许多耕地、草地在积水之后光谱变为湿地或者水体的光谱类似的物候因素。二是通过目视识别样本点变化的过程中，发现杰克逊地区存在大量人造林，这些人造林会在不同时间进行轮作，成熟的树木被砍伐，重新种植新的树苗，在这一过程中，会造成人造林在不同年份光谱的差异，有时呈草地的光谱，有时呈裸地的光谱，有时呈林地的光谱。这很大程度上造成了系统的误判，即过度检测。在剔除利用去伪系统识别出的伪变化之后，350个变化样本点中，变化图斑增加到231个，使用者精度提高到66.0%，总体精度达到81.3%，总精度提高了3.6%。

表4.18　原始变化检测混淆矩阵

	变化图斑	未变化图斑	总和	使用者精度
变化图斑	216	134	350	61.7%
未变化图斑	22	328	350	93.7%
总和	238	462	700	
生产者精度	90.8%	71.0%		
总体精度	77.7%			

表4.19　删除伪变化图斑后混淆矩阵

	变化图斑	未变化图斑	总和	使用者精度
变化图斑	231	119	350	66.0%
未变化图斑	12	338	350	96.69%
总和	243	457	700	
生产者精度	95.1%	74.0%		
总体精度	81.3%			

对于东南亚实验区，对谷歌地球图像的解读表明，从湿地到森林的转变几乎不存在。然而，由于用于分类的两个原始Landsat ETM图像之间的色调差异很大，如果仅采用光谱，则很容易出现误判，但这种伪变化可以通过地理生态分区规则库来识别。混淆矩阵用于分析去除伪变化后变化检测的准确性，以确定是否可以通过使用地理生态分区来消除伪变化来提高变化检测的准确性。该方法涉及在去除伪变化之后从原始地表覆盖变化图和变化检测结果图中选择变化和未变化的斑块的若干样本点。然后，利用Google Earth图像直观地解释结果的正确性。

在实验区域，从变化和未变化的斑点中随机抽取350个样本点，总共700个样本点，占实验区域变化点总数的约10%。表4.20显示了实验区域中原始变化检测的混淆矩阵，表4.21显示了在实验区域中去除伪变化斑块后的混淆矩阵。在350个样本点中，229个未变，121个变更，用户准确率仅为34.57%。该结果表明，在减去两时相土地覆盖图的变化检测中，过度检测是明显的。在350个不变的样本点中，只有15个是变化点，准确率为95.71%；整体准确率为65.14%。如表4.21所示，在消除了生态地理分区规则库所确定的伪变化后，350个样本点中未变化点的数量减少到215个，比删除伪变化前的点数减少了14个点。用户准确度提高了4%，总准确率提高了2.43%。

表4.20　原始变化检测混淆矩阵

	变化图斑	未变化图斑	总和	使用者精度
变化图斑	121	229	350	34.57%
未变化图斑	15	335	350	95.71%
总和	136	564	700	
生产者精度	88.97%	59.40%		
总体精度	65.14%			

表4.21　删除伪变化图斑后混淆矩阵

	变化图斑	未变化图斑	总和	使用者精度
变化图斑	135	215	350	38.57%
未变化图斑	12	338	350	96.57%
总和	147	553	700	
生产者精度	91.84%	61.12%		
总体精度	67.57%			

老挝实验区，对Google Earth图像的解读表明，从草地到水体的转变几乎不存在。然而，由于用于分类的两个原始Landsat ETM图像之间的色调差异很大，如果仅采用光谱，则很容易出现误判，但这种伪变化可以通过地理生态分区规则库来识别。混淆矩阵用于分析去除伪变化后变化检测的准确性，以确定是否可以通过使用地理生态分区来消除伪变化来提高变化检测的准确性。该方法涉及在去除伪变化之后从原始土地覆盖变化图和变化检测结果图中选择变化和未变化的斑块的若干样本点。然后，利用Google Earth图像直观地解释结果的正确性。

在实验区域，从变化和未变化的图斑中随机抽取325个样本点，总共650个样本点，占实验区域变化点总数的约10%。表4.22显示了实验区域中原始变化检测的混淆矩阵，表4.23显示了在去除实验区域中的伪变化斑块后的混淆矩阵。在325个变化样本点中，213个未更改，112个更改，用户准确率仅为34.46%。该结果表明，在减去两时相土地覆盖图的变化检测中，过度检测是明显的。在325个未变化的样本点中，只有14个是变化点，准确率为95.69%；整体准确率为65.08%。如表4.23所示，在消除了地理生态分区规则库所确定的伪变化之后，325个采样点中未变化点的数量减少到200个，比伪变化去除之前减少了13个点。用户准确度提高了3%，总准确率提高了2.46%。

表4.22　原始变化检测混淆矩阵

	变化图斑	未变化图斑	总和	使用者精度
变化图斑	112	213	325	34.46%
未变化图斑	14	311	325	95.69%
总和	126	524	650	
生产者精度	88.89%	59.35%		
总体精度	65.08%			

表4.23　删除伪变化图斑后混淆矩阵

	变化图斑	未变化图斑	总和	使用者精度
变化图斑	125	200	325	38.46%
未变化图斑	11	314	325	96.62%
总和	136	514	650	
生产者精度	91.91%	61.09%		
总体精度	67.54%			

利用混淆矩阵对北京市、杰克逊市、东南亚及老挝实验区去伪前后的变化检测精度做了验证并进行了分析。从表4.24可以看出，去除伪变化后，精度最多可以提高3.6%，可见通过剔除生态地理分区知识库识别出的伪变化，可以提高变化检测的精度。

表4.24　去伪前后精度对比

序号	实验区	原始精度	去伪后精度	精度提高
1	北京市	76.6%	79.5%	2.9%
2	杰克逊市	77.7%	81.3%	3.6%
3	东南亚	65.14%	67.57%	2.43%
4	老挝	65.08%	67.54%	2.46%

第 5 章　基于众源数据的在线伪变化检测

利用众源数据对地物变化进行自动检测是目前的研究热点，也是有效评价伪变化程度的重要方式，此方面的研究还处于起步阶段。利用众源数据挖掘的方式，将变化图斑通过成熟的网络地理服务发布出去，自动采集不同地区的业余人员所熟悉地域范围之内变化图斑的众源评价数据，然后通过综合离线的生态地理分区知识库和在线众源数据对伪变化程度进行综合评价，在文献中还尚未有所研究。通过构建地表覆盖变化图斑信息网络服务，将变化图斑矢量数据按照 OGC 的标准在网络平台上发布出去，可以获取网络用户的海量评价数据。基于这些当地用户的经验知识所产生的众源评价数据，可以建立用户到变化图斑之间的伪变化连接关系图。然后，采用机器学习中的超文本引导主题搜索（Hyperlink-induced Topic Search，HITS）算法对这样一种二分图数据做进一步计算，就可以得到每个变化图斑的伪变化程度值。

综合离线和在线方式对每一个变化图斑评价的伪变化程度值，设计规则确定最终的伪变化图斑。设计开发统一的离线与在线去伪变化平台，最终获得地表覆盖的变化产品。

5.1　众源数据获取与利用

自互联网普及以来，地理信息呈现指数级增长（Carver et al.，2001），产生了大量的地理信息数据。特别是由于定位技术的重大进步及 Web2.0 技术的广泛普及，出现了普通公民被动或者主动采集并贡献大量地理数据的趋势，这种自下而上的数据获取方式与传统的自上而下的数据采集模式相反。同时，这一趋势还在不断扩大，因为现在任何信息几乎都可以进行地理标记（Hudson-Smith et al.，2009）。

面对这种由公众持续产生的地理数据，来自不同领域的学者逐渐意识到这些数据对地理空间信息的意义。关于如何描述这种由用户创建的地理空间内容，早期的研究出现了许多不同的术语，例如，众包（Bishr and Mantelas，2008）、协作贡献地理信息（Carver et al.，2001；Goodchild，2008）、基于网络的公众参与地理信息系统等。其中，Goodchild 在 2007 年提出了自发地理信息（VGI），并明确给出了由未受过地理、制图或相关领域学科训练的公民自愿创建地理空间数据这一概念（Feick and Roche，2013）。尽管这些研究有着各自的侧重点，但它们都有着一些共同的理念和关键字，例如，公众参与、Web2.0、自愿等，且都认为由大量用户在 Web2.0 技术的帮助下生成地理空间信息是这一数据形式的关键点。

众源地理数据这一概念是由众源理念发展而来。*Wired* 杂志记者 Howe 在 2006 年提出了众源这一概念，用它来描述一种在“外包”基础上发展而来的新商业模式。众源地理数据则一般定义为由大量非专业人员主动或者被动获取的一种开放地理空间数据（李德仁和钱新林，2010）。具有代表性的众源地理数据既包括来自网上地图协作计划平台的 Open

Street Map 数据、各类社交网站（如微博、Instagram 等）上的社交媒体签到数据，也包括人们的手机信令数据，浮动车 GPS 轨迹数据。这类众源地理数据蕴含着丰富信息和知识，但在挖掘和利用之前往往需要经过相应的处理（Goodchild and Glennon，2010）。众源地理信息的发展和大众对地理信息的需求是相辅相成的，随着大众对于带有空间位置信息数据的熟悉和其需求的增加，众源地理数据在今后的社会发展中将扮演越来越重要的角色。例如，社交媒体签到数据具有丰富的地理信息和语义信息，对研究社会群体的地理空间分布、城市的空间结构及功能区分布具有重要的研究价值（Jia et al.，2019）。

目前，众源地理数据的处理研究主要集中在数据质量分析与评价，为后续提供完整、准确、可靠的数据以进行众源地理数据的应用。众源地理数据由非专业的用户获取，不同用户、不同时间、不同地点采集的众源地理数据和经过大量不同用户编辑的众源地理数据具有不同的质量。这种众源地理数据来源广泛的属性决定了其数据质量具有较高的不确定性，为此使用时需要充分考虑其完整性、准确性和可靠性（Haklay，2013；李德仁，2016）。

众源地理数据具有体量大、更新快、类型多、潜在价值大等特征（彭雨滕等，2018），因此在众源地理数据的存储管理上，横向扩展的数据库越来越多地被用于追踪大体量、高速度的空间数据流，非关系型数据库的分布式存储与并行化处理机制也可以用来实现数据的集成融合与存储管理。例如，NoSQL 数据库可以用来存储和处理非结构化的空间大数据，Redis 键值数据库非常擅于存储和处理地理空间计算所需的坐标信息。此外，在众源地理大数据的处理上，伴随着高性能计算机等硬件技术的发展，Apache Hadoop 作为一种处理大数据常见的方法和框架，以批处理的方式运行数据处理任务，但是对于实时众源地理数据，则需要采用来自 Twitter 公司的 STORM 开源框架，可以可靠的处理无限的数据流并实时处理 Hadoop 的批任务。

众源地理数据的利用领域比较广泛，例如，在突发灾害领域，众源地理数据因具备现势性强、更新快、价值高等特点，往往能在恶劣或极端环境中更快的采集到灾情信息，为灾害发生后的应急处理提供帮助；在公众管理领域，利用众源地理数据丰富的空间信息和语义信息，可以为土地管理、城市管理、旅游管理提供解决方案和决策支持（王守成等，2014）；在商品零售领域，梅西百货连锁店利用位置感测技术为顾客提供更好的店内体验，从而与电商网站进行竞争；在交通运输领域，追踪 10 万艘海轮上大约 2100 万个集装箱的运输情况，利用机器学习算法来优化集装箱的运输路线，可以为承运商节省成百上千万美元；在广告推荐领域，基于 Foursquare 的地理标签解决方案，美国运通根据购买记录和位置向客户发送促销信息；在娱乐领域，Pokerman Go 将虚拟空间叠加到现实世界中，可以带来引人入胜的增强现实（AR）体验；在新闻媒体领域，记者和媒体人员可以利用 Open Street Map 等众源地理数据来帮助他们报道引人注目的故事等。

5.2　一种基于众源数据和 HITS 思想的伪变化检测方法

遥感影像变化检测中，由于前、后时相影像受成像时间差异、相对辐射校正精度、配准精度、变化阈值选择不恰当等因素影响，变化信息专题图中存在伪变化信息。

在基于变化检测地表覆盖更新中，一般可以分为3种类型的伪变化。第一种伪变化是由于前后两期影像图像分割误差所造成，一般为噪声类伪变化，具有较小的图斑面积，可以通过设定面积阈值进行滤除。第二种伪变化是前后两期的地物类型发生了变化，但是由于分类错误导致变化类型错误。第三种伪变化是由于物候、生态等原因，前后两期的地物类型并未发生变化，但是由于分类错误导致发生了变化。针对后两种伪变化信息，目前还没有可靠度较高的方法进行检测，一般需要结合实地验证与实验室算法验证相结合的思路进行，例如，首先采用基于影像像元值的相关算法（如通过计算 NDVI）（赵忠明等，2014）或者基于生态地理的专家知识库等方法进行去除（陈旭，2017），然后通过实地进行验证。可见，这一伪变化检测结果受制于变化检测算法的制约，且针对不同类型的地物变化，缺少精度较高的统一方法。

为此，本章提出一种基于众源地理数据和 HITS 思想的伪变化检测方法。该方法需要将伪变化图斑以地图服务的形式在在线平台发布出去，然后收集众源用户对伪变化图斑的评价信息，最后利用 HITS 算法计算伪变化图斑的伪变化程度值。针对伪变化程度值较高的图斑，再通过实地进行验证，确定其正确变化类型或者未发生变化，并更新地表覆盖数据。由于地表覆盖数据的更新往往涉及大量人员与机构，大多数情况下整个更新过程持续周期长且跨越不同的地理位置，所以在对这个在线平台进行设计时，需要考虑设计的一致性（Chen et al.，2015）。在具体的功能设计上，通过从参与数据更新整个过程的用户角度分析，四类用户均需要一定的基本功能，如数据查询、地图显示、空间定位等。同时还要针对四类用户所要完成的任务进行一些特殊的功能设计，如与辅助数据进行比较从而方便管理人员进行数据检查。概况而言，在线平台的四类角色功能需求可用图5.1进行表示。

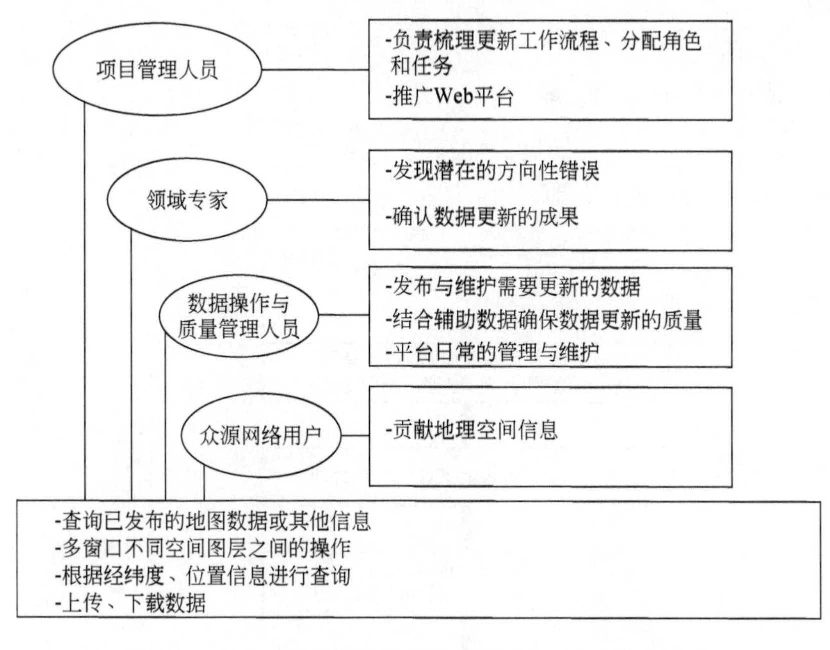

图5.1　基于众源数据的伪变化检测平台用户角色设计图

基于众源数据的伪变化检测所采用的算法是超文本引导主题搜索（HITS）算法。这一算法最早应用于根据一组文档中的链接信息对文档进行排序，被大多数搜索引擎网站所采用，已被证实为一种经典且有效的方法。该算法的基本思想是一个高级别的枢纽节点（Hub）往往指向其他许多文档节点，而一个高质量的权威节点（Authority）是由许多文档节点所指向的。进一步讲，枢纽节点和权威节点是一种相互促进、相辅相成的关系，也就是说一个高级别的枢纽节点往往指向许多高级别的权威节点，而一个高级别的权威节点往往由许多高级别的枢纽节点所指向。

下面进一步阐述 HITS 算法的流程图，如图 5.2 所示。HITS 算法一般使用 Hub 值和 Authority（Auth）值来分别表示一个节点的枢纽性和权威性。Hub 值和 Authority 值在相互递归中互相更新，在每一次算法迭代中，包含以下两个基本步骤：第一步是 Authority 值的更新，也就是将每个节点的 Authority 值更新为与它有连接关系节点的 Hub 值之和；第二步是 Hub 值更新，也就是将每个节点的 Hub 值更新为与它有连接关系节点的 Authority 值之和。这里假设存在有向图 $G(V, E)$，V 是节点集合，E 是有向边的集合，若 m，n 属于 V，且有向边（m，n）属于 E，则可以说明节点 m 与 n 存在有向连接关系；m 的出度值为 m 节点指向其他节点的节点总数，节点 n 的入度值为指向 n 节点的节点总数。如果每个节点 p 的 Authority 值记为 $a(p)$ 且 Hub 值记为 $h(p)$，那么在每一次迭代中存在如下计算过程：

（1）计算节点 m 的 Authority 值，即

$$a(m) = \sum_{(m,n) \in E} h(n) \tag{5.1}$$

（2）对 $a(m)$ 进行规范化，即

$$a(m) = a(m) / \sqrt{\sum_{q \in n} [h(q)]^2} \tag{5.2}$$

（3）计算节点 n 的 Hub 值，即

$$h(n) = \sum_{(m,n) \in E} a(m) \tag{5.3}$$

（4）对 $h(n)$ 进行规范化，即

$$h(n) = h(n) / \sqrt{\sum_{q \in m} [a(q)]^2} \tag{5.4}$$

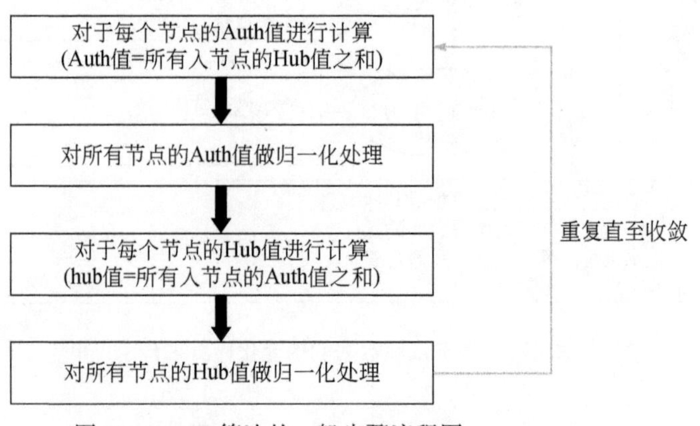

图 5.2　HITS 算法的一般步骤流程图

一般情况下，要取得稳定的 Hub 值或者 Authority 值，需要对式（5.1）和式（5.3）反复进行迭代计算，直至算法收敛。算法的收敛一般通过设定一个很小的阈值。例如，将阈值设为 10^{-5}，则如果前后两次的所有节点的 Hub 值或者 Authority 值之差都小于阈值，则算法判定为收敛。

在本章中，我们将 HITS 算法应用在基于众源数据的伪变化图斑检测中。为此，首先需要建立众源用户到变化图斑之间的评价连接关系二分图，如图 5.3 所示。众源网络用户作为一种类型的节点且它们之间没有关联，变化图斑作为另一种类型的图节点且它们之间也没有关联，而这两类节点之间存在着伪变化评价联系，即，一个伪变化程度高的变化图斑更容易被经验丰富的用户给出较高的伪变化程度值，而一个经验丰富的用户对变化图斑做出的伪变化程度值评价也更可靠。

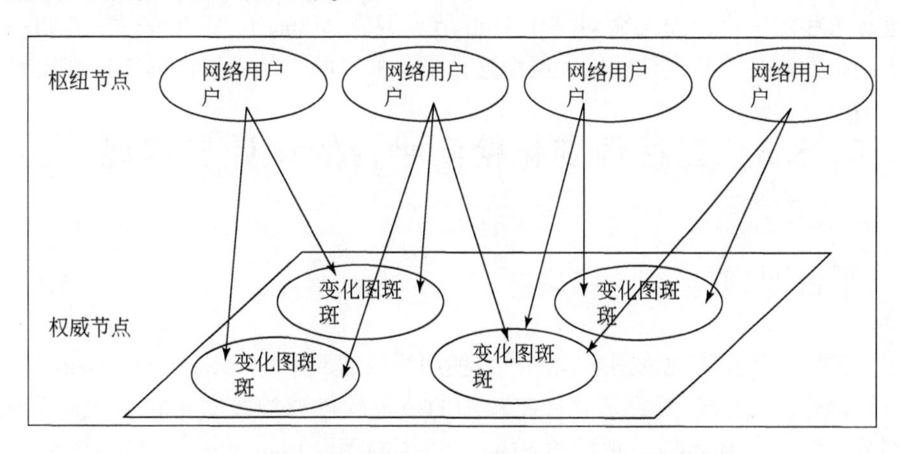

图 5.3 一个众源网络用户 - 变化图斑二分网络示意图

基于网络用户与变化图斑之间的这种二分网络，本书通过引入 HITS 算法的思想来计算网络用户的 Hub 值及变化图斑的 Authority 值，从而判断图斑的伪变化程度，找出最有可能的伪变化图斑。网络用户不仅对变化图斑做出评价，还会依据自身的经验知识根据变化图斑的伪变化可能性给出一个量化的伪变化程度评分。在二分网络中，网络用户对变化图斑的伪变化程度评分值为这条有向边上的权重值。权重越高，变化图斑的伪变化可能性越大，权重越低，变化图斑的伪变化可能性越小。为此，本书利用加权的 HITS 算法来对变化图斑进行伪变化程度值的定量检测。

为了描述这个算法，需要定义一个加权网络矩阵 W，它的元素 W_{mn} 表示 Hub 节点 m 对 Authority 节点 n 做出的伪变化程度评分值。根据 HITS 算法的基本原理，节点在有限的迭代次数内符合以下定义：

$a(m)$ 是节点 m 的 Authority 值，即

$$a(m) = \sum_{(m,n) \in E} h(n) \times W_{mn} \tag{5.5}$$

对 $a(m)$ 进行规范化后得

$$a(m) = a(m) / \sqrt{\sum_{(m,q) \in E, q \in n} [h(q) \times W_{mq}]^2} \tag{5.6}$$

$h(n)$ 是节点 n 的 Hub 值，即

$$h(n) = \sum_{(m,n) \in E} a(m) \times W_{mn} \tag{5.7}$$

对 $h(n)$ 进行规范化后得

$$h(n) = h(n) / \sqrt{\sum_{(m,q) \in E, q \in m} [a(q) \times W_{mq}]^2} \tag{5.8}$$

该算法的收敛条件等同原始的 HITS 算法，即所有节点前后两次 Hub 值和 Authority 值的变化小于某个设定的阈值。采用加权的 HITS 算法很重要的一个原因是加权的 HITS 算法比原始的 HITS 算法更容易找出头部 Hub 节点和 Authority 节点的差异，这让伪变化程度值高的变化图斑和经验丰富的网络用户更容易被发现。需要注意的是，为了提高算法的运行效率，使算法尽快收敛，本章对算法的规范化做了以下改进，即在算法每一次的迭代计算中，按照式（5.6）与式（5.8）对 Hub 值和 Authority 值进行规范化，从而只需要对与自身有连接的节点进行求和归一化，而无需对整个 Hub 节点或者 Authority 节点进行求和归一化，达到利用小网络的连接关系代替整体大网络连接信息的目的，从而提高网络计算效率。

5.3　在线伪变化检测平台的设计与实现

5.3.1　平台架构

基于众源数据伪变化地物图斑检测平台使用经典的 MVC（model-view-controller）技术架构进行设计开发。MVC 模式是软件工程中的一种软件架构模式，它将软件系统分为 3 个基本部分：模型（Model）、视图（View）和控制器（Controller）。其中模型（Model）负责实现平台的功能和对数据的管理，视图（View）负责图形界面的设计与展示，控制器（Controller）负责转发请求，对请求进行处理。图 5.4 显示了基于众源数据伪变化地物图斑检测平台的技术架构图。与 MVC 体系结构相对应，平台的技术体系结构可分为三层：用户层、应用层和数据层。

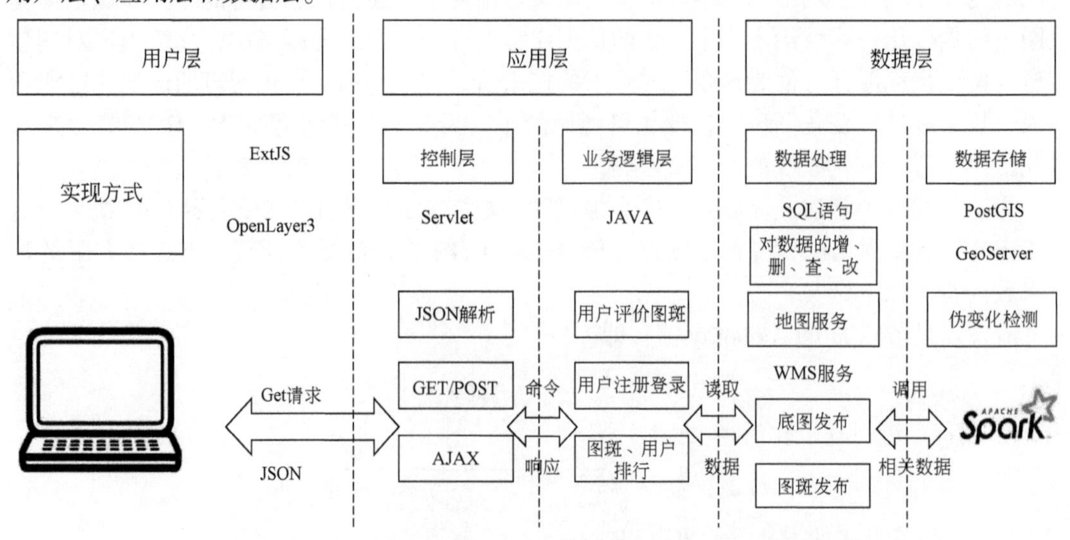

图 5.4　基于众源数据伪变化地物图斑检测平台技术架构图

1. 用户层

用户层是MVC架构中的View层，这一层主要实现用户与平台之间的各种交互操作，地图、变化图斑的可视化展现及用户层与应用层的数据请求，所运用的详细技术包括ExtJS、OpenLayers3及Ajax等技术。

2. 应用层

应用层对应着MVC架构中的Controller层，这一层由于是用户层与数据层之间的桥梁，所以是整个平台的核心组件。首先，它接收来自用户层的请求，并根据请求类型完成具体业务逻辑处理；其次，应用层与数据层对接，完成一系列数据操作。

3. 数据层

数据层对应着MVC架构中的Model层，这一层通过为整个平台提供数据处理及存储的服务来扮演数据支撑的角色。数据层使用GeoServer来完成地图相关的发布，使用SQL语句完成业务逻辑的数据操作，利用PostgreSQL实现数据的存储。

5.3.2 数据库设计与实现

数据库使用PostgreSQL，PostgreSQL是小型关系型数据库管理系统的代表。PostgreSQL广泛应用于互联网上的中小型网站，其主要特点是开源、轻量、速度快，另外由于有PostGIS扩展，与MySQL相比，其在空间数据的存储与处理上具有显著的优势。开发人员可以通过PostGIS空间扩展直接将空间地理数据导入数据库，生成相应的表文件，如图5.5所示。此外，研究使用的空间数据总量在PostgreSQL数据负载上限之内。这些都成为平台选择PostgreSQL+PostGIS作为后端数据库的理由。

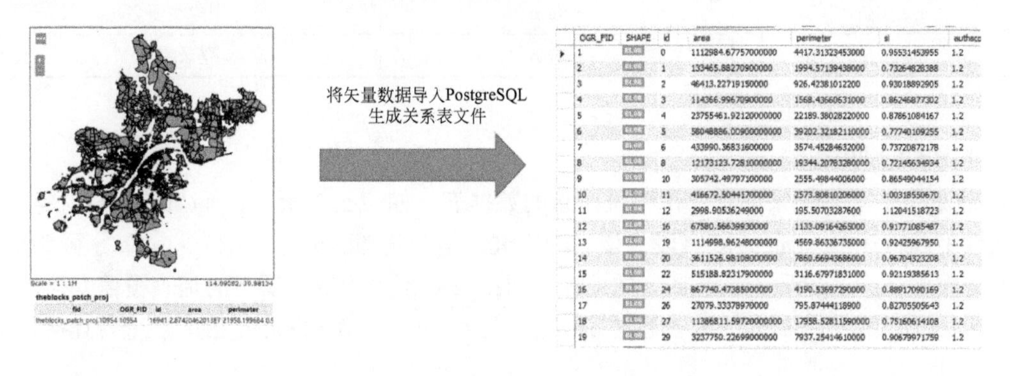

图5.5　将矢量数据导入PostgreSQL生成表文件

基于众源数据伪变化地物图斑检测平台的数据库结构图如图5.6所示。由图5.6可知，数据库总共包含6张表，分别是：tag_action表、user_info表、user_hub表、patch_info表、patch_auth表、rarefaction表。

1. user_info表

user_info表用来记录众源网络用户的基础信息。如表5.1所示，user_info表中包含3

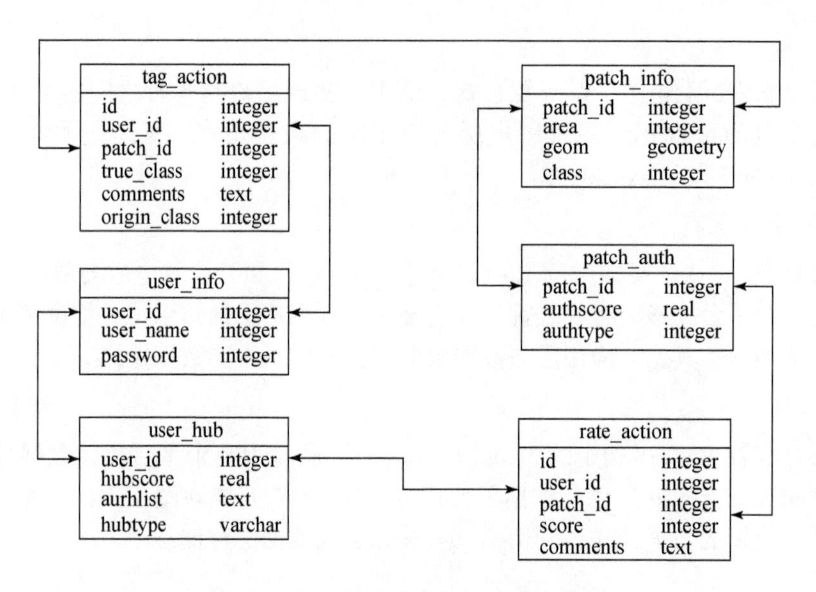

图 5.6　平台数据库表结构及其关系图

个属性字段。其中，user_id 字段为表的主键，是网络用户的唯一编码；user_name 字段为用户的名字；password 字段保存用户的登录密码。由图 5.6 可知，user_info 表通过 user_id 字段与 user_hub 表和 tag_action 表进行连接。

表 5.1　user_info 表

字段名称	字段类型	字段注释
user_id	integer	序号
user_name	varchar	用户注册名
password	varchar	登录密码

2. patch_info 表

patch_info 表是用来记录变化图斑信息的数据表。如表 5.2 所示，patch_info 表中包含 4 个属性字段。其中，patch_id 字段为该表的主键，是变化图斑的唯一编号；area 字段为变化图斑的面积；geom 字段为变化图斑的地理范围；class 字段为变化图斑的地表覆盖变化类型。由图 5.6 可以知道，patch_info 表通过 patch_id 与 tag_action 表和 patch_auth 表进行连接。

表 5.2　patch_info 表

字段名称	字段类型	字段注释
patch_id	integer	图斑序号
area	integer	用户姓名
geom	geometry	地理范围
class	integer	地表覆盖分类

3. tag_action 表

tag_action 表是用来存储用户对变化图斑类型的标注信息表。如表 5. 3 所示，tag_action 表中包含 6 个属性字段。其中，id 为该表的主键，代表一条网络众源用户对变化图斑的评价；user_id 是网络众源用户的编码；patch_id 是变化图斑的编码；true_class 是用户判断该图斑的地表覆盖类型；comments 是用户的文字补充内容；origin_class 是该图斑初始的地表覆盖类型。由图 5. 6 可以知道，tag_action 表通过 patch_id 与 patch_info 表进行连接，以及通过 user_id 与 user_info 表进行连接。

表 5. 3 tag_action 表

字段名称	字段类型	字段注释
id	integer	序号
user_id	integer	用户序号
patch_id	integer	图斑序号
true_class	integer	实际地表覆盖类型
comments	text	文字补充
origin_class	integer	原始地表覆盖类型

4. user_hub 表

user_hub 表是用来存储用户质量与行为的信息表。如表 5. 4 所示，user_hub 表中包含 4 个属性字段。其中，user_id 为该表的主键，是网络用户的唯一编码；hubscore 为用户的 Hub 值评分；authlist 为用户点评过的图斑记录列表；hubtype 代表用户类型的标记。由图 5. 6 可以知道，user_hub 表通过 user_id 与 user_info 表和 rate_action 表进行连接。

表 5. 4 user_hub 表

字段名称	字段类型	字段注释
user_id	integer	序号
hubscore	real	用户 hub 分
authlist	text	评价记录
hubtype	varchar	标记

5. patch_auth 表

patch_auth 表是用来记录图斑得分的信息表。如表 5. 5 所示，patch_auth 表中包含 3 个属性字段。其中，patch_id 为该表的主键，是变化图斑的唯一编码；authscore 为变化图斑的 Auth 值评分；authtype 代表变化图斑类型的标记。由图 5. 6 可以知道，patch_auth 表通过 patch_id 与 patch_info 表和 rate_action 表进行连接。

表 5.5　patch_auth 表

字段名称	字段类型	字段注释
patch_id	integer	序号
authscore	real	图斑 auth 分
authtype	varchar	标记

6. rate_action 表

rate_action 表是用来存储用户对变化图斑伪变化程度的评价信息表，是平台最为重要的表。如表 5.6 所示，rate_action 表中包含 5 个字段。其中，id 为该表的主键，代表一条网络众源用户对变化图斑的评价；user_id 为网络众源用户的编码；patch_id 为变化图斑的编码；score 为用户判断该变化图斑的伪变化程度值；comments 为用户针对变化评价的文字补充内容。由图 5.6 可以知道，rate_action 表通过 patch_id 与 patch_info 表进行连接，以及通过 user_id 与 user_info 表进行连接。

表 5.6　rate_action 表

字段名称	字段类型	字段注释
id	integer	序号
user_id	integer	用户姓名
patch_id	integer	登录密码
score	integer	评价分数
comments	varchar	文字补充

5.3.3　分布式计算框架

1. Hadoop 框架

Hadoop 是一个由 Apache 基金会所开发的分布式系统基础架构（图 5.7），用户可以在不了解分布式底层细节的情况下，开发分布式程序。Hadoop 框架最核心的技术包括 HDFS 和 MapReduce。HDFS 为海量的数据提供了分布式存储，而 MapReduce 为海量的数据提供了分布式运算。

2. HITS 算法的 MapReduce 分布式实现

利用 Hadoop 框架中的 MapReduce 核心技术（图 5.8），本章介绍 HITS 算法在 Hadoop 框架中的分布式实现。

首先，MapReduce 是一种编程模型与方法，它通过本身定义好的计算模型对输入数据进行分布式计算，然后得到一个输出结果。在运行一个 MapReduce 计算任务时候，任务过程一般被划分为两个阶段：即 Map 阶段和 Reduce 阶段，此外，还包含一个 Shuffle 阶段，每个阶段都是用键值对作为输入和输出。

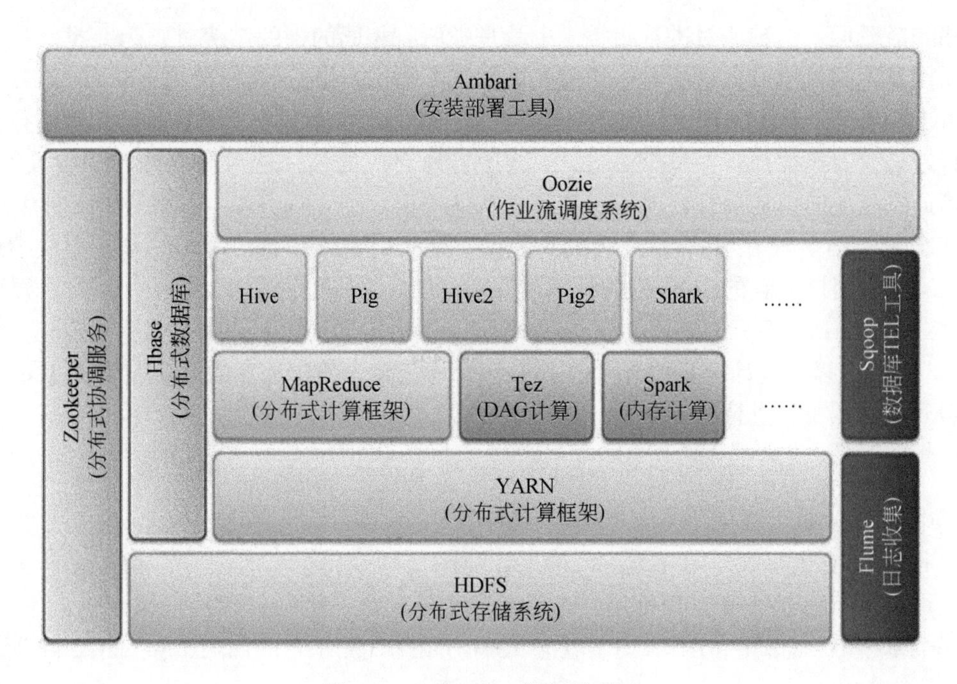

图5.7　Hadoop2.0框架示意图

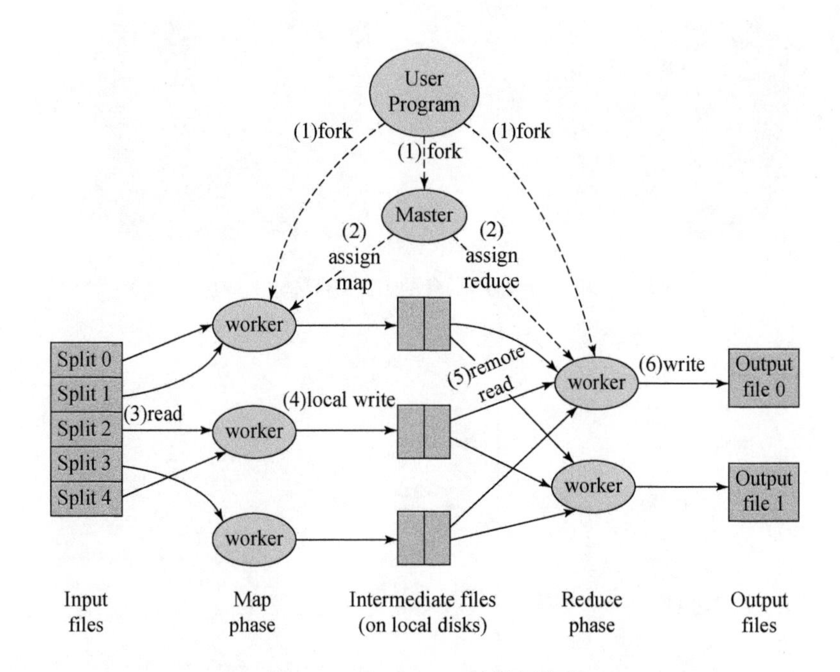

图5.8　MapReduce的运行流程

Map阶段：首先是读数据，数据来源可以是文本书件、表格、MySQL数据库等。这些数据通常是由成千上万的文件组成，也称为shards。通过调用用户实现的Mapper函数可以独立且并行地处理每个shard。对于每个shard，Mapper返回多个键值对，这是Map阶段的输出。

Shuffle 阶段：把键值对进行归类，也就是把所有相同的键的键值对归为一类。这个步骤的输出是不同的键及该键所对应的值的数据流，作为 Reduce 阶段的输入。

Reduce 阶段：通过调用用户实现的 Reducer 函数可以对每个不同的键及其值进行独立且并行地处理。具体而言，每个 Reducer 遍历键所对应的值，然后对值进行“置换”，这里置换通常指的是值的聚合或者不做处理，并把键值对写入数据库、表格或者文件中。

其次，HITS 算法在 Hadoop 平台的实现主要是采用 MapReduce 核心技术来完成图斑的 Authority 值和用户节点的 Hub 值的计算。一般而言，一次完整的 HITS 的迭代需要两次 Map/Reduce 操作。第一次 Map/Reduce 操作是计算相关节点的 Authority 值并规范化，第二次 Map/Reduce 操作是计算相关节点的 Hub 值并规范化。值得注意的是，在使用 Map 操作之前需要对数据重新进行组织变换，如下所示：

```
<Node><type-of-in-out><value-of-hub-or-authority><list>
```

其中，Node 表示变化图斑或者网络评价用户；type-of-in-out 标识 node 类型，为“I”则表示 node 为变化图斑，用 Authority 值来评价图斑的变化，为“O”则表示 node 为网络评价用户，用 Hub 值来度量评价用户的评价可行性；list 为 node 评价或被评价的 node 链表。一个基于 Hadoop 平台的 HITS 算法输入输出及伪代码示意图如图 5.9 ~ 图 5.11 所示。

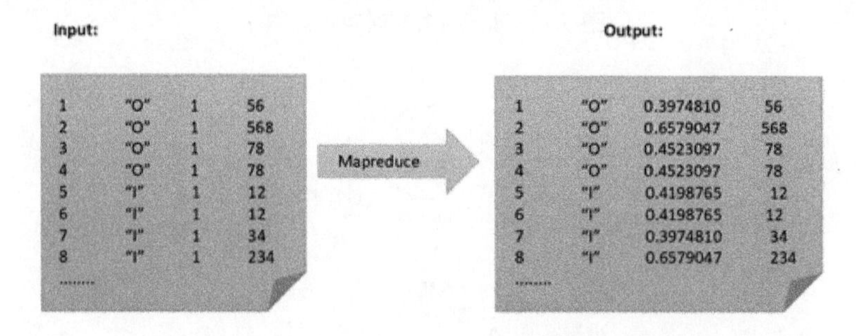

图 5.9　基于 Hadoop 平台的 HITS 算法输入输出图

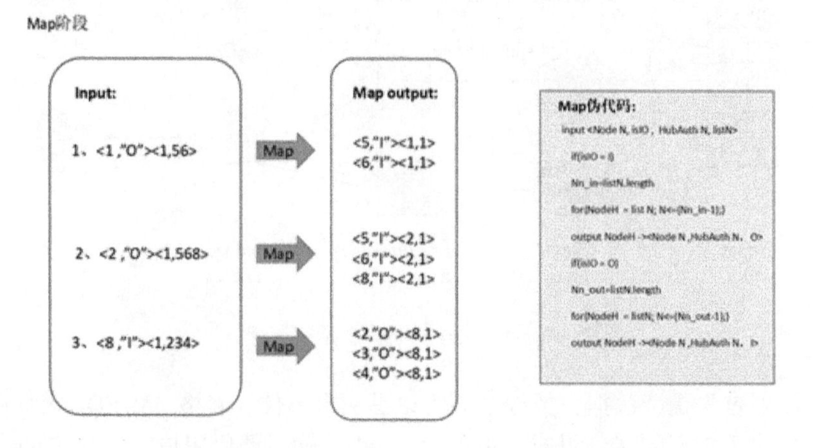

图 5.10　Map 阶段输入、输出及伪代码示意图

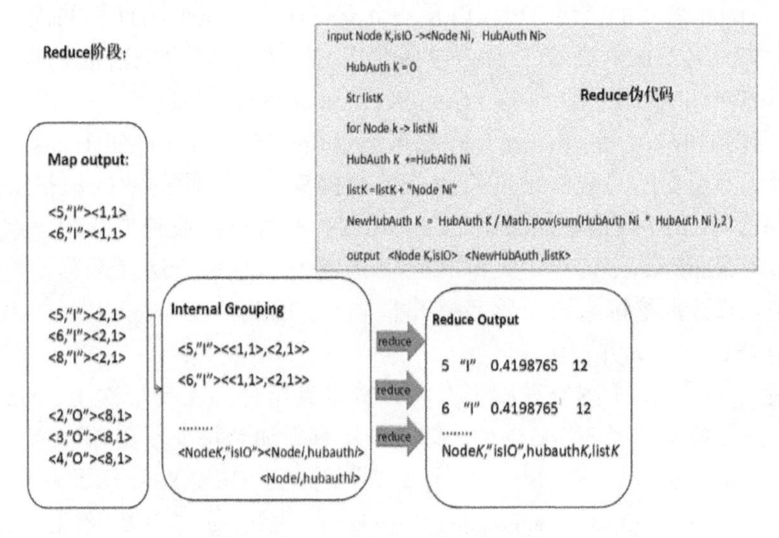

图 5.11 Reduce 阶段输入、输出及伪代码示意图

第三，在图斑伪变化检测的过程中，评价分值对图斑的置信度起着关键作用。基于评价分值加权的 HITS 算法在每次迭代循环中，把权重作为乘法因子输入到 Hub 与 Auth 值的更新中，具体如图 5.12 所示。

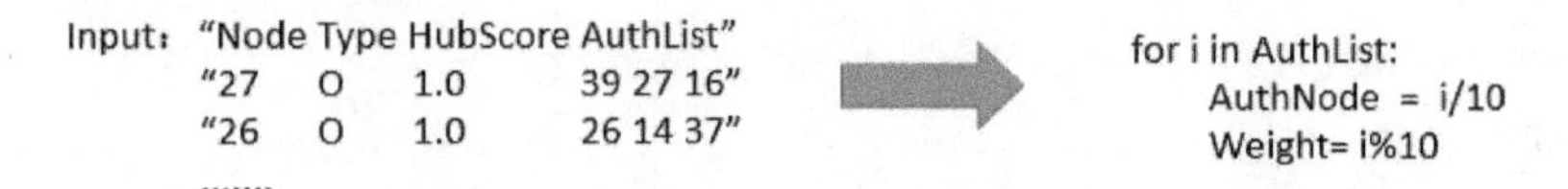

图 5.12 基于 Hadoop 平台的加权 HITS 算法迭代代码

3. HITS 算法的 Spark 并行式实现

如图 5.13 所示，ApacheSpark 是一个快速的、多用途的集群计算系统，它提供了

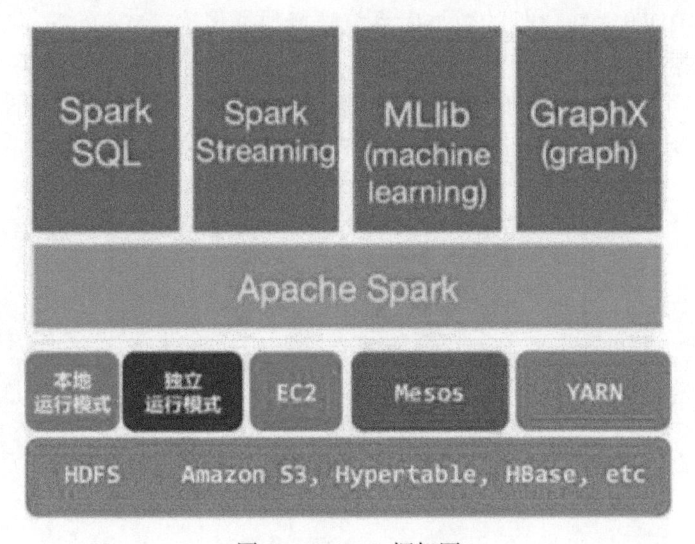

图 5.13 Spark 框架图

Java、Scala、Python 和 R 的高级 API，以及一个支持通用的执行图计算的优化引擎。除此之外，它还支持一组丰富的高级工具，包括使用 SQL 处理结构化数据处理的 SparkSQL，用于机器学习的 MLlib，用于图计算的 GraphX 及 Spark Streaming。

Spark 编程模型的核心是弹性分布式数据集（Resilient Distributed Dataset，RDD），它表示已被分区、不可变的并能够被并行操作的数据集合，不同的数据集格式对应不同的 RDD 实现。每次对 RDD 数据集的操作之后的结果，都可以存放到内存中，这种基于内存的操作可以节省 MapReduce 计算中大量的磁盘 IO 操作，这对于迭代运算比较常见的机器学习算法及交互式数据挖掘来说，效率提升非常大。因此，以 GraphX 组件为例，本章介绍 HITS 算法在 Spark 上的并行实现。

GraphX 是 Spark 中用于图形和图形并行计算的新组件。在高层次上，GraphX 通过引入一个新的图形抽象来扩展 Spark RDD，即一种具有附加到每个顶点和边缘的属性的定向多重图形（Vertex and Edge RDDs）。为了支持图计算，GraphX 公开了一组基本运算符（包括 subgraph、join Vertices 和 aggregate Messages）及 Pregel API 的优化变体。在这里，HITS 算法的 Spark 实现关键是采用了 GraphX 组件中的 aggregateMessages 运算符，具体表示如下：

```
defaggregateMessages[Msg:ClassTag](
sendMsg:EdgeContext[VD,ED,Msg]=>Unit,
mergeMsg:(Msg,Msg)=>Msg,
tripletFields:TripletFields=TripletFields.All)
:VertexRDD[A]
```

4. 数据迁移

一般而言，数据（包括用户信息、图斑信息、用户评价信息等）以表的形式存储在关系数据库中，如何将关系数据库中的数据迁移到 Hadoop 的分布式系统中进行计算处理成为需要解决的一个问题。

为了能够和 HDFS 系统之外的数据库系统进行数据传输，MapReduce 程序需要使用外部 API 来访问数据。Sqoop 就是一个开源的工具，它允许用户将数据从关系型数据库抽取到 Hadoop 中，也可以把 MapReduce 处理完的数据导回到数据库中进行存储。Sqoop 主要工作流程如图 5.14 所示，它通过命令行语句实现定制化的数据传输任务。

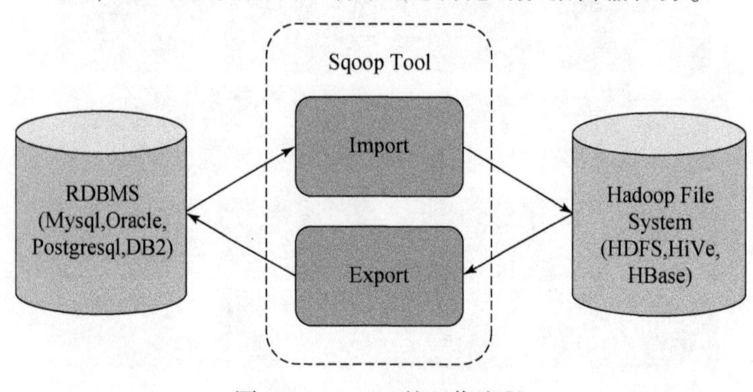

图 5.14 Sqoop 的工作流程

5.3.4　变化图斑矢量数据的发布与可视化

1. 变化图斑矢量数据的发布

GeoServer 是一款基于 Java 编写的开源 GIS 开发服务器，能帮助用户对地理空间数据进行编辑和共享，用户可以通过该软件所支持的 PostgreSQL、Shapefile、ArcSDE、MySQL 等多种数据库来创建自己的地图数据信息，并能通过该软件集成的 OpenLayers 免费地图库来快速将网络地图输出为 jpeg、gif、png、SVG、KML 等多种格式。需要指出，GeoServer 已经被开放地理空间联盟、Web 要素服务和 Web 覆盖服务作为标准参考实现。通过下载 GeoServer 的 war 文件，部署到 Tomcat 容器上，就完成了 GeoServer 的部署。

部署之后，通过新建工作区添加 PostgreSql 格式的数据源，并基于网络地图服务（web map service，WMS）规范发布出去。WMS 规范定义了 3 个操作：GetCapabilities（）返回服务级元数据，它是对服务信息内容和要求参数的一种描述；GetMap（）返回一个地图影像，其地理空间参考和大小参数是明确定义了的；GetFeatureInfo（）（可选）返回显示在地图上的某些特殊要素的信息。

2. 变化图斑矢量数据的可视化

地图数据的展示与渲染需要前端框架。OpenLayers3 简称 OL3，是一个开源的 WebGIS 引擎，使用了 JavaScript、最新的 HTML5 技术及 CSS 技术，支持 dom、canvas 和 webgl 3 种渲染方式。在可视化平台方面，不仅支持网页端，也支持移动端；在地图数据源方面，不仅支持自定义生成的不同类型瓦片地图，也支持第三方在线地图服务，如 OSM、Bing、MapBox、Stamen、MapQuest 等，还支持各种矢量地图，如 GeoJSON、TopoJSON、KML、GML 等。

基于 OpenLayer3 技术，一方面可以调用第三方地图提供商的 API 以调用在线地图作为背景图层，另一方面可以通过 WFS 规范，在数据层里获取矢量图斑数据，实现矢量数据的查询与修改。为此，这里创建一个简单的地图应用，只需在引入 OpenLayers3JS 库文件 ol3. js 及样式文件 ol3. css 后，在 html 代码段里加上简单的几句就可以实现了，如下所示：

```
<script>
//创建地图
newol.Map({
//设置地图图层
layers:[
//创建一个使用 OpenStreetMap 地图源的瓦片图层
newol.layer.Tile({source:newol.source.OSM()})
],
//设置显示地图的视图
view:newol.View({
center:[0,0],//定义地图显示中心于经度 0 度,纬度 0 度处
zoom:2//并且定义地图显示层级为 2
```

```
}),
//让 id 为 map 的 div 作为地图的容器
target:'  map'
});
</script>
```

5.4　在线伪变化检测平台的功能与测试

5.4.1　在线伪变化检测平台的功能展示

针对常规地表更新覆盖方式中的不足之处，基于众源数据的伪变化地物图斑检测平台能够利用网络用户自愿分享的经验及知识对变化图斑进行伪变化程度值的评价，并在基于加权的伪变化检测 HITS 算法基础上，结合 WebGIS、MVC 框架、PostgreSQL 数据存储、Spark 数据并行处理等技术，实现了基于众源地理数据伪变化地物图斑检测平台。

平台功能模块如图 5.15 所示，主要包括众源网络用户评价数据采集和变化图斑伪变化检测两个模块。网络用户可以根据自己对地表覆盖更新区域变化图斑的背景环境经验知识，在平台中直接输入对变化图斑的伪变化程度值及相应的文字描述，这些信息会被众源网络用户采集模块采集并存储。变化图斑伪变化检测模块则是利用基于加权的伪变化检测 HITS 算法对大量的网络用户评价数据进行并行式计算，并更新变化图斑的权威性分值和用户的中心性分值。

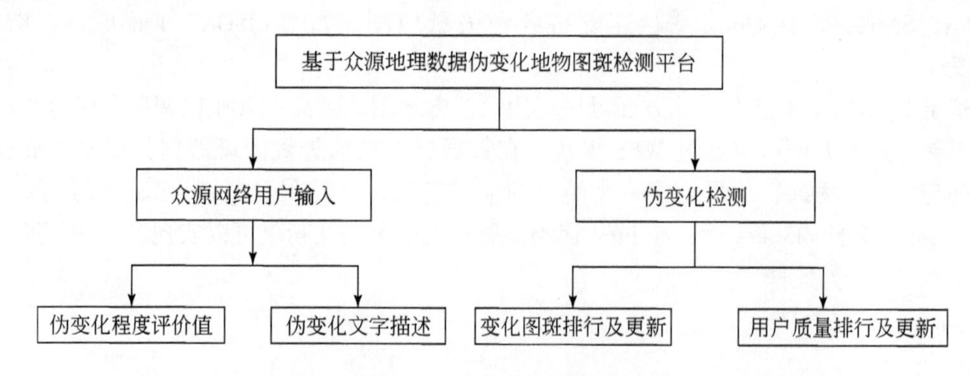

图 5.15　基于众源数据的伪变化地物图斑检测平台功能模块图

1. 众源网络用户采集模块的设计与实现

众源网络用户采集模块用于采集用户对变化图斑伪变化程度的评价数据，主要包括用户对某一变化图斑的伪变化程度值打分及一定的文字描述。

如图 5.16 所示，用户注册登录平台后，可以移动地图定位到自己所在或者自身熟悉、感兴趣的位置。地图界面总共分为两部分，左右分别为变化前后时相的遥感影像底图，变图图斑图层则覆盖在左右底图上。除了常规的底图放大缩小之外，为了帮助用户更好的根据自身的经验知识对变化图斑的变化情况进行判断，一方面，平台对底图遥感影像采取分层发布的方式，使用瓦片地图技术，不仅提升了加载速度，而且提高了清晰程度，有助于增强用户的交互体验；另一方面，平台通过增加图斑隐藏按钮，用以帮助用户更好地判断变化图斑周围地理环境的变化。

图5.16　在线平台变化图斑伪变化程度值采集界面

在此模块上，用户对变化图斑做出评价的具体步骤如下：

首先，点击某一变化图斑后弹出评价窗口，在评价窗口中首先告知用户该变化图斑的前后变化类型信息，如从湿地变化至人工地表；

其次，用户根据自身对变化图斑周围的地理环境的认识对该变化图斑是否发生地表覆盖类型的变化进行判断与评价，给出评价分值；

再次，如果用户认为变化图斑的伪变化程度值高，则给出较高分值；如果用户认为变化图斑的伪变化程度值低，则给出较低分值；

最后，用户可以在文本框中输入对该图斑变化信息的文字描述，以便于后期的文本挖掘提取伪变化程度值。

2. 变化图斑伪变化检测模块的设计与实现

变化图斑伪变化检测模块主要通过将存储在数据库中的用户评价数据导入到基于Spark技术的大数据并行处理框架，利用在Spark上实现的基于加权的伪变化检测HITS算法，完成对用户评价数据的定量挖掘分析，从而得到所有变化图斑的伪程度分值和网络用户的中心性分值。具体实现流程如图5.17所示。

在此模块上，系统管理员对变化图斑进行伪变化检测的具体步骤如下：

首先，管理员使用专业数据传送工具Sqoop将存储在PostgreSQL上的变化图斑评价数据导入到大数据分布式文件存储系统HDFS，并完成数据的去重、删除空值等预处理操作；

其次，管理员申请集群上的Spark计算资源，输入相应的参数，调用基于加权的伪变化检测HITS算法，对导入的数据进行伪变化程度值计算；

再次，管理员再次使用Sqoop工具将变化图斑的伪变化程度值及用户中心性值导入到

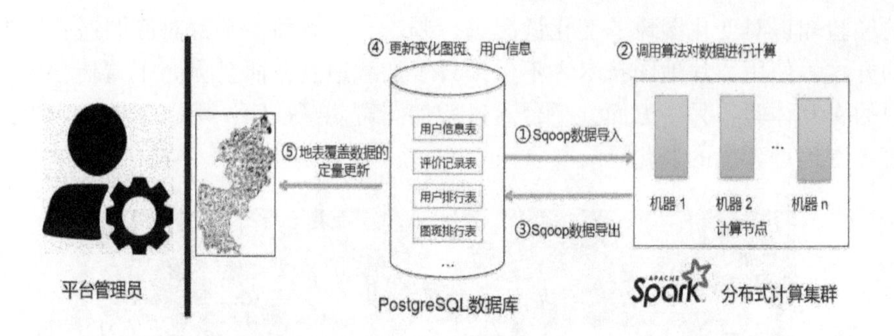

图 5.17　伪变化检测模块流程示意图

PostgreSQL 数据库，平台根据更新后的数据完成变化图斑伪变化程度分值和用户质量分值的更新；

最后，管理员分析更新后的变化图斑伪变化程度分值和用户质量分值，完成相关地表覆盖数据的增量更新。

5.4.2　系统性能测试

1. 测试环境

针对在线伪变化检测平台，需要选取足够多的数据，以验证在线平台的性能是否能够满足应用需求。为此，构建平台测试环境如表 5.7 所示：

表 5.7　在线平台测试环境列表

服务器环境：			
CPU	XeonE5-2680	内存	4G
操作系统	WindowsServer2016	Web 服务器	Tomcat
数据库	PostgreSQL		
客户端环境：			
CPU：	Corei5-4590	内存：	16G
操作系统：	Windows10	浏览器	Chrome72. 0. 3626. 121
计算集群环境：			
主节点个数	1 个	从节点个数	2 个
CPU	1 核	内存	2G
带宽	1Mbps		

2. 性能测试

随着平台的在线发布，未来势必会出现业务系统中信息大量增长的态势，因此，需要对在线平台发布之后的性能表现进行测试。具体而言，每天大数据量的访问“冲击”，系统能稳定在什么样的性能水平，系统能否经受住“考验”，这些问题需要通过一个完整的性能测试来给出答案。在这里，性能测试主要分为：在线平台压力测试和基于 Spark 分布式计算平台的 HITS 算法计算性能测试。

1）在线平台压力性能测试

在线平台发布之前，需要做压力性能测试，目的是为了测试在线平台能够达到多大的并发压力。如果不做压力测试，一旦出现较大程度的并发访问，在线平台势必会出现崩溃情况，从而影响正常运行。

在这里，采用的测试工具是 Webbench，它是 Linux 下的一个网站压力测试工具，能测试相同硬件上不同服务的性能及不同硬件上同一个服务的运行状况。Webbench 的标准测试可以向我们展示服务器的两项内容，即每分钟相应请求数和每秒钟传输数据量。

利用这个工具，我们在 1 分钟内设置不同的并发数，对在线平台进行压力测试，具体压测结果如表 5.8 所示：

表 5.8 在线平台的压测结果

指标并发数	100	300	500
每秒钟数据传输量/(bytes/s)	1195589	1211698	1214829
每秒钟响应请求数/(pages/s)	320	325	327
成功请求数	19234	19519	19599
失败请求数	0	14	72

压力测试结论表明，在线平台在并发数达到 500 时，会出现较小概率（0.3%）的失败请求，说明在线平台仍能满足研究阶段的工作需求，当然，这里主要考虑到前期用户大多为具有一定经验的专家学者及相关专业人员，因此人数相对设置较少。随着逐渐进入大量用户访问的应用阶段，仍需要通过升级部署环境的硬件性能，来提高系统的抗压能力。

2）HITS 算法的计算性能测试

采集到大量的众源用户的变化图斑评价数据后，需要进一步利用 HITS 算法对变化图斑的伪变化程度值进行定量计算。HITS 算法需要利用网络用户与变化图斑所构成的二分网络，这个网络会随着用户数量（二分网络的一种节点数目）与点评数量（二分网络的边数目）的增加而逐渐增大。因此，为了实现计算性能测试，我们模拟生成不同数量级别的随机二分网络，并利用搭建好的 Spark 集群处理这些模拟数据。

模拟生成的随机二分网络可以分为两种情况：第一种情况是保持每用户点评数量（二分网络的边）增加而网络结点不变；第二种情况是保持网络的结点数量增加而每用户点评数量不变。在多组对照实验下，可以比较得到 HITS 算法的计算性能，具体结果见图 5.18。从图 5.18 中可以看到，随着网络规模的增加，在线平台采用的基于 Spark 技术的并行式 HITS 算法计算性能较好，能够满足较大网络的计算需要。

与此同时，为了测试在线平台采用 Spark 技术框架的优势，在相同数据量与硬件条件下，我们开展实验将其与基于 Hadoop 技术的 HITS 算法的计算性能进行了对比。实验结果如图 5.19 所示，结果表明，在算法迭代次数较少时，HITS 算法在 Spark 和 Hadoop 上的性能相差不多，且主要性能消耗在程序的启动上；但是，随着迭代次数的增加，HITS 算法

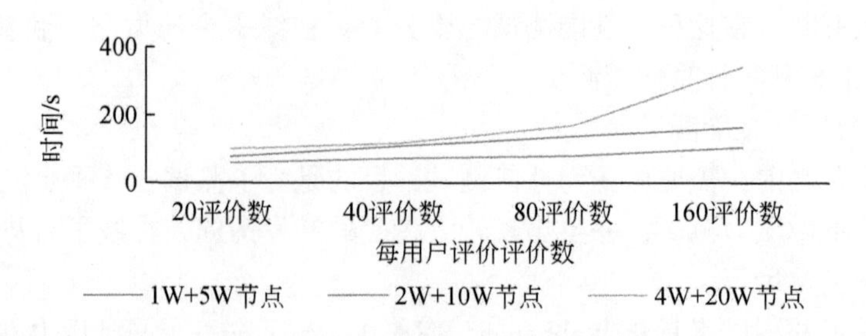

图 5.18　基于 Spark 技术的 HITS 算法计算性能测试结果

在 Spark 上的优势逐渐明显，两者之间的差异不断拉大，这主要是因为基于 Spark 技术的分布式计算框架在迭代算法上采用内存计算的优势。实验结果基本符合我们的预期，也是在线平台要采用 Spark 分布式计算框架的主要原因。

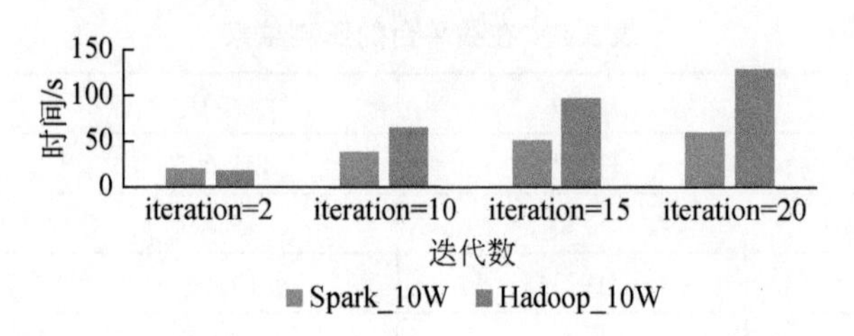

图 5.19　基于 Spark 技术与 Hadoop 技术的 HITS 算法的计算性能对比图

第6章　全球地表覆盖增量更新

及时更新的地表覆盖产品已成为全球相关研究机构和各国政府的迫切需要。增量更新指的是通过检测两期卫星影像的变化，提取出变化图斑，再将分类后的变化图斑叠加在原始地表覆盖产品上，就完成了两年间的地表覆盖产品的更新工作。首先，利用协同分割算法从图像中提取初始变化图斑；其次，利用全球生态地理分区知识库进一步识别虚假的变化斑块，提高增量更新的准确性和可靠性；最后，在变化图斑的提取过程中由几何纠正中的误差、变化检测中的模糊判断等造成的边界契合度误差，这些误差不容易被发现，目前也鲜有文章针对此问题提出解决方案，但此问题给产品更新带来的缺陷却不容忽视。为此，本章设计了去除碎片多边形的方法，力图通过提高分类精度、消除碎片多边形来减少由此带来的碎片图斑，从而提高更新后地表覆盖产品的精度和完整度。

6.1　引　　言

6.1.1　地表覆盖更新的研究现状及问题

人类和资源的可持续发展，首要的任务就是了解土地资源的变化情况。与此同时，随着社会的发展和经济的发展，人类活动对自然环境的负面影响也越来越大，全球各种环境问题日益突出，掌握详细的地表覆盖数据资料不仅可以保护和治理环境问题，还是维护国家安全，领土的重要保证。通过地表覆盖产品的更新，准确地表现出地表覆盖数据的变化，及时反映出人类的活动或气候变化对自然的影响，从而提出有效的应对措施，解决当下日益恶劣的环境问题。

地表覆盖研究的主要任务之一是提取不同时期同一区域内的地表覆盖变化数据，目的是为了根据地表覆盖近年来所发生的变化，通过这些变化趋势有效的调整人类活动，使资源更加合理应用，对自然资源的可持续发展也起到了重要的作用。同时也为地表变化，数据库更新，维护国家安全，保护本国领土，自然灾害和重大工程监理提供了有用的参考价值。

生成多时间序列地表覆盖分类图最常见方法有两种（杨小晴，2011）。一种方法是对两个或多个时相的遥感图像进行独立分类（Cayuela et al.，2006；Lung and Schaab，2006；Boentje and Blinnikov，2007；Kozak et al.，2007）。需要在每一个时相上，对每个像素进行分类标注。尽管该方法理论上很合理，但在实际操作中往往会遇到困难——研究区可能很大，地表覆盖类型可能很多，若要详尽地对每个像素进行分类标注，工作量较大又耗时；且每个独立生成的地表覆盖产品，其间的一致性难以保障，在此基础上的变化检测误差往往会累积。甚至，在多时相地图之间的轻微空间错位也将引起伪变化的检测，这将会严重影响变化检测的结果（Mas，2005）。大气、照明、植被物候、土壤湿度、卫星传感器配置及图像到地面配准精度等因素都对会最终分类结果产生影响（Yuan and Elvidge，1998）。

另一种生成多时间序列地表覆盖产品的方法是通过回溯（backdating）或更新（updating）基础地表覆盖图（Linke et al.，2008）得到变化图斑，再通过将变化图斑图层与基础地表覆盖产品进行集成（即，在基础产品上叠加通过上述回溯或更新过程获得的变化图斑图层）来实现产品更新。这种方式称为增量更新。该方法表示为

$$\text{地图 } T_n = \text{地图 } T_0 + \text{变化 } T_n - T_0 \tag{6.1}$$

式中，地图 T_n为目标年份的更新后地图产品；地图 T_0为现有的、用来进行回溯和更新的基础地表覆盖图；变化 T_n为在 T_0时间到 T_n时间内所检测出的变化要素的合集。上述两种方法中，普遍认为第二种方法更有优势（Linke et al.，2008；Mcdermid et al.，2008），因为它大大减少了需要在地图 T_n 中进行分类的像素数量，只关注那些经历了变化的像素（Mcdermid et al.，2008），通常这就意味着研究区内绝大多数的像素都不需要处理。虽然原始基础图（地图 T_0）中的分类错误将不可避免地被传递到最终成果产品，但是从独立分类（和随后集成）中引入的新错误大大减少了（Feranec et al.，2007）。

然而，对变化图斑的正确检测、图斑类型变化的逻辑合理性和变化图斑分类结果与原始地表覆盖图层的无缝集成都是影响最终产品精度的重要因素（Mcdermid et al.，2008）。更新后的地表覆盖产品的质量在很大程度上取决于两个因素：①变化检测算法准确识别变化和变化图斑类型分类的有效性；②地表增量更新与原始参考地图（地图 T_0）的集成。因此，有效的变化提取算法需要有严格标准的空间几何与分类层面上的精度。从国内外研究中已经证明图像配准误差会限制多时相变换检测算法的性能，但由于这种误差倾向于被图像的整体像素外观所掩盖，它们对栅格格式的产品产生的影响很容易被忽略。然而，在基于对象的环境中，此变化分析的方法所带来这种的误差就更明显了。因此本书在采用超像素协同分割得到变化图斑后，对变化图斑进行分类，分类后利用生态地理分区知识库去除伪变化，提高变化图斑类型识别的有效性；结合碎片多边形处理方法提高变化图斑分类图与原始地表覆盖产品的拼接契合度。通过这 3 个部分的处理，生成了更新后的地表覆盖产品，提升了产品的更新速度及产品的精度。

6.1.2　增量更新思路

对两期影像进行变化图斑的提取，然后对提取的变化图斑进行分类，利用生态地理分区规则去除伪变化图斑，最后实现前期影像的更新，具体流程图请见第 1 章图 1.3。

6.1.3　实验数据介绍

地表覆盖增量更新实验共选取两块试验区，分别使用 Landsat 卫星数据和国产高分一号卫星数据。

TM 影像实验的研究区域位于杰克逊镇，属美国怀俄明州杰克逊镇。杰克逊镇的坐标为 31°31′16″N，87°53′28″W — 31.521°N/87.891°W。实验所采用的数据分别为 2000 年和

2010年Landsat-7所拍摄的TM影像数据，分辨率为30m。影像见图3.10，地表覆盖基础图采用2000年GlobeLand30地表覆盖产品，见图6.12（a）。GlobeLand30地表覆盖产品地物共分为10类，类别代码、地物类型及颜色如表4.5所示。

国产高分一号试验区位于老挝北部地区，经纬度范围18°19′53″N，102°24′18″E—18°07′26″N，102°36′42″E。实验所采用的数据分别为2015年和2017年的国产高分一号所拍摄的WFV影像数据，分辨率为16m，现有2015年的GlobeLand30地表覆盖产品作为待更新的基础图，见图6.11（a）。实验所采用的图像为原一景影像中裁剪的一部分。

6.2 影像协同分割变化图斑提取

首先对实验数据进行预处理，再利用协同分割算法提取增量信息即变化图斑。

6.2.1 遥感图像的预处理

遥感图像在拍摄成像时，由于传感器与地面之间的距离受到大气辐射等其他外观因素的影响，会有相应的变形误差，所以不能直接进行使用，必须对遥感影像进行几何校正和辐射校正，即为遥感影像的预处理。图像的预处理就是在图像分析中对图像进行特征抽取前的处理。由于图像的采集环境不一样，例如明暗程度不同，对比度和噪声干扰的差异，距离的大小都会导致图像的质量。消除图像中的无关信息及消除干扰、噪声，恢复并增强图像的有效信息是图像与处理的目的。

图6.1为老挝实验区经过预处理后的卫星遥感影像。

(a) 2015年

(b) 2017年

图6.1　（a）2015年和（b）2017年预处理后的高分一号卫星图像

6.2.2 增量信息的获取

采用超像素协同分割提取两时相图像的变化图斑。原始遥感图像的两个阶段需要通过常规的方法（即几何预处理和辐射预处理）进行预处理，以保证后续分割的质量。之后采用协同分割算法进行增量信息的获取。美国实验区超像素协同分割结果采用第 3 章中图 3.27（d），老挝实验区的结果见图 6.2。

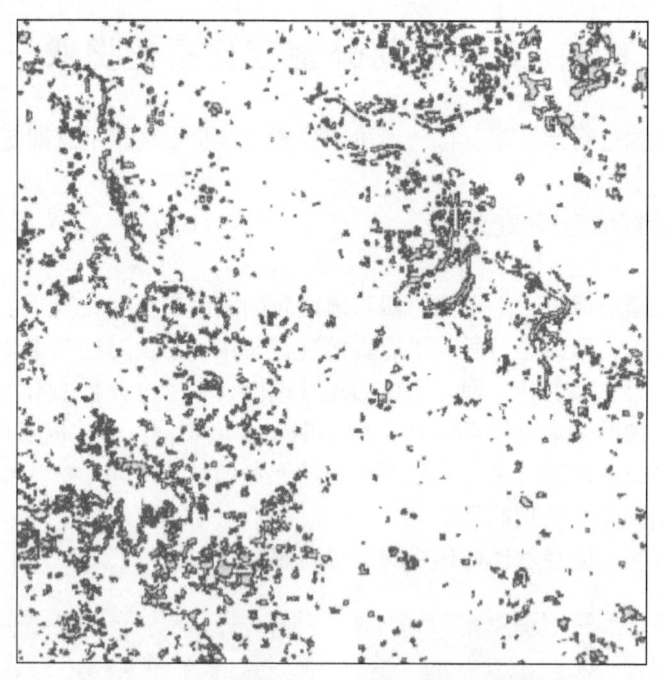

图 6.2 变化图斑（1350×1350 像素）（老挝）

6.3 变化图斑的分类

提取地表覆盖变化后的待更新影像变化部分的分类将是后续处理的下一步。地表覆盖类型根据 GlobeLand30 地表覆盖产品的类别确定（表 4.5）；使用传统的监督分类方法中的支持向量机算法，利用 ENVI 软件对实验数据进行分类。

为了减小工作量及分类的准确性，此次实验无需对整个实验区遥感图像进行分类，仅对提取出的变化图斑进行分类，这样大大减少了工作量。分类样本是基于基准年份的 GlobeLand30 产品进行，GlobeLand30 数据覆盖包括 10 种地物类别，且其分类产品的精度高达 83%，可信度非常高。分类结果如图 6.3 所示，其中图 6.3(a)为美国实验区的变化图斑分类图，图 6.3(b)为老挝实验区的变化图斑分类图。

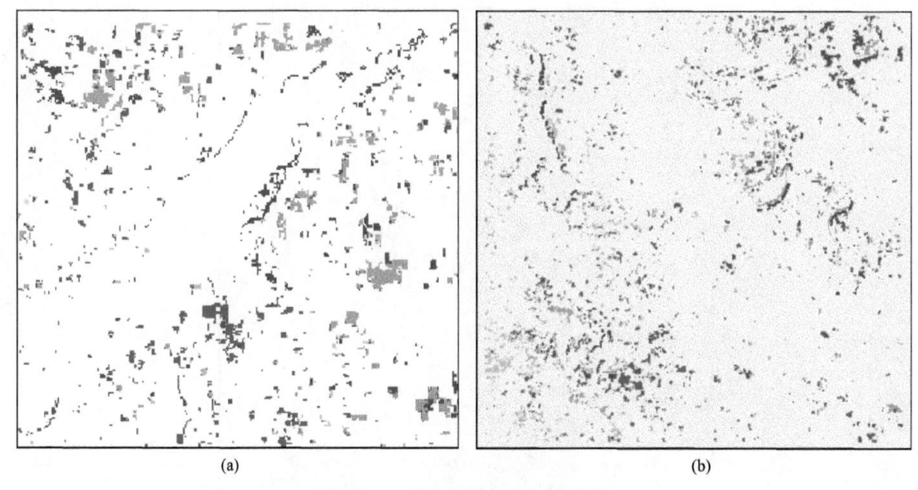

(a)　(b)

图6.3　变化图斑的分类结果

6.4　变化图斑分类图的去伪

6.4.1　基于生态地理分区知识库的伪变化识别与消除

协同分割可以获取所有潜在的土地覆盖变化区域，而不仅仅发生实际土地覆被变化的区域，因为由于检测到许多虚假变化，只有一部分潜在土地覆被变化与实际土地覆被变化相关。利用地理生态区划规则数据库，识别和消除虚假变化，提高了变化图斑的分类精度。

1. 规则的制定和表达

伪变化规则以产生式即前提和结论的形式表示，并映射到对象关系数据库中的表中。设计了一个简单的伪变量表达式。伪变化规则表示使用六位代码，即“XXXXXX”，其中前三位数字表示早期图像的土地覆盖类别，后三位数字表示新图像的类别代码。本研究使用GlobeLand30的一级类代码，如表4.5所示。表4.6～表4.12中给出了美国实验区的生态地理分区规则库中的伪变化示例。伪变化字段即六位码为具体伪变规则，这些规则是由遥感解译人员和地理专家确定。其中主要规则包括海拔、坡度、NDVI、温度、湿度、NA0413分区的特定规则、物候引起的伪变化等。

图4.10为美国地区经过生态分区后的伪变化识别后的图斑，红色为伪变化图斑。图6.4为老挝地区经过生态地理分区知识库去伪后的变化图斑分类的矢量文件。

6.4.2　碎片多边形

当提取出来的变化图斑的某一地物边界与其对应参考底图的边界不一致（或某两种变化特征的边界不契合）时，碎片多边形（sliver polygon）就产生了。在地理信息系统领域中，这种为叠加操作带来很大误差的碎片多边形得到了广泛关注。然而，在遥感领域内，

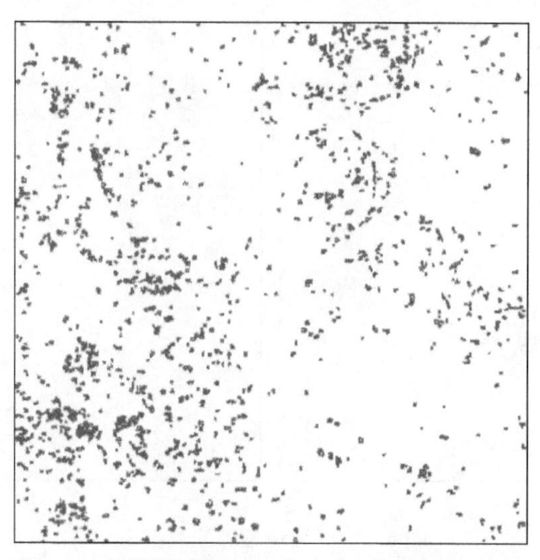

图 6.4　美国及老挝地区生态分区规则处理结果

其得到的关注甚少。

实际操作中，碎片多边形的产生是不可避免的。由于边界描绘误差所带来的碎片多边形问题会导致的伪变化的检测。这样的伪变化主要以一下 3 种形式出现：①边界不匹配碎片多边形；②零碎碎片多边形；③内部确实碎片多边形。以上 3 种情况如表 6.1 所示：

表 6.1　碎片多边形提取示例图

原始地图（土黄）	变化图斑（紫）	碎片多边形（红）
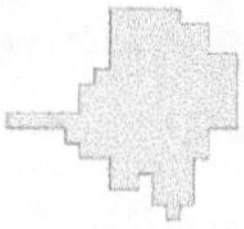	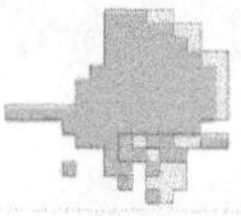	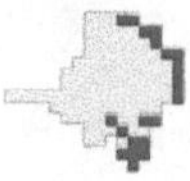
		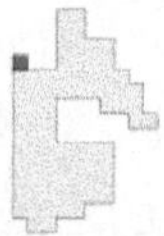
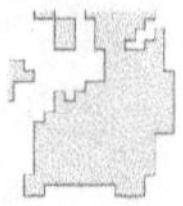	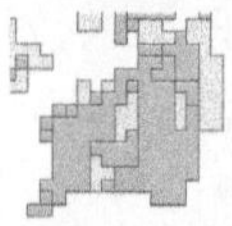	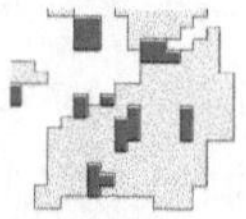

在本节中，我们举例说明了变化检测分析在实际应用中为产品更新操作所带来的挑战和局限性，揭示与空间划分错误有关的具体问题，并尝试建立一个方法框架，以求减弱或消除这些错误。

6.4.3　碎片多边形处理方法

为减弱碎片多边形给最终产品所带来的影响，在进行变化图斑提取的时候应该注意遵循以下3个原则：①提取过程中应始终以原始底图产品的边界为准；②变化特征的提取应有优先级，以此来确定操作顺序；③绘制时应定义一个最小绘图单元（minimum mapping width，MMW），从而限制伪变化的绘制所带来的误差。

1. 保证参考底图的质量

需要注意到，原始参考底图中存在的空间上或分类上的错误会影响后续的一系列操作。所以，参考底图的质量是至关重要的。如果参考底图的质量不符合标准，则有必要在进行边界调整操作之前手动纠正包含变化特征的参考对象的类别和空间属性。

参考图中任何存在于变化区域之外（静态特征）的错误都不会严重影响后续分析，因为它们在整个研究时间段内保持不变。这些静态特征的错误可能会导致对某些土地覆盖类别的过度估计，但不应该将其与检测重点相混合（Linke et al.，2011）。

2. 定义最小绘图单元

最小绘图单元是指变化地物斑块在图像上必须达到的最小宽度。最小绘图单元的大小可以通过将遥感图像叠加在参考底图对应的遥感影像上，通过目视观察人工确定。为了消除因为两期影像之间几何配准误差带来的变化检测中的伪变化，所有小于最小制图单元的变化图斑都将舍弃。边界不匹配的评估可以根据两期相关的遥感图像目视得出：如果能够判断在两期影像之间相同地物保持不变，即没有发生变化，那么所讨论的边界不匹配将构成最终时间序列上的伪变化；相反，如果某一变化地物事实上面积扩大或缩小了，那么这个边界不匹配就表明了真实的地面变化。定义较大的最小绘图单元会引起有些地物的变化会被忽略，而定义较小的最小绘图单元又会带来伪变化的影响，所以最小制图单元的大小需要权衡以确定。一旦设置了最小绘图单元，在将变化图斑与参考底图叠置，再利用邻近分析和相应宽度约束，通过对相交对象的修剪或扩展就可以自动化纠正边界匹配的问题（Townshend et al.，2012）。

虽然上述边界调节规则能够确保生成空间和时间一致的土地覆盖地图产品，但定义并遵循最小绘图单元这一操作也引入了忽略比最小绘图单元窄的变化特征的风险。然而，如果能够保证配准误差在最低限度，最小绘图单元应定义在一个合理的范围内（Linke et al.，2009；Loveland，2002）。

3. 碎片多边形处理方法

碎片多边形将在变化整合时导致细碎斑块的产生。为了在研究区域获取几何精确得时间序列的验证图层，需要从土地覆盖图中处理掉碎片多边形图斑。本书通过ArcMap10.2中的工具箱中的一系列工具来完成这项工作。方法的核心在于将失配区域通过裁剪或拉伸的方式调整边界至目标实体，以去除碎片多边形所带来的伪变化。

该方法的重难点在于碎片多边形的提取与处理。碎片多边形处理的具体操作实例详见图6.5。如前文所述，碎片多边形主要出现在边界不匹配的特征实体周围，所以碎片多边形的提取也主要在失配区域周围。其中，筛选特征指面积、面积周长比和空间位置条件，以此来识别碎片多边形：应选择完全包含在中间矢量数据层（缓冲区域层）内的小斑块（最大10个像素）或细长斑块（最小周边面积比为20）。

提取碎片多边形后，给变化图斑赋予新的属性（ZID），并对该属性的每一个对象赋

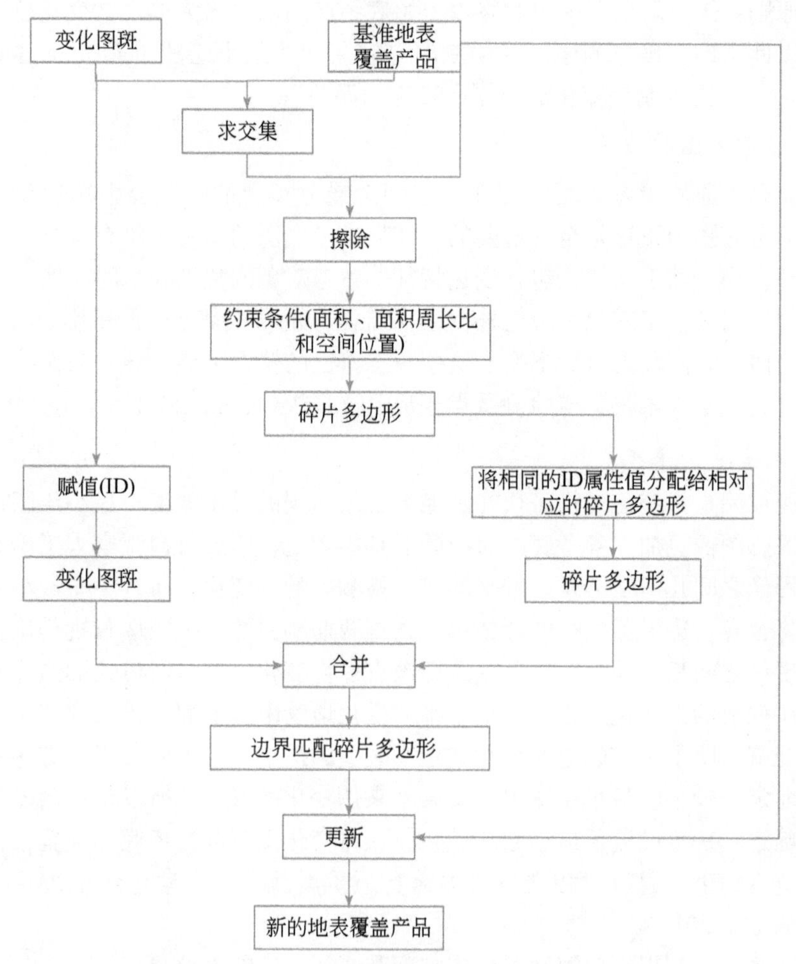

图 6.5　碎片多边形处理具体步骤

予唯一值，通过 Sliver Fix 对碎片多边形与变化图斑的边界距离判断，对碎片多边形的 ZID 属性进行赋值，这步操作会给碎片多边形赋予与其相邻的变化图斑相同的 ZID 值，形成新的变化图斑层，为后面的融合步骤做准备。由于操作烦琐，Linke 等将此过程写成了程序内嵌在 ArcMap 中，本书的合并操作就是使用这个内嵌程序完成的。

需要注意的是，在进行合并前后需要进行目视判断，如果某碎片多边形被夹在两个具有不同土地覆盖类别的变化特征之间，需要人工判断其可能的类型，再进行操作。例如，30m×30m（1 像素）范围的森林被夹在人造地物与裸地之间，需要通过经验得出该像素应该为裸地，因为极少有人造地物中出现小范围森林的情况，而且能够想到计算机在进行解译的过程中，极有可能将裸地与森林混淆，而将人造地物与森林的光谱混淆的可能性很小。而且，因为程序判断碎片多边形应与哪个变化图斑有相同 ZID 仅利用距离这一判断规则，所以在合并之后还需要目视对比判断归类是否准确，再对结果进行修改。

本书使用调整后的变化图斑层作为更新整合的基础，对基准年的参考地图进行更新，以创建一个没有碎片多边形的空间一致时间序列地表覆盖产品。

碎片多边形处理实例（美国地区）如图6.6、图6.7所示，可以从图6.6（c）看出碎片多边形经过处理，变化图斑与原始地表覆盖产品的边界得到了调整。

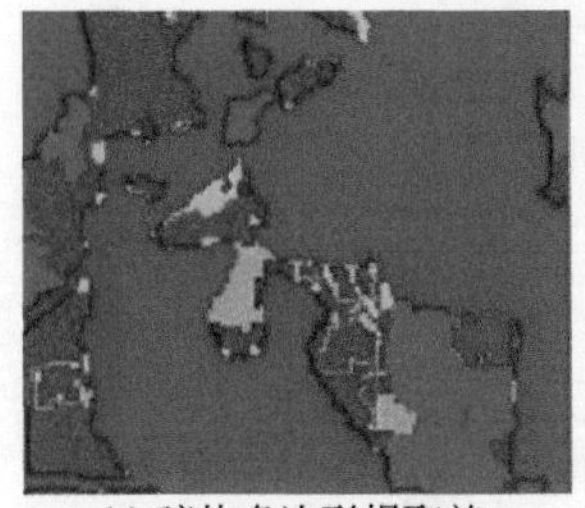
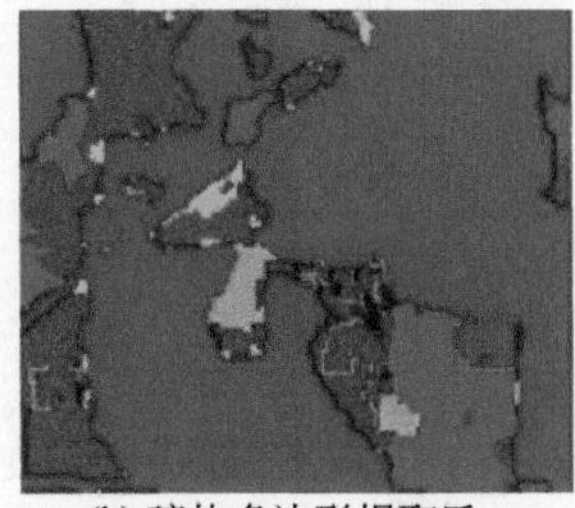
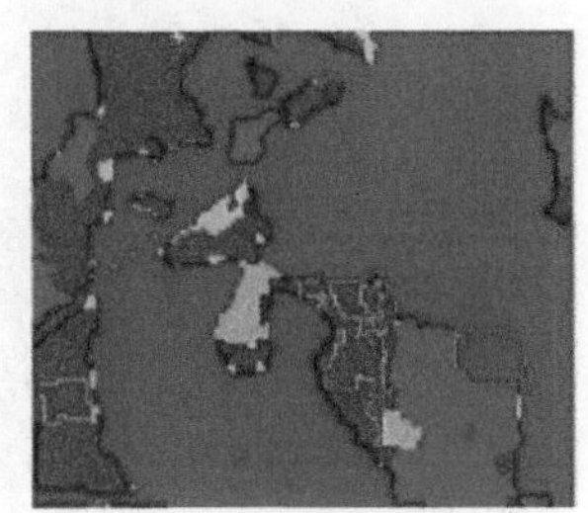
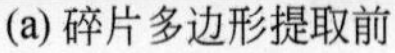

(a) 碎片多边形提取前　(b) 碎片多边形提取后　(c) 失配边界处理后

图6.6　碎片多边形提取与处理实例（美国）

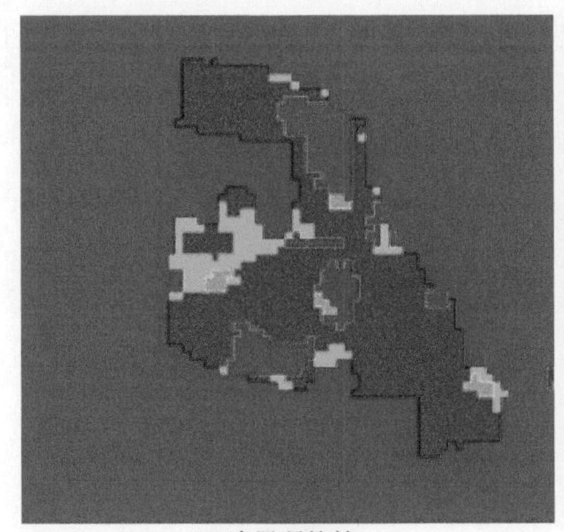
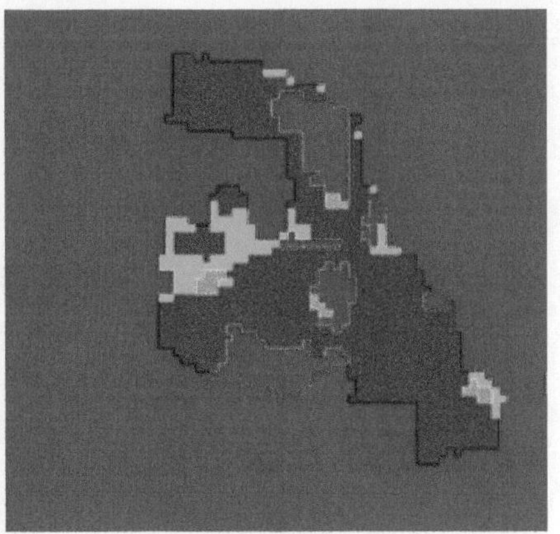

(a) 边界调整前　(b) 边界调整后

图6.7　边界调整处理实例（美国）

碎片多边形处理实例（老挝地区）图6.8（a）为2015年遥感影像，图6.8（b）为2017年遥感影像，在超像素协同分割算法中将图6.8（c）中红圈内识别为变化图斑，经过图6.5流程图的得到的碎片多边形为图中粉色面状要素，经过VBA程序Sliver Fix处理，将识别为草地（30）碎片多边形修改为与周围变化图斑相同的林地（20）类别。图6.9中ZID属性即为修改后的属性。最后将碎片多边形与原始变化图斑合并，得到边界完整度较高的变化图斑，经过与基准产品的更新得到最终的地表覆盖产品。

(a) 2015年遥感影像　(b) 2017年遥感影像

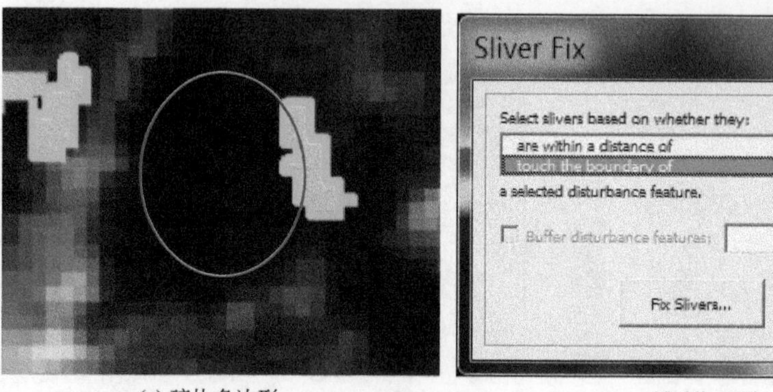

(c) 碎片多边形　　(d) Sliver Fix

图 6.8　碎片多边形处理实例（老挝）

FID	Shape *	FID_2015老	ID	GRIDCODE	FID_2017	ID_1	GRIDCODE_1	area	zhouchang	mjzcb	ZID
29	面	144	145	20	6244	6245	30	4110	384	11	20
30	面	144	145	20	6246	6247	30	4865	448	11	20

图 6.9　修改后的碎片多边形属性表

6.5　地表覆盖产品更新

6.5.1　产品更新方法

土地覆盖数据通常以栅格格式存储。更新操作用于用先前提出的步骤获得的新类型替换早期地图的相应像素。根据碎片多边形的定义，可以剔除叠加时边界的不一致。

将测试区域的早期地图更新为后期年份的地图。结果如图 6.10(b)、图 6.11(b)所示。并对最终的产品进行了精度评估，结果见表 4.10、表 4.11。

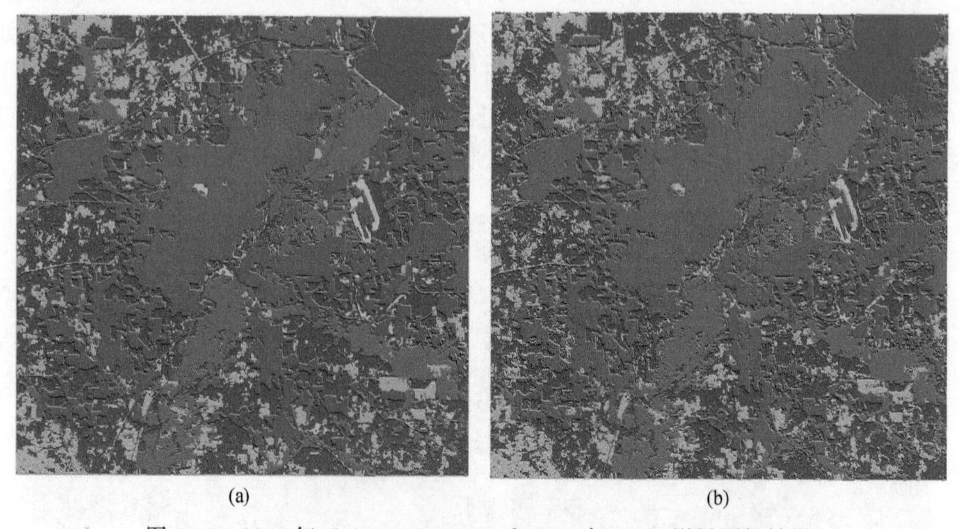

(a)　　(b)

图 6.10　2000 年（a）GlobeLand30 和 2010 年（b）增量更新结果

图6.10（a）展示了具有表4.5中定义的图例的相同范围的Globaland30 2000期地表覆盖图集更新后的2010期产品。图6.11（a）展示了老挝实验区地表覆盖图。

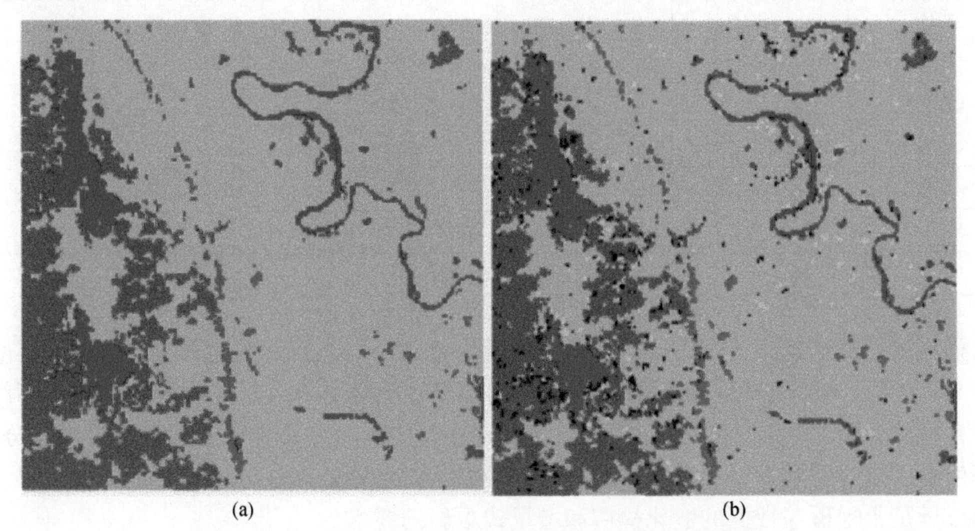

图6.11　2015年老挝产品和2017年老挝增量更新结果

6.5.2　精度评价

经过更新后的最终产品的质量取决于以下三点：①参考底图的精度，包括其几何精度和分类精度；②变化检测精度，即判断图斑是否变化、提取并描绘出变化图斑的精度，以及变化图斑的分类精度，即提取后能够为其赋予准确的变化前后土地覆盖类型的精度；③更新时边界贴合程度，即碎片多边形的处理等。

评估的总体样本量因所执行的准确性评估而异。各土地覆盖类型的验证样本的样本数量是根据变化图斑中的来比例确定的。本书主要使用混淆矩阵来进行精度评价，矩阵中计算了用户精度和Kappa系数。经过使用本书提出的方法框架得到的最终地表覆盖产品的精度如表6.2和表6.3所示。

表6.2　更新产品精度（美国）

分类	耕地	森林	草地	灌木	湿地	水体	人造覆盖
耕地	40	0	1	0	2	0	0
森林	0	36	0	0	13	0	0
草地	0	0	17	0	0	0	0
灌木	0	0	0	8	0	0	0
湿地	0	8	0	0	21	0	0
水体	0	0	0	0	0	43	0
人造覆盖	0	0	5	0	0	0	50
总体精度=0.846							
Kappa=0.817							

表 6.3　更新产品精度（老挝）

分类	水体	耕地	森林	人造覆盖	草地
水体	26309	0	0	0	0
耕地	0	14525	420	3796	0
森林	0	24912	233673	917	0
人造覆盖	0	0	80	776	29
草地	15	3	0	80	0
总体精度=0.8599					
Kappa=0.7926					

得到的最终结果中美国密西西比州的增量更新结果的总精度约为84%，Kappa系数达到0.817，水、耕地、人工表面精度最高，制图精度大于0.9。老挝地区的增量更新结果的总精度约为86%，Kappa系数达到0.79。通过对前面的结果分析表明，通过协同分割、地理生态区划规则数据库和碎片多边形的处理方法对遥感数据进行增量式更新的结果，一般可以满足土地覆盖数据的变化检测和增量式更新的要求。

在本书中，根据增量更新的思路提出了一个方法框架。通过超像素协同分割的方法得到两期影像的变化图斑，利用生态地理分区规则删除不符合逻辑的变化图斑，利用碎片多边形的处理方法处理边界失配现象，从而消除土地覆盖更新图中的由于边界失配所造成的伪变化。从整体上提升了更新地表覆盖产品的精度，提高产品生成速度。

第 7 章　地表覆盖产品整合

我国研制出了全球第一套 30m 全球地表覆盖数据产品——GlobeLand30，该产品目前共有三期，2000 期、2010 期和 2017 期，具有 10 个一级类，分别是耕地、草地、森林、湿地、灌木地、水体、人造地表、苔原、裸地、冰川和永久积雪，但其二级分类产品正处在研制过程中，尚未发布。地表覆盖二级类对于大量具体研究有着重要作用，因此，需要利用某种方法或手段对地表覆盖产品（如 GlobeLand30）的一级类进行二级划分。

遥感是大范围地表覆盖制图与变化监测的有效手段（陈军等，2016）。此外，通过整合现有地表覆盖产品生成新的地表覆盖产品也是一种可行、高效的方法。

采用基于模糊集合理论整合的方法，利用整合模型来探求 GlobeLand30（2010 期）林地类型二级细化的方法与过程。整合模型主要考虑三点：源数据与目标图例的重叠性、源数据森林类属于目标图例类型的条件概率及源数据产品各自的精度。整合过程中以 GlobeLand30（2010 期）林地类型为目标，以美国区域为研究对象，结合 NLCD 2011 地表覆盖产品、FROM-GLC-seg 产品、全球森林覆盖数据（treecover2010），采用 EAGLE（EIONET Action Group on Land monitoring in Europe）矩阵对每个地表覆盖产品的森林类进行语义翻译（treecover2010 森林类不翻译），并利用条形码法进行赋值。根据不同的 EAGLE 矩阵元素采用相应的计算规则计算出 NLCD 2011、FROM-GLC-seg 两种地表覆盖产品中森林类与目标图例的重叠矩阵。依据最终的判别函数对每个像元进行归属性判别，将 GlobeLand30（2010 期）林地类型细化为阔叶林、针叶林、混交林，用户精度分别达到了约 80%、62%、52%，总体分类精度约为 68%。

7.1　地表覆盖产品整合研究现状

地表覆盖产品的整合大概经历了十几年的发展（陈迪等，2016），时间并不长，参考文献也主要集中在 2010 年之后。这主要是随着越来越多的地表覆盖产品的推出，才有了整合的数据源。整合是一种简单、有效、低成本的生成更高精度或满足用户某种应用需求产品的方法（See et al.，2015）。整合通过量化各个源数据的优势和劣势，以达到获得的整合结果集中各个产品的优势的目的（Pérez-Hoyos et al.，2012）。

整合的目的主要有两种，一是为了改善现有产品的精度和可靠性，得到比现有产品更高精度的产品（Iwao et al.，2011；Ran et al.，2012；Song et al.，2014；Kinoshita et al.，2014）。找出可疑的地区、精度低的地区，可以提高产品的精度。Zhang 和 Tateishi（2013）通过对比几种产品，找到不一致的地方重新进行分类以提高精度。二是组合生成某种特殊类型地表覆盖产品或得到满足某种需求的产品，如耕地（Fritz et al.，2011a）、林地（Song et al.，2014；Schepaschenko et al.，2015）、碳循环模拟（Jung et al.，2006）及陆地生物区系温室气体核算（Schepaschenko et al.，2011）。

将各种不同来源、不同分类算法、不同数据源、不同精度和图例定义的地表覆盖产品进行整合过程中有几个问题需要考虑：①各产品时间偏移的问题；②各产品图例定义（分类体系）不同的问题；③采用什么整合模型进行的问题。

对于第一个问题，目前研究都采用尽量选取年份一致或接近的产品进行整合。Jung 等(2006)、Xu（2014）认为不同的地表覆盖产品之间的差异并不都是由于不同的获取时间地表的变化引起的，目前地表覆盖的变化无法通过比较不同时相的地表覆盖产品来发现，这是由于地表覆盖图的精度往往较低，地表的变化往往较小，小于分类的错误率，以至于不足以通过比较各产品反映地表覆盖的变化。所以作者在整合过程中忽略地表覆盖变化带来的影响。因此，整合算法主要考虑的是第二、第三两个问题，下面分别叙述。

（1）源数据分类体系往往不一致，这在早期的研究中已经提到（Ahlqvist，2005；Feng and Flewelling，2004）。目前，区域尺度上的地表覆盖分类系统大致有：Anderson(1976）地表覆盖分类系统、CORINE 地表覆盖分类系统（Bossard et al.，2000）、USGS 地表覆盖分类系统（Vogelman et al.，2001）等。全球尺度地表覆盖分类系统大致有：IGBP 地表覆盖分类系统（Loveland et al.，2000）、FAO 地表覆盖分类系统（Di Gregorio，2005）、UMD 地表覆盖分类系统（Defries and Townshend，1994）、GlobeLand30 分类系统（陈军等，2014）等。由于地表覆盖产品有着不同的地表覆盖分类系统，这就导致了各个地表覆盖产品的类具有不同的定义，各地表覆盖数据之间不能进行比较与互操作。迫切需要有一个规范的、标准的、统一的地表覆盖分类系统将各地表覆盖数据类定义进行统一，从而使其具有可比性。Giri 等（2000）、McCallum 等（2006）在整合过程中将各图例直接对比和转化，直接转换会造成误差。有一些国际倡议，如 GOFC-GOLD 已经开展了图例协调化的工作（Herold et al.，2009），目前一致认为 UNEP/FAO（United Nations Environment Programme/Food and Agriculture Organizatio）的 LCCS（Di Gregorio，2005）对于地表覆盖的分类系统的建立、翻译和比较提供了一种有价值的统一的地表覆盖语言（Herold et al.，2006）。

Herold 等（2008）基于 LCCS 的定义，简化为 13 种类型，将 CORINE、GLC2000、MODIS 和 GlobCover 图例与这 13 类建立了转换规则，采用分类体系各类型定义中的常用属性来比较各个不同地表覆盖产品的图例定义。后续许多研究采用了这篇文章中结论（See et al.，2015；Schepaschenko et al.，2015）。

Pérez-Hoyosa 等（2012）的图例翻译也是以 LCCS 为媒介，计算各图例类型之间的相似度参数，步骤包括：定义一组 LCCS 属性把各个产品的图例翻译为这些属性、计算重叠矩阵、计算相似度参数。采用了 LCCS 中的 8 个属性，为了翻译 CORINE 的图例，增加了一个土地利用的属性作为第九个属性。

LCCS 分类系统的内部结构具有与其他地表覆盖分类方案兼容的灵活性，采用二分法将地表覆盖划分为 8 种类型，并且使用分层分类使同一地表覆盖类别的不同定义获得相同的结果（何宇华等，2005）。LCCS 利用一组分类指标及其层次安排对地表覆被分类进行细分。使用的指标越多，细分越精细。然而，LCCS 分类系统主要用于地表覆盖，在土地利用翻译中不适用。此外，LCCS 分类系统没有考虑地球表面的一些复杂问题，如森林砍伐和荒漠化（路鹏等，2009）。

现存的大多数地表覆盖产品在某种程度上都存在地表覆盖与土地利用类定义时二者的混合，一个地表覆盖产品分类系统中甚至可以在一些类别（如森林或天然植被）中强调地表覆盖（LC）方面，而在其他类别（如在诸如定居点或农田等）中强调土地利用（LU）方面。来自27个欧洲国家有关土地监测的国家主管部门代表启动了协调的欧洲土地监测（Harmonised European Land Monitoring，HELM）项目，该项目的目标是提高欧洲土地监测的成熟度，未来欧洲综合土地监测系统的构想是以EAGLE概念为核心，作为数据集和术语之间语义翻译和数据集成的工具（Arnold et al.，2015）。来自几个欧洲国家的土地监测和数据建模专家自发组织建立了EAGLE团体，提出了EAGLE概念，现由欧洲环境署资助（Arnold et al.，2015）。而EAGLE概念的发展起源于如何将面向对象数据模型应用于土地监测领域，在分离地表覆盖与土地利用的情况下如何建立景观型等问题（Arnold et al.，2013）。EAGLE概念是可以将各种地表覆盖数据集的地表覆盖信息和土地利用信息集成到单一数据模型中的一个框架，主要用于在不同分类系统之间进行语义翻译、分析类定义、设计分类系统的指导方针等（Arnold et al.，2013）。EAGLE概念主要包括EAGLE矩阵和EAGLE模型，其并不是另一个分类系统，它只是地表覆盖/土地利用的一个描述性媒介物。EAGLE矩阵将类定义分解成3个部分：地表覆盖成分（land cover components，LCCs）、土地利用属性/功能（land use attributes，LUA）、特征（further characteristics，CH，如土地管理类型、状况、空间格局、生物物理特征、参数、生态系统类型等），LCC部分采用分级结构直到第五层，第一层从非生物表面、生物表面和水表面开始，然后进一步细分。以LCC为基础，然后可以通过附加LU类型（LUA）作为属性来进一步确定土地单元或地表覆盖-土地利用类型。矩阵元素的第三部分——CH部分，LCC和LU类型可以通过附加更多的细节特性以进一步描述。具体翻译使用方法见http：//sia. eionet. europa. eu/EAGLE

EAGLE矩阵是以表格的形式存在，其结构较为灵活，内容也较为丰富与直观，用户可以对其内容进行增加、删除、修改等操作，使用其进行语义翻译方便。EAGLE矩阵最大的优势在于它将地表覆盖成分与土地利用属性区分开来，分别存储在不同的模块中，避免了在语义翻译时发生地表覆盖成分与土地利用属性的重叠与模糊。但EAGLE矩阵的内容还有待增加，并不是所有的类别都存在于EAGLE矩阵中。

在LCCS的用户手册中（Gregorio et al.，2000），术语“独立诊断标准（independent diagnostic criteria）”是指对某个地表覆盖单元（land cover unit，LCU）进行分类的条件集合。EAGLE概念原则上以类似的方式工作，但是能够以更一致和逻辑的方式区分LCC、LUA和CH。这里描述和区分为LCC、LUA和CH的元素通常以混合的方式在类定义的分类部分中，它们之间没有任何明确的区别。由于CH块现在可以从LC和LU信息中分离出来处理，因此它能够更灵活地组合所有模型元素。地表覆盖分类系统（LCCS）是预先定义好的，在进行翻译时不能随意改变其内容，但EAGLE矩阵不是固定的，用户可以在翻译时可根据自己需求添加或删除某些相关的矩阵元素。

（2）整合的方法。整合的算法经历了不断地发展。

早期的整合方法是采用投票法，Jung（2006）采用模糊一致性打分的方法整合全球地表覆盖产品，得到满足碳循环建模的数据。Fritz（2011b）改进了上述的方法，基于专家的判断，原产品之间的一致性及原产品的可靠程度，列出了一个打分表，每个像素有一个得分，数值小的优先级高，按优先度将像素整合成一张图与 FAO 统计数据对比，逐渐按优先级累加像素，直到面积与统计数据相符。

Pérez-Hoyosa 等（2012）整合的方法属于一种加权计算投票的方法。像元整合后类型的指定是基于鉴别函数的最大化得以确定。整合的模型主要包括两项：①利用源产品每个类型与目标类型之间的条件概率；②利用 LCCS 作为地表覆盖图例之间翻译的桥梁，可以协调各个地表覆盖产品图例定义的歧义。利用这种方法将 4 种地表覆盖产品 CORINE2000、GLC2000、MODIS（MOD12Q1V005）和 GlobCover 整合为一个多类型的新产品。

Yu 等（2013）利用制定的规则将 FROM-GLC、FROM-GLC-agg 和 250m 耕地概率图整合，得到 FROM-GC。

大多数原则常被用来作为整合的规则。整合时是考虑各产品之间的一致性，认为多种产品一致性高的像素可靠性高。Iwao 等（2011）的方法中在每个像素比较 3 个源地表覆盖产品的类型，采用占多数的分类类型作为整合结果，也就是如果在 3 个源产品中，如果其中两个或 3 个产品的类型一致，则采用此类型。如果 3 个产品类型都不一致，则采用精度最高源产品上的类型。

此外，还有一些研究采用了统计的方法。Ran 等（2012）利用 D-S 证据理论，将多种不同数据融合成中国地表覆盖图。Xu 等（2014）采用贝叶斯理论将不同地表覆盖产品进行融合。

后来，有一些研究不是将各个产品比较一致性，而是和地面真实情况相比（验证数据）的一致性。Kinoshita 等（2014）采用了 Iwao 等（2006）提供的 DCP 代表地面真实情况，将 4200 个验证点分为两组，一组用于训练逻辑回归（Logistic Regression，LR）模型，另一组用于验证整合结果的精度。在每个像素点，整合结果代表与地面真实一致性概率高的类型。结果表明整合结果的精度比源产品精度高约 3%。研究还生成了表现整合结果地表覆盖类型与地面真实情况接近程度的概率图。这种方法并不是用验证点数据参与内插得到某像素的地表覆盖类型，而是将验证点训练模型参数，所以得到结论，最终精度与验证点数量的多少不敏感。

整合时所用的源数据精度是有限的，有些方法在遇到类型矛盾时采用整体精度更高的产品上的类型，整体精度无法反映具体某一像素位置处到底哪个源数据上的分类是更加可靠的。关注了地表覆盖图局部精确度的整合方法，可分析地表覆盖图局部的精度情况，获得哪幅图在哪里是准确的，哪里是不准确的。

See 等（2015）第一次用众源数据 Geo-Wiki 进行模型的训练和验证两方面工作。将 Geo-Wiki 采集到的验证点分为两组，一组用于 GWR 回归估计，GWR 利用一个核函数来估计在每个点上的模型参数，GWR 是一种可以使回归计算参数在空间随着位置不同而变化的空间分析方法。当一种产品的分类类型与 Geo-Wiki 训练样本点的类型一致时即可确定每个像素最佳可用的 LC 产品。另一组 Geo-Wiki 样本数据用于验证结果的精度。研究采用了两种方法进行了对比，①用 GWR 来确定在每一个像素的最佳可用的地表覆盖产品；②只有当 3 种地表覆盖产品类型不一致的位置才采用 GWR 来确定最佳可用的地表覆盖产品，其他 3 种地表覆盖产品类型一致的像素直接赋值。结果显示第一种方案的精度更优，说明采用验证样本回归获得的每个位置的LC类型非常可靠，优于各地表覆盖产品之间的一致性的方案。本书显示了众源数据在LC整合中作为训练样本集验证的巨大潜力。

Schepaschenko等（2015）与See等（2015）类似，用Geo-Wiki平台提供的样本作为地面真实，与源数据一起训练GWR模型，此外，还利用Geo-Wiki进行产品的精度验证。

Tsendbazar等（2015）运用了Satial Correspondence评估方法，采用5种方法进行整合获得非洲的地表覆盖产品，Tsendbazar等（2016）又延伸了上述研究，整合了全球的GlobCover 2009、LC-CCI2010、MODIS2010和GL302010几种产品，参考数据包括GLC2000，GLCNMO，Geo-Wiki等，参考数据量进一步扩充。

近年来，越来越多地使用各种来源的验证数据参与地表覆盖制图以提高结果的精度和可靠性。这些验证数据主要来自于几个网站，包括：

（1）GOFC-GOLD地表覆盖项目办公室参考数据生产者协调部，网址是http：//www. gofcgold. wur. nl/sites/gofcgold_ refdataportal. php.，包括GLC2000（GLC200ref）参考数据（Mayaux et al.，2006）、GlobCover 2005（GlobCover 2005ref）参考数据（Bicheron et al.，2008；Bontemps et al.，2011）、陆地生态参数化系统（System for Terrestrial Ecosystem Parameterization，STEP）参考数据（Friedl et al.，2002；Olofsson et al.，2012）、可见光红外成像辐射计组件（Visible Infrared Imaging Radiometer Suite，VIIRS）参考数据（Stehman et al.，2012）及GLCNMO2008参考数据等；

（2）Geo-Wiki众源数据网址https：//www. geo-wiki. org/；

（3）DCP（Degree Confluence Project）志愿者数据，网址http：//www. confluence. org；

（4）来自其他研究机构如清华大学全球验证样本集等（Zhao et al.，2014；http：//data. ess. tsinghua. edu. cn/data/temp/Global Land Cover Validation Sample Set_ v1. xlsx.）；

（5）Flickr照片分享网站www. flickr. com。这些验证点数据可以作为整合模型中的参考点来使用，但其密度分布不平衡，往往难以满足模型的密度要求。

7.2 EAGLE矩阵

7.2.1 地表覆盖分类系统

早期地表覆盖的分类系统采用土地利用分类系统和植被分类系统进行描述，但由于遥感技术不断应用于大尺度范围的地表覆盖产品中，土地利用描述方法不再适合使用，科学家们就研制出了地表覆盖分类系统（宫攀等，2006）。地表覆盖分类系统按照尺度大小可以分为区域尺度和全球尺度地表覆盖分类系统。目前，区域尺度上的地表覆盖分类系统大致有：Anderson（1976）地表覆盖分类系统、CORINE地表覆盖分类系统（Bossard et al.，2000）、USGS地表覆盖分类系统（Vogelman et al.，2001）等。全球尺度地表覆盖分类系统大致有：IGBP地表覆盖分类系统（Loveland et al.，2000）、FAO地表覆盖分类系统、UMD地表覆盖分类系统（Defries and Townshend，1994）、GlobeLand30分类系统（陈军等，2014）等。各地表覆盖分类系统相关信息如表7.1所示。

表 7.1　各地表覆盖分类系统相关信息表

分类系统	尺度	一级类/个	二级类/个	三级类/个
Anderson 分类系统	区域	6	18	—
CORINE 分类系统	区域	5	15	44
USGS 分类系统	区域	9	35	—
IGBP 分类系统	全球	17	—	—
UMD 分类系统	全球	14	—	—
GlobeLand30 分类系统	全球	10	—	—

Anderson 地表覆盖分类系统是 Anderson 等在 1971 年提出的具有两级分类的地表覆盖分类系统，第一级有农业用地、城市或城建区、林地、水域、湿地、荒地共 6 个地表覆盖类型，第二级有 18 个类型（宫攀等，2006）。USGS 地表覆盖分类系统是在 USGS 对 Anderson 等提出的地表覆盖分类系统的验证与评估的基础上发展而来的地表覆盖分类系统，该系统有 4 个层次分类系统，一级层次具有 9 个类型；二级层次有 35 个地表覆盖类型；三、四级层次根据具体需求进行定义（蔡红艳等，2010）。CORINE 地表覆盖分类系统具有三级分类，一级类、二级类、三级类的地表覆盖类型分别有 5 个、15 个、44 个（刘晟呈，2012）。IGBP 地表覆盖分类系统是美国研制的，具有水、作物和自然植被的镶嵌体、常绿针叶林、落叶针叶林、常绿阔叶林、落叶阔叶林、混交林、开放灌丛、郁闭灌丛、多树草原、永久湿地、作物、稀树草原、草原、城市和建成区、冰/雪、裸地或稀疏植被共 17 个地表覆盖类型（杜国明等，2017）。UMD 地表覆盖分类系统是 1998 年，美国马里兰大学研制的地表覆盖分类系统，去除 IGBP 地表覆盖分类系统中的冰/雪、永久湿地及作物和自然植被的镶嵌体就得到了 UMD 分类系统的 14 个地表覆盖类型（匡薇等，2014）。GlobeLand30 分类系统采用的是清华大学分类体系，具有草地、耕地、灌木地、森林、湿地、水体、人造地表、冰川和永久积雪、苔原、裸地共 10 个一级类（廖安平等，2015）。FAO 分类系统产生的背景、结构及其使用方法将在本节进行详细介绍。

由于地表覆盖产品有着不同的地表覆盖分类系统，这就导致了各个地表覆盖产品的类具有不同的定义，各地表覆盖数据之间不能进行比较与互操作。然而，对地表覆盖变化进行有效的监测，是自然资源可持续管理、保护环境等的基础。同时，决策者也需要获得可靠地并且具有可比性的地表覆盖信息来进行管理与规划。另外，联合国粮农组织为了实现促进世界经济可持续增长、促进农业发展，同样需要地表覆盖信息（Jansen and Gregorio，2001）。这就迫切需要有一个规范的、标准的、统一的地表覆盖分类系统将具有不同分类系统的各地表覆盖数据的类定义进行统一，从而使其具有可比性。于是，在 2000 年，LCCS 在联合国粮农组织、联合国环境规划署共同努力下研发成功。

LCCS 是一个综合的先验分类系统，系统中所有的类都是预先定义好的，可以满足特定用户的需求，并且可以连接多源遥感数据与多尺度土地利用/覆盖信息，使具有不同地理位置、数据收集方法、地表覆盖类型等的地表覆盖类别具有可比性（何宇华等，2005）。

7.2.2　EAGLE 矩阵

1. EAGLE 产生的背景

现存的大多数地表覆盖产品在某种程度上都存在地表覆盖与土地利用类定义时二者的混合，而在同一个分类系统中，有些时候只需要地表覆盖信息，有时候只需要土地利用信息，利用现有的方法很难将二者清晰的区分出来。对于土地监测来说，从地形上将一个“纯”的地表覆盖和“纯”的土地利用进行区分是非常重要的。欧洲环境署（EEA）有责任定期向欧洲公民及决策者提供关于环境状况的报告，需要实时准确的地表覆盖信息作为参考。另外，由于地表覆盖与土地利用数据在生产中缺乏协调性，在国家、区域及欧洲层面上缺乏交流，导致了欧洲土地监测在一定程度上并不完善，为了解决该问题，来自 27 个欧洲国家有关土地监测的国家主管部门的代表启动了 HELM 项目，该项目的目标是提高欧洲土地监测的成熟度，未来欧洲综合土地监测系统的构想是以 EAGLE 概念为核心，作为数据集和术语之间语义翻译和数据集成的工具（Arnold et al.，2015）。

基于此，来自几个欧洲国家的国家土地监测和数据建模专家自发组织建立了 EAGLE 团体，提出了 EAGLE 概念，现由欧洲环境署资助（Arnold et al.，2015）。而 EAGLE 概念的发展起源于如何将面向对象数据模型应用于土地监测领域，在分离地表覆盖与土地利用的情况下如何建立景观型等问题（Arnold et al.，2013）。

EAGLE 概念，是可以将各种地表覆盖数据集的地表覆盖信息和土地利用信息集成到单一数据模型中的一个框架，主要用于在不同分类系统之间进行语义翻译、分析类定义、设计分类系统的指导方针等（Arnold et al.，2013）。EAGLE 概念主要包括 EAGLE 矩阵和 EAGLE 模型，其并不是另一个分类系统，它只是地表覆盖/土地利用的一个描述性媒介物。

2. EAGLE 矩阵的基本结构

EAGLE 概念主要包括 EAGLE 矩阵和 EAGLE 模型。EAGLE 矩阵是类定义解析分解和术语间语义翻译的工具，而 EAGLE 模型为未来的欧洲土地监测系统提供了概念基础。EAGLE 矩阵与 EAGLE 模型在内容上是一样的，只是用途不同。由于本书主要是对各地表覆盖数据进行语义翻译，所以着重介绍 EAGLE 矩阵的基本结构与使用方法。EAGLE 矩阵将类定义分解成 3 个部分：地表覆盖成分（LCCs）、土地利用属性/功能（LUA）、特征（CH），即这 3 个部分组成了 EAGLE 矩阵。

1）地表覆盖成分

地表覆盖成分、土地利用属性/功能、特征都是分层结构，其中地表覆盖成分的下层有：非生物/无植被的表面和物体，生物/植被及水体，LCCs 的具体结构如图 7.1 所示。

非生物/无植被的表面和物体是指无植被覆盖的任何表面，既没有人造结构，又没有地质上天然材料覆盖的表面（有或没有人为影响）。非生物/无植被的表面和物体又被分为人工表面与结构、天然材料表面。

生物/植被是指任何植被覆盖的土地表面（有或没有人为影响），无论是自然生长的，

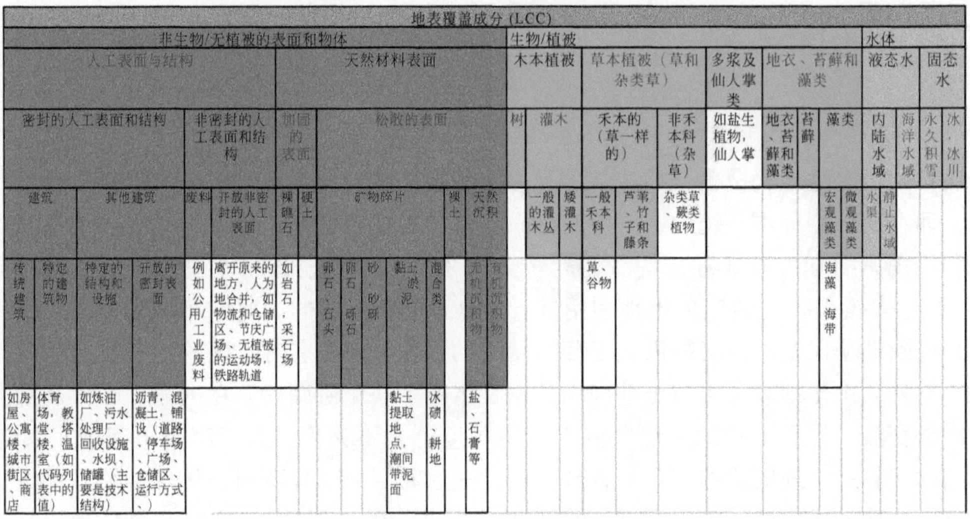

<table>
<tr><td colspan="32">地表覆盖成分 (LCC)</td></tr>
<tr><td colspan="16">非生物/无植被的表面和物体</td><td colspan="11">生物/植被</td><td colspan="5">水体</td></tr>
<tr><td colspan="6">人工表面与结构</td><td colspan="10">天然材料表面</td><td colspan="3">木本植被</td><td colspan="3">草本植被（草和杂类草）</td><td>多浆及仙人掌类</td><td colspan="4">地衣、苔藓和藻类</td><td colspan="3">液态水</td><td colspan="2">固态水</td></tr>
<tr><td colspan="4">密封的人工表面和结构</td><td colspan="2">非密封的人工表面和结构</td><td colspan="2">加固的表面</td><td colspan="8">松散的表面</td><td>树</td><td colspan="2">灌木</td><td colspan="2">禾本的（草一样的）</td><td>非禾本科（杂草）</td><td>如盐生植物，仙人掌</td><td>地衣、苔藓和藻类</td><td>苔藓</td><td colspan="2">藻类</td><td colspan="2">内陆水域</td><td>海洋水域</td><td>永久积雪</td><td>冰，冰川</td></tr>
<tr><td colspan="2">建筑</td><td colspan="2">其他建筑</td><td>废料</td><td>开放非密封的人工表面</td><td>裸礁石</td><td>硬土</td><td colspan="5">矿物碎片</td><td>裸土</td><td colspan="2">天然沉积</td><td></td><td>一般的灌木丛</td><td>矮灌木</td><td>一般禾本科</td><td>芦苇、竹子和藤条</td><td>杂类草、蕨类植物</td><td></td><td></td><td></td><td>宏观藻类</td><td>微观藻类</td><td>水渠</td><td>静止水域</td><td></td><td></td><td></td></tr>
<tr><td>传统建筑</td><td>特定的建筑物</td><td>特定的结构和设施</td><td>开放的密封表面</td><td>例如公用/工业废料</td><td>离开原来的地方，人为地合并，如物流和仓储区、节庆广场、无植被的运动场，铁路轨道</td><td>如岩石，采石场</td><td></td><td>卵石、石头</td><td>卵石、砾石</td><td>砂、砂砾</td><td>黏土、淤泥</td><td>混合类</td><td></td><td>无机沉积物</td><td>有机沉积物</td><td></td><td></td><td></td><td>草、谷物</td><td></td><td></td><td></td><td></td><td></td><td>海藻、海带</td><td></td><td></td><td></td><td></td><td></td><td></td></tr>
<tr><td>如房屋、公寓楼、城市街区、商店</td><td>体育场，教堂，塔楼，温室（如代码列表中的值）</td><td>如炼油厂、污水处理厂、回收设施、水坝、储罐（主要是技术结构）</td><td>沥青，混凝土，铺设（道路、停车场、广场、仓储区、运行方式、）</td><td></td><td></td><td></td><td></td><td></td><td></td><td></td><td>黏土提取地点，潮间带泥面</td><td>冰碛、耕地</td><td></td><td>盐、石膏等</td><td></td><td></td><td></td><td></td><td></td><td></td><td></td><td></td><td></td><td></td><td></td><td></td><td></td><td></td><td></td><td></td><td></td></tr>
</table>

图 7.1　地表覆盖成分结构

半自然的还是人工种植的植物（如农作物，城市公园），生物/植被下一层包含木本植被、草本植被（草和杂类草）、多浆及仙人掌类、地衣、苔藓和藻类。

水体分为液态水和固态水。

由图 7.1 可知，地表覆盖成分每个水平层都有其主题内容，最底层都从属于其上一层，也就是说较高层的矩阵元素可以统一几个较低层的矩阵元素。地表覆盖成分的矩阵元素都是互斥的，这样可以提供多种多样的地表覆盖成分。

2）土地利用属性/功能

LUA 遵循 HILUCS（Hierarchical INSPIREL and Use Classification System）原则。土地利用属性/功能下一层包括初级生产部门，工业（次级部门），服务业（第三部门），运输网络、物流、公用事业，住宅的，其他用途及内陆水功能。

初级生产部门是指直接以当地自然资源为基础的商品生产领域，初级部门将自然资源转化为初级产品，应包括制造业聚集、包装、净化或加工初级产品的地区，特别是原材料不适合销售或难以长距离运输的地区，初级生产部门下一层又分为农业、林业、采矿和采石场、水产养殖和渔业、其他初级生产。

工业和制造业将主要部门的产出和生产成品及中间产品用于其他业务，工业（次级部门）下一层有生产/制造行业、能源生产。

服务业（第三部门）提供私人和公共服务的，服务的对象有其他企业和消费者，服务业（第三部门）的下一层又分为金融，专业和信息服务、商业服务、住宿和餐饮服务、社区服务、文化和娱乐服务。

运输网络、物流、公用事业是基础的设施和社会网络，所有其他部门都在使用基础设施和网络来生产商品和服务，其又分为运输网络、物流仓储公用事业。

住宅的顾名思义是指用于住房的区域，包括与初级生产不相关的单一家庭住宅、多户住宅或城市、乡镇和农村地区的移动房屋，其下一层包括永久居住、住宅使用与其他兼容用途、其他住宅。

其他用途是指不包含在初级生产部门、工业（次级部门）、服务业（第三部门）、运输网络、物流、住宅、公用事业的地区，包括正在建设中的区域。

内陆水功能包括饮用水、灌溉、消防、人造雪、保水、自然保护。

这里列举 LUA 中的初级生产部门的结构，如图 7.2 所示。

<table>
<tr><td colspan="22">土地利用属性/功能（LUA）</td></tr>
<tr><td colspan="22">初级生产部门</td></tr>
<tr><td colspan="8">农业</td><td colspan="3">林业</td><td colspan="4">采矿和采石场</td><td colspan="3">水产养殖和渔业</td><td colspan="4">其他主要生产</td></tr>
<tr><td colspan="4">经济作物生产</td><td colspan="3">农业基础设施</td><td>自用生产</td><td>短期轮作</td><td>中-长期轮作</td><td>连续覆盖</td><td>露天开采</td><td>地下开采</td><td>水体下采煤</td><td>盐湖</td><td>水产养殖</td><td>专业的野生渔业</td><td>业余钓鱼</td><td>狩猎</td><td>迁徙的动物</td><td>蜜蜂（蜜蜂的蜂巢）</td><td>采摘天然产品</td></tr>
<tr><td>食用作物生产</td><td>饲料作物生产</td><td>工业原料作物生产</td><td>能源作物生产</td><td>畜牧业</td><td>存储</td><td>其他农业基础设施</td><td>花园土地，厨房-家庭花园，园艺</td><td></td><td></td><td></td><td>石场、露天矿</td><td></td><td></td><td></td><td></td><td></td><td>钓鱼</td><td></td><td>驯鹿、鹿</td><td></td><td>非耕种植物</td></tr>
</table>

图 7.2　初级生产部门的结构

由图 7.2 可知，土地利用属性/功能与地表覆盖成分的结构相同，也是分层结构，但其矩阵中的元素并不是互斥的，可以提供土地利用类型的任何可能用途。

3）特性

EAGLE 矩阵的第三部分是特征，前三层矩阵元素（包括特征层）如表 7.2 所示（Arnold et al., 2015）。

表 7.2　特征前三层矩阵元素（包含特征层）

一级	二级	三级
特征（CH）	土地管理	农业管理
		林业管理
		表面改性措施
	空间形式	空间分布格局
		线性模式
		线性（技术）
		宏观的景观形式
		组合模式
		建筑自然类型
		其他建筑自然类型
		空间背景

续表

一级	二级	三级
特征（CH）	作物类型	耕地作物
		牧草/牧场
		永久作物
		蘑菇、能源作物和转基因作物
		未知
	矿产品类型	潜在使用价值
		化石燃料的价值
	生态系统类型	
	高度带	
	（生物）物理特性	非生物特性
		生物/植被特征
		水的特性
	现状	
	通用参数	
	时间参数	

由于特征中的矩阵元素较多，本书列举特征下的土地管理中农业管理的矩阵元素来说明特征部分的结构，如图 7.3 所示。

<table>
<tr><td colspan="41">特征（CH）</td></tr>
<tr><td colspan="41">土地管理</td></tr>
<tr><td colspan="41">农业管理</td></tr>
<tr><td colspan="3">农业用地类型</td><td colspan="8">栽培实践</td><td colspan="30">栽培措施</td></tr>
<tr><td>作物耕地</td><td>永久作物耕地</td><td>永久草地</td><td>作物轮作</td><td>不轮作</td><td>种植园</td><td>广泛的果园</td><td>农林复合经营</td><td>毁林轮垦（砍伐-燃烧）</td><td>间作</td><td>水田栽培</td><td>施肥活动</td><td colspan="3">施肥类型</td><td>灌溉</td><td colspan="3">灌溉方法</td><td colspan="4">灌溉水源</td><td colspan="4">排水</td><td colspan="5">收割</td><td colspan="3">放牧</td><td>灌木的间隙</td><td>生物质燃烧</td><td>撒石灰</td><td>修剪</td><td colspan="2">生长季节</td></tr>
<tr><td></td><td></td><td></td><td></td><td></td><td></td><td>果园</td><td>牧场</td><td></td><td></td><td></td><td>是/不是</td><td colspan="2">有机肥</td><td>合成肥料</td><td>是/不是</td><td>地面灌溉</td><td>喷灌</td><td>滴灌</td><td>地下水</td><td>水库</td><td>水渠</td><td>不知道</td><td>沟渠</td><td>正在钻探</td><td>填沟渠</td><td>不知道类型</td><td>无（自然的）</td><td>1次（半自然、广泛）</td><td>2次（中等强度）</td><td>>2次（密集型）</td><td>不知道</td><td>集约化（>2牲畜单位/公顷）</td><td>广泛，放（<2牲畜单位/公顷）</td><td>未知的强度</td><td>是/不是</td><td>是/不是</td><td>是/不是</td><td>是/不是</td><td>生长季节开始</td><td>生长季节结束</td></tr>
<tr><td></td><td></td><td></td><td></td><td></td><td></td><td></td><td></td><td></td><td></td><td></td><td></td><td>动物粪便</td><td>绿肥</td><td></td><td></td><td></td><td></td><td></td><td></td><td></td><td></td><td></td><td></td><td></td><td>沼泽再生</td><td></td><td>例如天然草地</td><td>如半天然草地</td><td>例如牧场、草地</td><td>例如牧场、草地</td><td></td><td></td><td></td><td></td><td></td><td></td><td></td><td></td><td></td><td></td></tr>
</table>

图 7.3　农业管理的矩阵元素

由图 7.3 可知，特征部分也是分层结构，但其内容结构与地表覆盖成分与土地利用属性/功能的不同。特征部分中的上层矩阵元素或矩阵部分与下层矩阵元素并不都是从属关系，且其矩阵元素不互斥，还可以彼此独立。

3. EAGLE 矩阵的使用方法

EAGLE 矩阵主要用于语义翻译，本节着重讲述了如何使用 EAGLE 矩阵对不同地表覆盖数据进行语义翻译。

EAGLE 矩阵进行语义翻译主要是根据类的原始定义，将类的原始定义分解成地表覆盖成分、土地利用属性/功能及特征 3 个部分，即将类原始定义中的这 3 个部分提取出来，然后找到 EAGLE 矩阵 3 个结构中与之对应的矩阵元素，根据条形码法，对相应的矩阵元素进行赋值，赋值过程中有单线法和多线法之分。

条形码法是指先从 LCCs 模块选择一个或多个地表覆盖成分，接着从土地利用属性/功能中选择一些土地利用信息，最后（如果需要）添加关于地形的进一步的特征信息，并分别给出编码值。编码值代表了 EAGLE 矩阵元素与实际类定义之间的关系，各编码值名称及意义如表 7.3 所示（Arnold et al.，2013）。

表 7.3　各编码值名称及意义

值	意义	例子
n/a	矩阵元素逻辑不发生，可以排除此元素	道路无叶型
x	矩阵元素在类定义中被明显排除	自然森林定义上排除了农业灌溉
0	矩阵元素在类定义时未提及，尽管在某些情况下是逻辑发生的	喷灌作为灌溉方法对牧草来说是可能的，但是在类定义时未提及
	或者，矩阵元素因不重要而不是可能会存在，在类定义时未提及	位于大面积牧草地中的独立建筑物
1	这个矩阵元素在类定义中提到，作为例子被提到（在一个非详尽的列表中），在类定义中扮演次要角色。对于这个条码值，必须考虑类的规模和应用的最小测图单元	在密集连续的城市结构中的任何一种植被；特定的建筑物如郊区的一个小教堂
2	该元素在类定义中被明确地定义，它是一种选择性强制性元素，与其他具有相同编码值的元素是或的关系	木本植被可以由树木或灌木组成，树木或者灌丛必须存在
3	这个矩阵元素在类定义中被明确地定义，是一种强制性元素。它是一种累积元素，与其他具有编码值（2，3，4）的定义元素是和的关系	阔叶林、针叶林两种类型必须同时存在于混交林中，缺一不可
4	这个矩阵元素在类定义中被明确地定义。他们属于一组定义该类的强制性元素，不能作为独立的元素出现。至少有两个或多个（但不一定全部）赋值 4 的编码元素必须存在于分配给这个类的土地单位中	草地或耕地的存在，或草地和永久作物，或可耕地和永久作物，或所有这些情况形成了欧洲 CORINE 地表覆盖产品中的类 242-复合栽培模式

在使用条形码法时，要根据不同的情况采用单线法或多线法来进行语义翻译。单线法是指所有的编码值都在同一条矩阵线上。多线法包含一条主线，两条或多条子线，主线和

单线法是一样的，子线包含的编码值只适用于类的部分内容（编码元素间水平连接）。当不确定 LUA 或 CH 属于哪个地表覆盖成分时，采用多线法，在子线开始前有一个额外的单元来描述子线间的关系（竖直连接，连接值与条形码法的编码值相同）。原则上，采用多线法时，只要具有编码值 2、3 或 4 的地表覆盖成分都应该单独在子线上表达，编码值为 1 的地表覆盖成分，只有当其在类定义中明确提到，且在超过区域覆盖的某个阈值导致另一个类别时，才能有单独的子线。

以美国的地表覆盖产品 NLCD 2011 的落叶林为例，简要介绍一下如何使用 EAGLE 矩阵对其进行语义翻译。

NLCD 2011 的落叶林定义是主要由树高大于 5m 的乔木占主要成分的区域，占整个植被覆盖率的 20% 以上，超过 75% 的树叶随季节的变化而脱落。定义中地表覆盖成分有乔木、植被。土地利用属性/功能：森林。特性：生命形式是落叶树；覆盖率大于 30%；树高大于 5m；超过 75% 的树叶随季节的变化而脱落。NLCD 2011 的落叶林翻译结果如图 7.4 所示，这里删除了部分不相关元素，且超过 75% 的树叶随季节的变化而脱落这一属性特征在 EAGLE 矩阵中并找到对应的矩阵元素。

			地表覆盖成分(LCC)	土地利用属性/功能(LUA)					特征（CH）												
			生物/植被	初级生产部门			工业（次级部门）		生态系统类型				（生物）物理特性							通用参数	
			木本植被	其他主要生产			生产/制造行业		草地和高大的杂类草	农业镶嵌	林地和森林	石南丛生的荒野、灌木和苔原	非生物特性	生物/植被特征						高度/m	覆盖/%
			树	迁徙的动物	蜜蜂（蜜蜂的蜂巢）	采摘天然产品	未加工行业	重工业					土壤封闭度/%	叶型		叶子持续性			树冠覆盖率/%		
				驯鹿、鹿		非耕种植物	如瓷砖，木材，纸张，石油，化学制品，金属矿石	例如机械、车辆、武器					<整数值>	针叶	阔叶	常绿	冬季落叶	夏季落叶	<整数值>		
数据	一级类	二级类																			
NLCD 2011	森林	41 落叶林	3	0	0	0	0	0	0	0	3	0	0	0	0	0	2	2	0%	>5	>20%

图 7.4　NLCD 2011 落叶林翻译结果

在翻译过程中，应注意以下问题：第一，在寻找类定义时，应依照类定义明确提到的元素，而不能从用户逻辑角度推断。类定义中的 LCCs、LUA、CH 中的术语可以与矩阵中的术语有轻微的不同，但是类定义中表达的含义必须与矩阵元素的含义明确相关。第二，有时编码值不能被分到最底层的地表覆盖成分中，只能在一个较高层的地表覆盖成分组中

(如松散的表面)，这时，编码的矩阵单元宽度要与较高层的地表覆盖成分组（如松散的表面）相同，且只有一个编码值。土地利用属性/功能部分也是如此，但不适用于特征部分。第三，地表覆盖成分模块每个元素都具有编码值，而特征模块并不是所有的元素都有编码值，多数情况下，只有最下层的元素才有编码值。

7.2.3　LCCS 与 EAGLE 矩阵优缺点

结合 7.2.1 节与 7.2.2 节，本章节对 LCCS 地表覆盖分类系统和 EAGLE 矩阵的优缺点进行总结。

LCCS 分类系统采用逐级分层分类，具有内部结构灵活，可以兼容其他地表覆盖分类系统，是一种规范性的、综合性的先验系统，不同人对同一种地表覆盖类的定义可以得到相同的结果等优点（何宇华等，2005）。但 LCCS 分类系统也有缺点，该系统内容丰富，在进行语义翻译前要对其进行详细的学习与了解，并要熟练其语义翻译的操作步骤，且 LCCS 分类系统主要针对地表覆盖，在进行土地利用类翻译时效果不佳，另外 LCCS 分类系统并没有考虑森林砍伐、荒漠化等地球表面普遍存在的复合类型问题（蔡红艳等，2010）。

EAGLE 矩阵是以表格的形式存在的，其结构较为灵活，内容也较为丰富与直观，用户可以对其内容进行增加、删除、修改等操作，使用其进行语义翻译时也比较方便。EAGLE 矩阵最大的优势在于它将地表覆盖成分与土地利用属性区分开来，分别存储在不同的模块中，避免了在语义翻译时发生地表覆盖成分与土地利用属性的重叠与模糊。但 EAGLE 矩阵的内容还有待增加，并不是所有的类别都存在于 EAGLE 矩阵中。

另外，LCCS 地表覆盖分类系统与 EAGLE 矩阵在对森林类进行翻译时有如下不同点：首先，LCCS 中树高定义在 5 ~ 30m，EAGLE 矩阵不限制树高，可根据不同分类产品的森林类树高定义进行翻译。其次，LCCS 中没有单独的落叶林和针叶林类，只有阔叶、针叶与常绿、落叶相互组合类型及阔叶落叶混交和针叶常绿混交，而 EAGLE 矩阵中叶型属性有针叶、阔叶，叶子持续性有常绿、冬季落叶、夏季落叶，可以根据待翻译森林类的定义对叶型和叶子持续性进行组合翻译，以适应所有情况的森林类。再者，LCCS 中森林类翻译时植被覆盖率是 15% ~100%，而 EAGLE 矩阵在对森林的冠层密度与森林覆盖率进行翻译时可以根据森林类定义自由输入。最后 LCCS 分类系统是预先定义好的，在进行森林类翻译时不能随意改变其内容，但 EAGLE 矩阵不是固定的，用户可以在翻译时可根据自己需求添加或删除某些森林类相关的矩阵元素。

综合考虑 LCCS 地表覆盖分类系统与 EAGLE 矩阵各自的优缺点，本书在研究过程中，主要采用 EAGLE 矩阵来对各地表覆盖产品进行图例翻译。

7.3　整合方法

7.3.1　数据源

数据源的选择是 GlobeLand30（2010 期）林地类型细化过程的基础，在研究过程中主要采用了3种地表覆盖数据来探求细化GlobeLand30（2010期）林地类型的方法与过程，这3种源数据分别是：全球森林覆盖数据（treecover2010）、美国的地表覆盖数据NLCD 2011及30m全球地表覆盖产品FROM-GLC-seg，GlobeLand30（2010期）是目标数据。源数据与目标数据的相关信息如表7.4所示。

表7.4 4种地表覆盖数据相关信息对比表

产品名称	研发者	适用范围	数据源	分类方法	分类系统	一级类/个	二级类/个	空间分辨率/m
NLCD 2011	美国	美国	Landsat-5 TM数据	决策树	安德森分类体系	8	16（不包含阿拉斯加的另外4个类）	30
GlobeLand30（2010期）	国家基础地理信息中心、清华大学等18家单位	全球	30m多光谱影像和辅助影像及数据	单类型逐一分类、然后集成分类	清华大学分类体系	10	29（未分）	30
FROM-GLC-seg	清华大学	全球	Landsat TM/ETM+数据（30m）、MODIS时相动态植被指数（250m）、网格化气候数据（1km）、全球DEM（1km）、土壤水分变量（1km）	随机森林分类器（RF）、最大似然法（MLC）、支持向量机（SVM）、J4.8决策树分类	清华大学分类体系	10	29	30
treecover2010	美国地质调查局与马里兰大学	全球	Landsat-7 ETM+数据	基于回归树模型	—	1	—	30

NLCD为地表特征提供空间参考和描述性数据，如不透水表面百分比、树冠覆盖百分比等。NLCD系列一开始是10年一个周期，生产的产品有NLCD 1992、NLCD 2001、地表覆盖变化改造产品——LCCR（land cover change retrofit）1992/2001（Homer et al.，2012）。NLCD 2006是第一个5年为周期的地表覆盖产品。美国最新的地表覆盖产品是NLCD 2011，其是通过一种新的综合变化检测方法——CCDM来实现的。CCDM集成了基于光谱的变化检测算法，核心光谱变化检测方法是多指数综合变化分析（MIICA）模型，它是使用2006年和2011年成对的Landsat图像来捕捉全部的地表覆盖扰动和地表覆盖变化（Homer et al.，2015）。该模型使用了4个指标来获取两个图像日期之间发生的变化，分别是归一化燃烧指数（NBR）、归一化植被指数（NDVI）、变化矢量（CV）和相对变化矢量（RCV）（Jin et al.，2013）。

treecover2010使用了2000～2012年的数据资料，采用回归树模型来计算每个像素的树冠覆盖率。利用多年数据中值来取代个别年份的数据差距及噪音。每个像元代表最大树冠覆盖率（1%～100%）。

FROM-GLC-seg是由清华大学研制出的具有30m分辨率的全球地表覆盖产品，它是

FROM-GLC的增强版。FROM-GLC使用了8903景单时相的Landsat TM/ETM+影像，参考MODIS时间序列及来自Google Earth的高分辨率影像等数据，采用新的分类系统，该分类系统中类的定义是在尽量保持原有的定量结构信息的基础上，将类的特性、生命形式及结构信息分成不同的层（Gong et al., 2013）。但是FROM-GLC缺少多时相信息，对具有动态变化的地表覆盖类型的分类精度并不是很高（俞乐等，2014）。FROM-GLC-seg采用基于分割的方法对Landsat TM/ETM+影像、MODIS/Terra植被指数MOD13Q1、生物气候变量、土壤水分条件变量、数字高程模型（DEM）数据集等数据进行处理（Yu et al., 2013），分类系统与FROM-GLC所采用的分类系统相同。

GlobeLand30（2010期）具体信息请参看7.1节。

7.3.2　目标图例

目标是对GlobeLand30（2010期）林地类型进行细化，并以美国区域为研究对象，首先要对本书所采用的每个地表覆盖产品的森林分类及其定义有所了解，如表7.5所示，根据源数据所具有的森林类来定义目标图例。

表7.5　各地表覆盖数据森林类定义

产品名称	一级类	二级类	定义
NLCD 2011	森林	41 落叶林	指树高大于5m，森林覆盖率大于总植被覆盖率的20%，且超过75%的树叶随季节的变化而脱落
		42 常绿林	指树高大于5m，森林覆盖率大于总植被覆盖率的20%，且超过75%的树叶整年不脱落，树冠一直有绿叶
		43 混交林	指树高大于5m，森林覆盖率大于总植被覆盖率的20%，但落叶林、常绿林各自的覆盖率都不超过总覆盖率的75%
FROM-GLC-seg	20 森林	21 阔叶林	树高大于3m，森林覆盖率大于15%
		22 针叶林	在近红外波段中，反射率低于阔叶树，树高大于3m，森林覆盖率大于15%
		23 混交林	在混交林中，针叶树和阔叶树都不占主导地位，树高大于3m，森林覆盖率大于15%
treecover2010	森林	—	每个像素的值都是整数，代表最大冠层覆盖率
GlobeLand30	20 森林	—	指树冠密度大于10%的土地，树冠密度低于10%，但没有被用作其他土地类型的土地也属于该类

源数据与目标数据森林类在栅格图像上的分布在图7.5(a)~(d)中分别显示。

从图7.5(b)、(c)中可以看出，NLCD 2011中的落叶林与FROM-GLC-seg中的阔叶林交集较多，FROM-GLC-seg中的针叶林与NLCD 2011中的常绿林交集较多，这也与常识中认为的落叶林多数属于阔叶型，针叶型大多是常绿林相对应，为下文定义目标图例提供依据。四种地表覆盖产品中森林类的分布区域大体还是一致的。

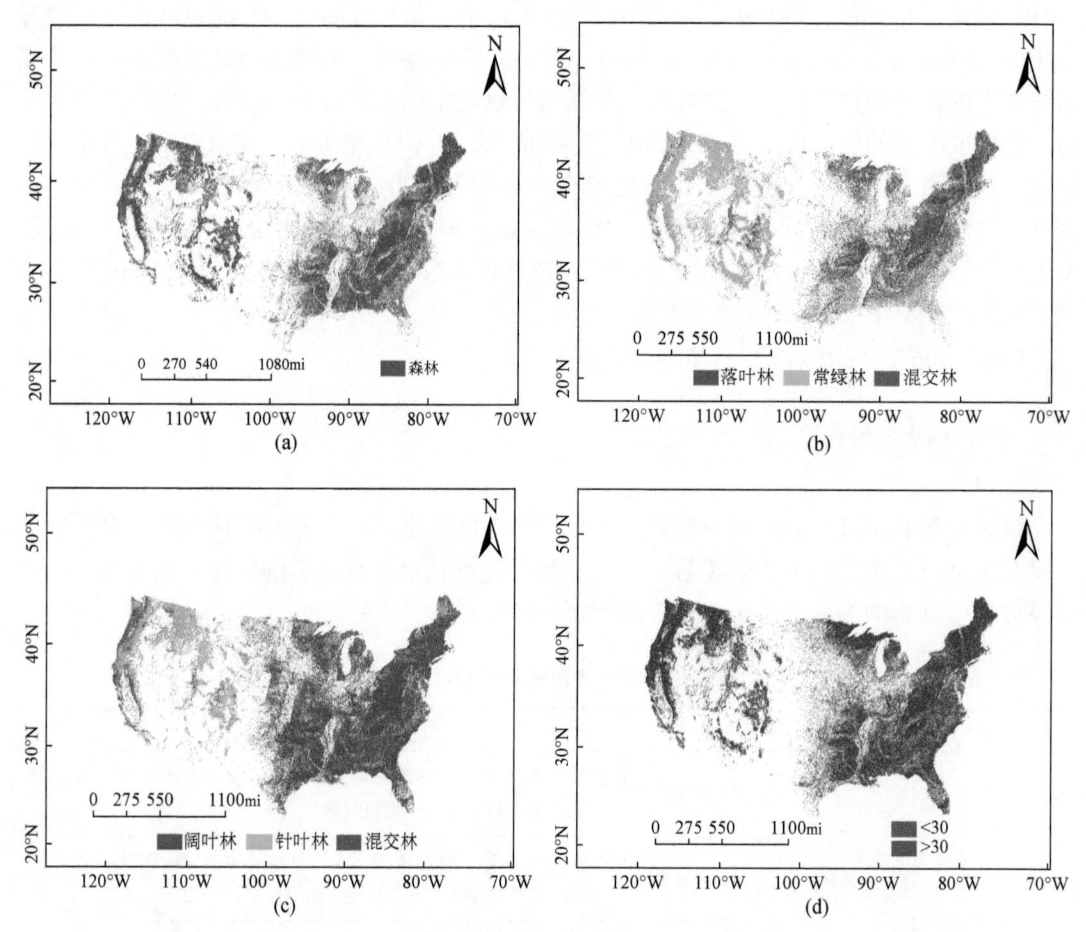

图 7.5　各地表覆盖产品森林类分布示意图

（a）GlobeLand30（2010 期）森林类；（b）NLCD 2011 森林类；（c）FROM-GLC-seg 森林类；（d）treecover2010 森林类

最终的目标是将 GlobeLand30（2010 期）林地类型细化为针叶林、阔叶林、针阔混交林，其具体定义及代码如表 7.6 所示。

表 7.6　目标图例及其定义

产品	一级类	二级类	定义
GlobeLand30	20 森林	21 阔叶林	植物群落中，以阔叶树种主，树冠密度大于 30% 的土地，树高大于 5m，森林覆盖率大于 15%
		23 针叶林	植物群落中，以针叶树种主，树冠密度大于 30% 的土地，树高大于 5m，森林覆盖率大于 15%
		25 混交林	针叶树和阔叶树覆盖都不超过总植被覆盖面积的 60% 的林地，树冠密度超过 30% 的土地，树高大于 5m，森林覆盖率大于 15%

7.3.3　优化 GlobeLand30（2010 期）林地类型及精度评价

所采用的 4 种地表覆盖数据各自的分类精度不同，都存在各种误差，如错分误差、漏分误差等，错分是指图像中某一像元实际类型不是用户感兴趣类型，但被划分成了用户感兴趣的类型，漏分是指图像中某一像元没有被分到本身应归属的地表真实类型。在整合的过程中，由于存在上述误差，难免会出现像元不一致的地方，所以首先将 GlobeLand30（2010 期）及 treecover2010、NLCD 2011、FROM-GLC-seg 这 4 种地表覆盖产品的森林类进行叠加，以识别出 GlobeLand30（2010 期）中可能存在的错分像元与漏分像元，然后对 GlobeLand30 森林类与识别出的漏分像元进行进一步的细化。叠加的过程中以 GlobeLand30（2010 期）为目标，依据大多数原则，即当三种地表覆盖产品中有至少两种地表覆盖产品中的像元是一致的时候，才对该像元进行叠加。当四种地表覆盖产品叠加时，本书对 GlobeLand30（2010 期）可能存在的错分像元与漏分像元进行标记，将漏分像元补充进 GlobeLand30（2010 期）林地类型中，其标记的编码值及意义如表 7.7 所示，为了表达方便，表 7.7 中用 a 代表 NLCD 2011，b 代表 FROM-GLC-seg，c 代表全球森林覆盖数据（treecover2010），d 代表 GlobeLand30（2010 期）。当 a，b 都认为是森林，且 c>=30，但 d 不认为是森林，则认为该像元可能是 GlobeLand30（2010 期）漏分的像元。当 a，b 都不认为是森林，且 c<30，但 d 认为是森林，则认为该像元可能是 GlobeLand30（2010 期）错分的像元。GlobeLand30 可能存在的错分像元与漏分像元示意图如图 7.12（a）、（b）所示。在本书中，当 treecover2010 的像元值大于 30 时，即最大冠层覆盖率大于 30%，才将该元素当成森林类。

表 7.7　GlobeLand30（2010 期）可能的漏分像元与错分像元编码值及其意义

编码值	颜色	意义
26		a，b 都认为是森林，且 c≥30，但 d 不认为是森林，GlobeLand30（2010 期）可能漏分的像元
32		a，b 都不认为是森林，且 c<30，但 d 认为是森林，GlobeLand30（2010 期）可能错分的像元

在研究区域内，GlobeLand30（2010 期）原始产品中被分成森林类的像元共 2462219002 个，图 7.6（a）显示的是 NLCD 2011、treecover2010、FROM-GLC-seg 3 种都认为该像元是森林，而 GlobeLand30（2010 期）不认为是森林的像元共有 99086754 个，占整个 GlobeLand30（2010 期）森林类像元的 4%，主要分布在美国中东部的明尼苏达州、威斯康辛、纽约州、缅因州、俄亥俄州、弗吉尼亚州、田纳西州、乔治亚州等区域。图 7.6（b）显示的是 4 种地表覆盖产品中 NLCD 2011、FROM-GLC-seg、treecover2010 3 种都不认为该像元是森林，而 GlobeLand30（2010 期）认为是森林的像元共有 133210923 个，占整个 GlobeLand30（2010 期）林地类型像元的 5%，分散分布在美国的整个区域。

在对 4 种地表覆盖产品进行叠加之后，剔除 GlobeLand30（2010 期）可能存在的错分像元，添加 GlobeLand30（2010 期）可能存在的漏分像元，得到优化的 GlobeLand30（2010 期）林地类型图，如图 7.7 所示。

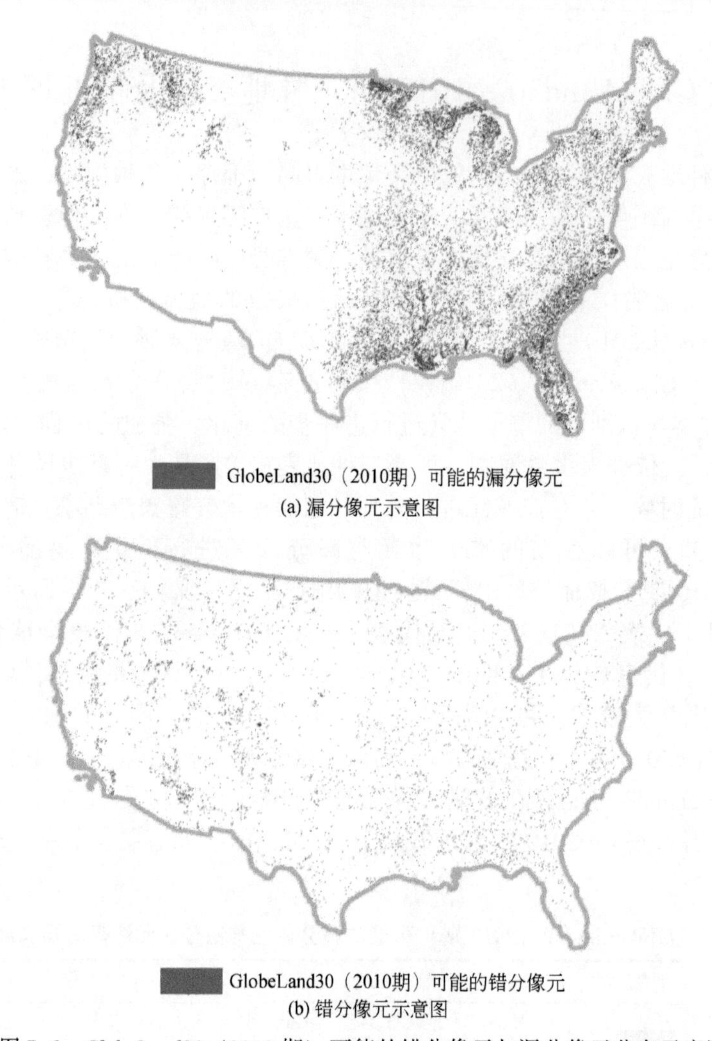

(a) 漏分像元示意图

(b) 错分像元示意图

图 7.6　GlobeLand30（2010 期）可能的错分像元与漏分像元分布示意图

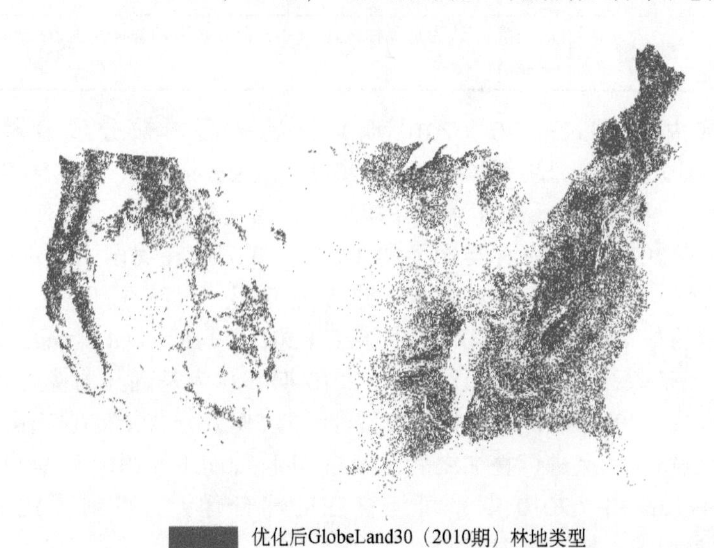

图 7.7　GlobeLand30（2010 期）林地类型优化后示意图

在对 GlobeLand30（2010 期）林地类型进行优化之后，为了建立模型和进行精度验证，我们通过众源参考数据和目视解译两种途径收集验证点。首先，我们收集了来自不同来源的以下验证点，如 GLC2000 参考数据集、STEP 参考数据集、GLCNMO2008 数据集、Geo-Wiki 众源数据和清华大学开发的全球验证样本集。这些验证点分布如图 7.8 所示，总数为 1060，其中阔叶林数为 447，针叶林为 373，混合林为 240，如图 7.9 所示。表 7.8 列出了每个来源的验证点数量。

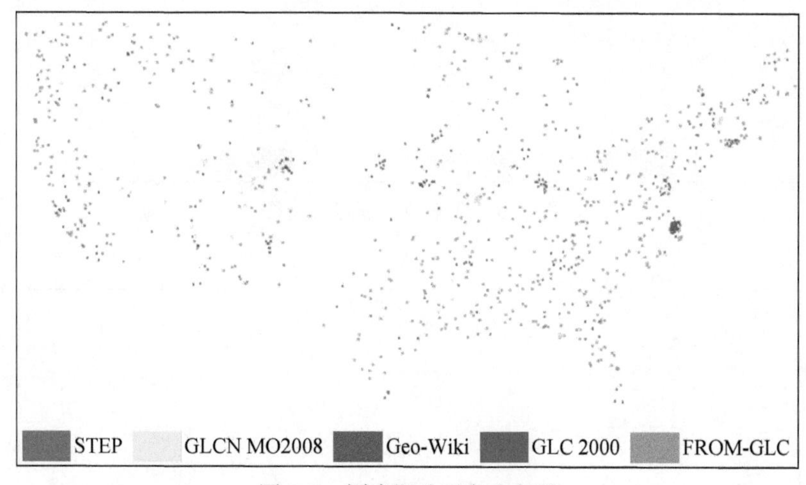

图 7.8　同来源验证点分布图

表 7.8　各来源验证点数目统计表

来源＼类别	阔叶林	针叶林	混交林	总计
FROM-GLC	295	259	148	702
Geo-Wiki	46	62	64	172
STEP	14	11	26	51
GLCNMO2008	87	29	0	116
GLC 2000	5	12	2	19
总计	447	373	240	1060

除了这些参考点之外，还在高分辨率的 Google Earth 图像上对一些针叶林和阔叶林样本点进行了视觉解释并添加了这些点，在验证点样本集中添加了总共 1024 个针叶林和 900 个阔叶点，样本点分类如图 7.10 所示。

上述 2984 个点（来自不同来源的 1060 个参考点和来自目视解译的 1924 个点）被均匀地分成两部分，各 1492 个点。第一组用于整合过程中的条件概率计算，第二组用于整合结果的精度评估。

在采集样本点时，要遵循原则是样本点尽量均匀分布，这样可以对优化后的结果进行有效的精度评价。GlobeLand30（2010 期）原始产品的总体精度是 83.51%，其中森林类的精度是 88.99%，而优化后的 GlobeLand30（2010 期）林地类型精度如表 7.9 所示。

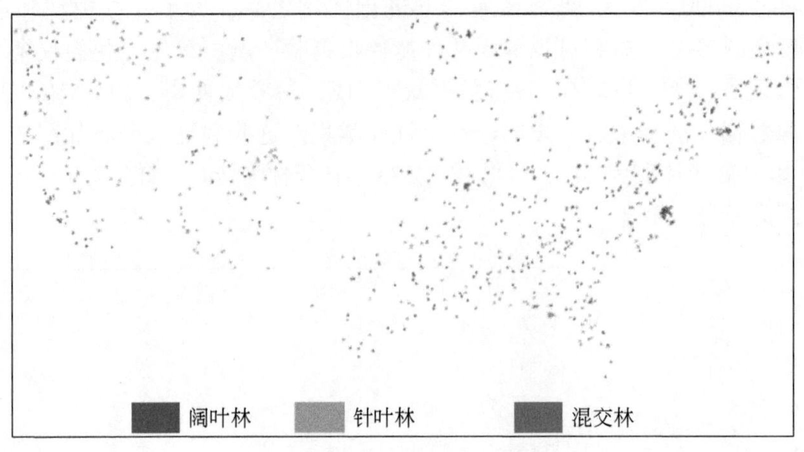

图 7.9　众来源验证点分类图

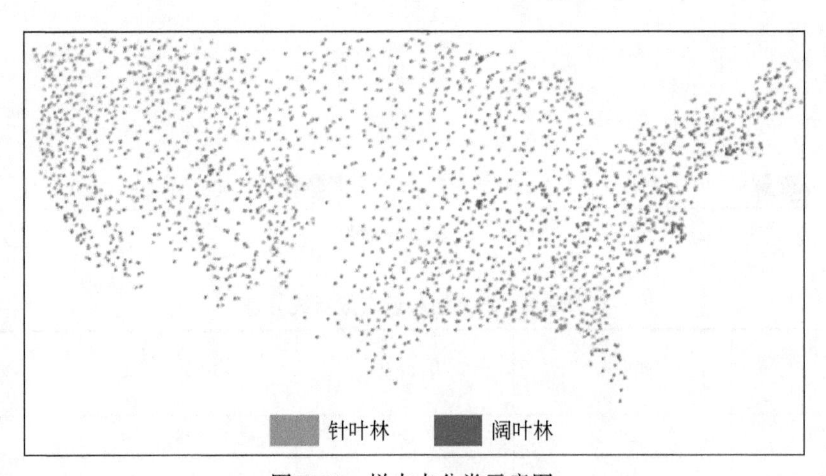

图 7.10　样本点分类示意图

表 7.9　GlobeLand30（2010 期）林地类型优化图的精度评价表

产品	森林	居民地	耕地	草地	水体	其他	总计	用户精度/%
GlobeLand30（2010 期）优化图	807	2	7	20	11	4	851	94.83

从表 7.9 可以看出，优化后的 GlobeLand30（2010 期）林地类型的精度达到了 94.83%，比 GlobeLand30（2010 期）原始森林类的精度提高了 5.84%。可见，本书对 GlobeLand30（2010 期）林地类型的优化达到了预期的效果，提高了林地类型的分类精度，为下文林地类型的进一步细化提供了良好的基础。

7.3.4　整合模型

在对 GlobeLand30（2010 期）林地类型进行细化的过程中，恰当的整合模型尤为重要，在整合模型选择时主要考虑到三点：源数据与目标图例的重叠性、源数据各类型属于目标图例类型的条件概率及源数据产品各自的精度。

1. 源数据与目标图例的重叠性

在计算源数据与目标图例的重叠性时，考虑到具有不同分类系统的不同的地表覆盖产品之间不能进行比较和互操作，所以要选择规范的、统一的分类系统来进行语义翻译，本书采用EAGLE矩阵来进行语义翻译，在考虑重叠矩阵计算时，利用了多种方法来进行对比，例如基于最小值加权和的平均来计算重叠性等，最后采用相关系数与区间重叠比例相结合的方法来进行重叠性计算，连续属性采用区间重叠比例法，离散属性采用相关系数法。相关系数又称简单相关系数、线性相关系数，用来度量两个变量间的线性关系。利用EAGLE矩阵翻译结果进行重叠矩阵计算时，要分两种情况，第一种情况是冠层密度、树高、覆盖率、树种所占比例，这4种矩阵元素是连续属性，按照式（7.1）进行计算。第二种情况是除了冠层密度、树高、覆盖率、树种所占比例，其余的EAGLE矩阵元素是离散属性，按照式（7.2）进行计算。这里，$C_i=(r_{i1},\ r_{i2},\ \cdots,\ r_{in})$ 和$C_j=(r_{j1},\ r_{j2},\ \cdots,\ r_{jn})$ 代表i类，j类所具有的n个EAGLE矩阵元素编码值。$O(C_i,\ C_j)$ 表示两个重叠类的重叠性。

$$O(C_i,\ C_j)=\frac{l_i\cap l_j}{Max(l_{iu},\ l_{ju})-Min(l_{il},l_{jl})} \tag{7.1}$$

$$O(C_i,\ C_j)=\rho_{C_iC_j}=\frac{\mathrm{Cov}(C_i,\ C_j)}{\sqrt{D(C_i)}\sqrt{D(C_j)}} \tag{7.2}$$

式中，$l_i=[l_{il},\ l_{iu}]$，$l_j=[l_{jl},\ l_{ju}]$ 表示编码值是连续的区间值；$l_i\cap l_j$表示其区间长度的重叠值。例如，NLCD 2011中42类树高的高度区间是［5，30］，FROM-GLC-seg中21类树高的高度区间是［3，30］，那么二者在高度上的重叠性就是0.93，由25/(30-3）得到；$Cov(C_i,\ C_j)$表示C_i与C_j的协方差，用于表征C_i与C_j的总体误差，由式（7.3）计算得到。式（7.3）中$E(C_i)$ 表示C_i的期望值，按照式（7.4）进行计算。$D(C_i)$ 表示C_i的方差，如式（7.5）所示进行计算。

$$Cov(C_i,\ C_j)=E[(C_i-E[C_i])(C_j-E[C_j])] \tag{7.3}$$

$$E(C_i)=\frac{(r_{i1}+r_{i2}+\cdots+r_{in})}{n} \tag{7.4}$$

$$D(C_i)=\frac{[E(C_i)-r_{i1}]^2+[E(C_i)-r_{i2}]^2+\cdots+[E(C_i)-r_{in}]^2}{n} \tag{7.5}$$

最后，按照式（7.6）计算最终的重叠性。

$$O_{ij}=O(C_i,\ C_j)=\sum_{k=1}^{3}\pi_k O(C_i,\ C_j) \tag{7.6}$$

式中，π_k表示这EAGLE矩阵元素在计算重叠矩阵时的权重，这里设定LCC、LUA、CH 3个模块中的矩阵元素的权重为1/3；k表示LCC、LUA、CH 3个模块，分别用值1、2、3表示。这里需要注意的是当计算冠层密度、树高、覆盖率、树种所占比例的重叠性时，要先对这四种属性的重叠性相加再平均（使其归一化），然后再按照LCC、LUA、CH 3个模块权重分别是1/3进行计算。除冠层密度、树高、覆盖率、树种所占比例之外的矩阵元素按照相关系数，权重1/3进行计算。最后，再按照式（7.6）进行计算。

2. 条件概率与源数据产品精度

本书利用混淆矩阵来计算源数据各类型属于目标图例类型的条件概率，先选择适量的样本点，然后采用ERDAS IMAGINE图像处理软件与Google Earth进行联动来对样本点进行验证，判断源数据各类型属于目标图例类型中的哪个类型。

源数据产品各自的精度同样采用混淆矩阵来进行精度评价，在最后进行像元属性判别时，精度高的源数据类型可靠性就更高，在整合时所占权重越大。

3. 判别函数

本书最终的判别函数是由整合模型的3个方面组成，即重叠矩阵、条件概率及源数据产品精度。这部分的基本原理是先判断像元x在NLCD 2011、FROM-GLC-seg两个地表覆盖产品中所属的类型，找到每个类型与目标图例的重叠分数，分别与相对应的条件概率及地表覆盖产品中所属类型的用户精度相乘再相加，取最大值作为最后x所属的目标类。具体对GlobeLand30（2010期）林地类型进行二级细化的数学模型由式（7.7）、式（7.8）得到。假设x是某个像元，它同时存在于两个地表覆盖产品中，设其具有两个值（$\widehat{C_1}$，$\widehat{C_2}$），$\widehat{C_1}$代表NLCD 2011，$\widehat{C_2}$代表FROM-GLC-seg，这两个值表示x像元在这两个地表覆盖产品中属于哪个类。式（7.7）中$O^k(\widehat{C_k}(x), y)$、$P^k(y \mid \widehat{C_k}(x))$、$U(\widehat{C_k}(x))$三者的乘积再求和，该值代表了像元在某个地表覆盖产品中代表的类和目标图例中类y的归属程度。式（7.7）、式（7.8）用来判断像素x属于目标图例哪个类型，先判断像素x在NLCD 2011、FROM-GLC-seg两种产品中分别属于哪个森林类（两个），然后将这两个森林类与目标图例的重叠分数（每个森林类与目标图例有3个重叠分数）分别乘以两个森林类与目标图例的条件概率再乘以两个森林类的用户精度，得到两组分别对应目标图例的数值，然后对应目标图例阔叶林的两个数求和，对应针叶林的两个数求和，对应混交林的两个数求和，取这3个数的最大值作为最终像素x的类型。

$$g_y(x) = \sum_{k=1}^{2} O^k(\widehat{C_k}(x), y)\, P^k(y \mid \widehat{C_k}(x))\, U(\widehat{C_k}(x)) \tag{7.7}$$

$$G(x) = \arg \max_{y \in \Omega} g_y(x) \tag{7.8}$$

式中，$O^k(\widehat{C_k}(x), y)$是像元x在某个地表覆盖产品中代表的类与目标图例中的类y的重叠性；$P^k(y \mid \widehat{C_k}(x))$是条件概率，表示像元$x$在$k$产品中所属的类属于$y$类的可能性，由混淆矩阵计算得到，由于没有采用参考数据集，所以我们在Google Earth中对采集的样本点进行验证并计算$P^k(y \mid \widehat{C_k}(x))$。$U(\widehat{C_k}(x))$代表各地表覆盖产品用户精度，产品自身精度越高，整合中确定类型时所占的权重越大。用户精度通过选取样本点在Google Earth同时期影像上进行目视解译判定。式（7.8）表示取$g_y(x)$的最大值时x属于的y类为最终的类。

4. 整合流程

整合流程大致是首先选择相应的数据源（NLCD 2011、treecover2010、FROM-GLC-seg），对数据源及目标数据进行数据预处理（去黑边、拼接、重投影等），根据大多数原则对4个地表覆盖产品的每个像元进行判断，识别并标记出GlobeLand30（2010期）可能存在的错分像元与漏分像元，将GlobeLand30（2010期）可能存在的错分像元去除，将可能存在的漏分像元添加进去。其次，对比各地表覆盖产品森林类定义，给出目标图例，使用EAGLE矩阵将其森林类定义中的地表覆盖成分、土地利用属性/功能、特征3个部分提取出来，对应EAGLE矩阵的LCCs、LUA、CH 3个部分元素进行编码，然后根据具体的规则对EAGLE矩阵的元素编码值进行计算，求出源数据类型与目标图例的重叠性，利用Google Earth对样本点进行精度验证，求出条件概率及各源数据用户精度。最后根据判别函数对每个像元的归属性进行判断。具体整合流程图如图7.11所示。

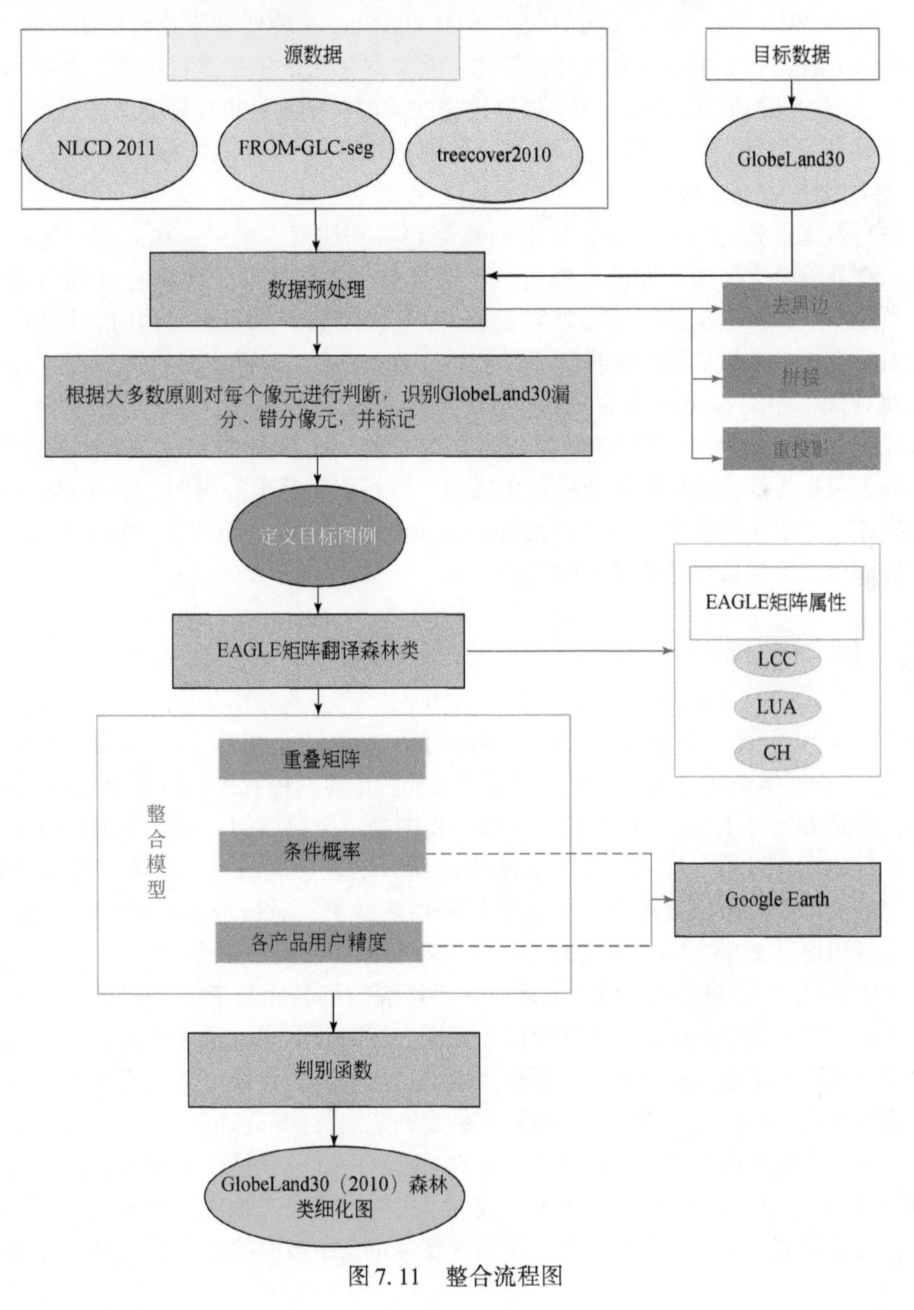

图7.11　整合流程图

7.4 整合过程

7.4.1 数据预处理

由于所采用的四种地表覆盖产品有着不同的投影，且有些产品数据并不是一幅完整的栅格图像，而是分成了很多幅图像，所以首先要对4种地表覆盖数据进行预处理。由于GlobeLand30（2010期）、treecover2010、FROM-GLC-seg 3种地表覆盖数据图像是分幅的，首先要在ArcMap 10.1中将所有图片去黑边，将去过黑边的图像进行拼接，然后再对拼接好的图像去黑边，按照从NLCD 2011提取出来的美国矢量图对拼接好的图像进行裁剪，得到美国区域的栅格图像，最后将所有地表覆盖产品中美国区域的栅格图像重新投影成WGS_1984_UTM_Zone_12N。

在进行数据预处理的过程中，以下内容需要特别注意：第一，在对图像进行去黑边时，可以选择单个去黑边、批量去黑边。当选择单个去黑边时，要将打开的对话框中的NOdata设置成0，并不选择“色彩映射表至RGB”。当选择批量去黑边时，选择“填充”之后要对每个输出数据集的名称进行手动更改，对NOdata进行填充前，先将“环境”下的“栅格存储”中的NOdata设置成0，然后对NOdata进行填充。第二，拼接时，将波段数设置成1。第三，在对拼接好的图像进行裁剪之前，先利用NLCD 2011地表覆盖产品，提取出其矢量边界线，然后将矢量线转化成面，进行腌膜裁剪。第四，在ArcMap 10.1中进行的操作（包括文件名称、路径）最好使用英文字母，避免出现汉字或其他复杂符号，以免在处理过程中导致结果错误或中断。

7.4.2 图例翻译

根据7.2节所述，利用EAGLE矩阵进行语义翻译主要有如下步骤（Fritz et al., 2011）：第一步，辨别类定义中表明地表覆盖成分、土地利用及进一步特征的术语和表达。第二步，辨别LCCs、LUA、CH模块中与第一步中类定义提取信息相对应的矩阵元素。第三步，将给定类（及数字代码）作为矩阵中的新行输入。第四步，沿第一线（主线）对整个给定的类用编码值填充矩阵单元。如果采用多线法，对每个LCC添加一个额外的子线，子线编码值是2、3或4，并完成子线中特殊LCC、LUA、CH赋值。

本例中EAGLE矩阵的编码值根据表7.3“各编码值名称及意义”赋予，编码值0表示矩阵元素在类定义时未提及，如喷灌作为灌溉方法对牧草来说是可能的，但是在类定义时未提及。编码值1表示这个矩阵元素在类定义中提到，但在类定义中扮演次要角色，如在密集连续的城市结构中的任何一种植被；特定的建筑物如郊区的一个小教堂。当编码值为2时，表示该元素在类定义中被明确地定义。它是一种选择性强制性元素，与其他具有相同编码值的元素是或的关系，如木本植被可以由树木或灌木组成，树木或者灌丛存在一种即可。当编码值为3时，表示这个矩阵元素在类定义中被明确地定义，是一种强制性元素。它是一种累积元素，与其他具有编码值的定义元素是和的关系，如阔叶林、针叶林两种类型必须同时存在于混交林中，缺一不可。

根据EAGLE矩阵语义翻译的步骤，对4种地表覆盖数据进行语义翻译，但由于全球森林覆盖数据（treecover2010）的森林类只有一类且像元值代表冠层覆盖率，所以不对其进行语义翻译，只需对NLCD 2011、FROM-GLC-seg及目标图例进行语义翻译。

NLCD 2011中落叶林指树高大于5m，森林覆盖率大于总植被覆盖率的20%，且超过75%的树叶随季节的变化而脱落。其中，LCCs：树；CH：树高大于5m，森林覆盖率大于总植被覆盖率的20%，超过75%的树叶随季节的变化而脱落。

落叶林定义中的树对应EAGLE矩阵中的“地表覆盖成分—生物/植被—木本植被—树”，与其他元素是和的关系，编码值是3。树高对应EAGLE矩阵中“特性—(生物)物理特性—高度”，值大于5。森林对应EAGLE矩阵中“特性—生态系统类型—林地和森林”，与其他元素是和的关系，编码值是3。覆盖率对应EAGLE矩阵中“特性—(生物)物理特性—覆盖”，值大于20%。树叶随季节的变化而脱落对应EAGLE矩阵中“特性—(生物)物理特性—生物/植被特性—叶子持续性—冬季落叶或夏季落叶”，冬季落叶和夏季落叶二者是互斥关系，编码值是2。超过75%无对应的矩阵元素。

NLCD 2011中常绿林指树高大于5m，森林覆盖率大于总植被覆盖率的20%，且超过75%的树叶整年不脱落，树冠一直有绿叶。其中，LCCs：树；CH：树高大于5m，森林覆盖率大于总植被覆盖率的20%，超过75%的树叶整年不脱落，树冠一直有绿叶。

常绿林定义中的树对应EAGLE矩阵中的“地表覆盖成分—生物/植被—木本植被—树”，与其他元素是和的关系，编码值是3。树高对应EAGLE矩阵中“特性—(生物)物理特性—高度”，值大于5。森林对应EAGLE矩阵中“特性—生态系统类型—林地和森林”，与其他元素是和的关系，编码值是3。覆盖率对应EAGLE矩阵中“特性—(生物)物理特性—覆盖”，值大于20%。树叶整年不脱落，树冠一直有绿叶对应EAGLE矩阵中“特性—(生物)物理特性—生物/植被特性—叶子持续性—常绿”，与其他元素是和的关系，编码值是3。超过75%无对应的矩阵元素。

NLCD2011中混交林指树高大于5m，森林覆盖率大于总植被覆盖率的20%，但落叶林、常绿林各自的覆盖率都不超过总覆盖率的75%。其中，LCCs：树；CH：森林覆盖率大于总植被覆盖率的20%，但落叶林、常绿林各自的覆盖率都不超过总覆盖率的75%。

混交林定义中的树对应EAGLE矩阵中的“地表覆盖成分—生物/植被—木本植被—树”，与其他元素是和的关系，编码值是3。树高对应EAGLE矩阵中“特性—(生物)物理特性—高度”，值大于5。森林对应EAGLE矩阵中“特性—生态系统类型—林地和森林”，与其他元素是和的关系，编码值是3。覆盖率对应EAGLE矩阵中“特性—(生物)物理特性—覆盖”，值大于20%。常绿林对应EAGLE矩阵中“特性—(生物)物理特性—生物/植被特性—叶子持续性—常绿”，与其他元素是和的关系，编码值是3。落叶林对应EAGLE矩阵中“特性—(生物)物理特性—生物/植被特性—叶子持续性—冬季落叶或夏季落叶”，冬季落叶和夏季落叶二者是互斥关系，编码值都是2。覆盖率都不超过总覆盖率的75%无对应的矩阵元素。

FROM-GLC-seg中阔叶林树高大于3m，森林覆盖率大于15%。其中，LCCs：树；

CH：树高大于3m，阔叶林，覆盖率大于15%。

阔叶林定义中的树对应EAGLE矩阵中的“地表覆盖成分—生物/植被—木本植被—树”，与其他元素是和的关系，编码值是3。树高对应EAGLE矩阵中“特性—(生物) 物理特性—高度”，值大于3。森林对应EAGLE矩阵中“特性—生态系统类型—林地和森林”，与其他元素是和的关系，编码值是3。覆盖率对应EAGLE矩阵中“特性—(生物) 物理特性—覆盖”，值大于15%。阔叶对应EAGLE矩阵中“特性—(生物) 物理特性—生物/植被特性—叶型—阔叶”，与其他元素是和的关系，编码值是3。

FROM-GLC-seg中针叶林在近红外波段中，反射率低于阔叶树，树高大于3m，森林覆盖率大于15%。其中，LCCs：树；CH：树高大于3m，针叶林，森林覆盖率大于15%。

针叶林定义中的树对应EAGLE矩阵中的“地表覆盖成分—生物/植被—木本植被—树”，与其他元素是和的关系，编码值是3。树高对应EAGLE矩阵中“特性—(生物) 物理特性—高度”，值大于3。森林对应EAGLE矩阵中“特性—生态系统类型—林地和森林”，与其他元素是和的关系，编码值是3。覆盖率对应EAGLE矩阵中“特性—(生物) 物理特性—覆盖”，值大于15%。针叶对应EAGLE矩阵中“特性—(生物) 物理特性—生物/植被特性—叶型—针叶”，与其他元素是和的关系，编码值是3。

FROM-GLC-seg混交林中，针叶树和阔叶树都不占主导地位，树高大于3m，森林覆盖率大于15%。其中，LCCs：树；CH：树高大于3m，阔叶和针叶，森林覆盖率大于15%。

混交林定义中的树对应EAGLE矩阵中的“地表覆盖成分—生物/植被—木本植被—树”，与其他元素是和的关系，编码值是3。树高对应EAGLE矩阵中“特性—(生物) 物理特性—高度”，值大于3。森林对应EAGLE矩阵中“特性—生态系统类型—林地和森林”，与其他元素是和的关系，编码值是3。覆盖率对应EAGLE矩阵中“特性—(生物) 物理特性—覆盖”，值大于15%。针叶对应EAGLE矩阵中“特性—(生物) 物理特性—生物/植被特性—叶型—针叶”，与其他元素是和的关系，编码值是3。阔叶对应EAGLE矩阵中“特性—(生物) 物理特性—生物/植被特性—叶型—阔叶”，与其他元素是和的关系，编码值是3。

目标图例中阔叶林指植物群落中，以阔叶树种主，树冠密度大于30%的土地，树高大于5m，森林覆盖率大于15%。其中，LCCs：树；CH：植物群落中，以阔叶树种主，树高大于5m，树冠密度超过30%，森林覆盖率大于15%。

阔叶林定义中的树对应EAGLE矩阵中的“地表覆盖成分—生物/植被—木本植被—树”，与其他元素是和的关系，编码值是3。树高对应EAGLE矩阵中“特性—(生物) 物理特性—高度”，值大于5。树冠密度对应EAGLE矩阵中“特性—(生物) 物理特性—树冠覆盖率”，值大于30%。森林对应EAGLE矩阵中“特性—生态系统类型—林地和森林”，与其他元素是和的关系，编码值是3。覆盖率对应EAGLE矩阵中“特性—(生物) 物理特性—覆盖”，值大于15%。阔叶对应EAGLE矩阵中“特性—(生物) 物理特性—生物/植被特性—叶型—阔叶”，与其他元素是和的关系，编码值是3。

目标图例中针叶林指在植物群落中，以针叶树种主，树冠密度大于30%的土地，树高大于5m，森林覆盖率大于15%。其中，LCCs：树；CH：在植物群落中，以针叶树种主，树高大于5m，树冠密度超过30%，森林覆盖率大于15%。

针叶林定义中的树对应EAGLE矩阵中的“地表覆盖成分—生物/植被—木本植被—树”，与其他元素是和的关系，编码值是3。树高对应EAGLE矩阵中“特性—(生物)物理特性—高度”，值大于5。树冠密度对应EAGLE矩阵中“特性—(生物)物理特性—树冠覆盖率”，值大于30%。森林对应EAGLE矩阵中“特性—生态系统类型—林地和森林”，与其他元素是和的关系，编码值是3。覆盖率对应EAGLE矩阵中“特性—(生物)物理特性—覆盖”，值大于15%。针叶对应EAGLE矩阵中“特性—(生物)物理特性—生物/植被特性—叶型—针叶”，与其他元素是和的关系，编码值是3。

目标图例中混交林指针叶树和阔叶树覆盖都不超过总植被覆盖面积的60%的林地，树冠密度超过30%的土地，树高大于5m，森林覆盖率大于15%。其中，LCCs：树；CH：针叶树和阔叶树覆盖都不超过总植被覆盖面积的60%的林地，树冠密度超过30%的土地，树高大于5m，森林覆盖率大于15%。

混交林定义中的树对应EAGLE矩阵中的“地表覆盖成分—生物/植被—木本植被—树”，与其他元素是和的关系，编码值是3。林地对应EAGLE矩阵中“特性—生态系统类型—林地和森林”，与其他元素是和的关系，编码值是3。树高对应EAGLE矩阵中“特性—(生物)物理特性—高度”，值大于5。树冠密度对应EAGLE矩阵中“特性—(生物)物理特性—树冠覆盖率”，值大于30%。覆盖率对应EAGLE矩阵中“特性—(生物)物理特性—覆盖”，值大于15%。阔叶对应EAGLE矩阵中“特性—(生物)物理特性—生物/植被特性—叶型—针叶”，与其他元素是和的关系，编码值是3。针叶对应EAGLE矩阵中“特性—(生物)物理特性—生物/植被特性—叶型—针叶”，与其他元素是和的关系，编码值是3。针叶树和阔叶树覆盖都不超过总植被覆盖面积的60%的林地无矩阵对应元素。

以上内容是EAGLE矩阵进行森林类语义翻译的第一、二步，然后选择单线法，按照第三、第四步进行赋值与编码，在这个过程中，根据表7.5中各个编码值及其意义对矩阵元素进行编码赋值。混交林类也可以采用多线法，但单线法也可以完全表达，为了便于计算，本书采用单线法。

在利用EAGLE矩阵进行语义翻译过程中，会遇到很多问题，大致有以下几个方面：首先，FROM-GLC-seg与GlobeLand30所采用的分类系统是相同的，都是清华大学分类体系，而在GlobeLand30中，林地的定义中树冠密度超过10%，而在FROM-GLC-seg各类定义中没有树冠密度，所以在翻译FROM-GLC-seg各类时，本书将树冠密度超过10%也进行了翻译。其次，在NLCD 2011各类定义中的超过75%及目标图例中针叶树和阔叶树覆盖都不超过总植被覆盖面积的60%的林地这两个特性没有对应的矩阵元素，所以本书引入了一个新的矩阵元素：树种所占比例。它从属于“特性—生物/植被特征”。最后，在3个地表覆盖产品的类型中，有两个混交林，一个是指落叶与常绿混交；另一个是指阔叶与针叶混交，为了避免在以后计算中二者产生重叠，本书在翻译时又引入了两个新的矩阵元素：是否混交（常绿落叶混交）、是否混交（阔叶针叶混交）。这两个元素从属于“特性—生物/植被特征”，但在翻译时，这两个元素并不按照表7.5所述的编码值进行编码，而是使用了新的编码与意义，本书将是混交的编码设置成1，否则为0。例如，NLCD 2011中混交林在“特性—生物/植被特征—是否混交（常绿落叶混交）”这一矩阵元素下的编码值为1，而NLCD2011中常绿林在“特性—生物/植被特征—是否混交（常绿落叶混交）”这一矩阵元素下的编码值为0。

地表覆盖产品森林类与目标图例森林类的语义翻译结果如图7.12所示，这里删除部分矩阵不相关元素。

			地表覆盖成分(LCC)	土地利用属性/功能(LUA)					特征(CH)															
			生物/植被	初级生产部门			工业(次级部门)		生态系统类型				(生物)物理特性										通用参数	
			木本植被	其他主要生产			生产/制造行业		草地和高大的杂类草	农业镶嵌	林地和森林	石南丛生的荒野、灌木和苔原	非生物特性	生物/植被特征									高度/m	覆盖%
			树	迁徙的动物	蜜蜂(蜜蜂的蜂巢)	采摘天然产品	未加工行业	重工业					土壤封闭度/%	叶型		叶子持续性			树冠覆盖率/%	是否混交(常绿落叶混交)	是否混交(针叶阔叶混交)	树种所占比例		
				驯鹿、鹿		非耕种植物	如瓷砖，木材，纸张，石油，化学制品，金属矿石	例如机械、车辆、武器					<整数值>	针叶	阔叶	常绿	冬季落叶	夏季落叶	<整数值>					
数据	一级类	二级类																						
NLCD 2011	森林	41 落叶林	3	0	0	0	0	0	0	0	3	0	0	0	0	0	2	2	0%	0	0	>75%	>5	>20%
		42 常绿林	3	0	0	0	0	0	0	0	3	0	0	0	0	3	0	0	0%	0	0	>75%	>5	>20%
		43 混交林	3	0	0	0	0	0	0	0	3	0	0	0	0	3	2	2	0%	1	0	<75%	>5	>20%
FROM-GLC-seg	森林	21 阔叶林	3	0	0	0	0	0	0	0	3	0	0	0	3	0	0	0	>10%	0	0	0	>3	>15%
		22 针叶林	3	0	0	0	0	0	0	0	3	0	0	3	0	0	0	0	>10%	0	0	0	>3	>15%
		23 混交林	3	0	0	0	0	0	0	0	3	0	0	3	3	0	0	0	>10%	0	1	<60%	>3	>15%
GlobeLand30	森林	21 阔叶林	3	0	0	0	0	0	0	0	3	0	0	0	3	0	0	0	>30%	0	0	0	>5	>15%
		23 针叶林	3	0	0	0	0	0	0	0	3	0	0	3	0	0	0	0	>30%	0	0	0	>5	>15%
		25 混交林	3	0	0	0	0	0	0	0	3	0	0	3	3	0	0	0	>30%	0	1	<60%	>5	>15%

图7.12 各森林类语义翻译结果

7.4.3 整合得到新图像

1. 计算重叠矩阵

根据7.4.1节中介绍的源数据与目标图例的重叠性计算方法，对NLCD 2011、FROM-GLC-seg与GlobeLand30（2010期）的重叠性进行计算，得到源数据与目标图例的重叠矩阵。NLCD 2011、FROM-GLC-seg与GlobeLand30（2010期）的重叠矩阵如表7.10所示。

表7.10 NLCD 2011、FROM-GLC-seg与GlobeLand30（2010期）的重叠矩阵

产品名称	源图例\目标图例	21 阔叶林	23 针叶林	25 混交林
NLCD 2011	41 落叶林	0.37	0.37	0.34
	42 常绿林	0.38	0.38	0.35
	43 混交林	0.37	0.37	0.42

续表

产品名称	源图例\目标图例	21 阔叶林	23 针叶林	25 混交林
FROM-GLC-seg	21 阔叶林	0.56	0.45	0.51
	22 针叶林	0.45	0.56	0.51
	23 混交林	0.51	0.51	0.64

从表7.10可以看出，NLCD 2011地表覆盖产品中的落叶林与目标图例阔叶林和针叶林的重叠性相同，常绿林与目标图例阔叶林和针叶林的重叠性相同，这是因为落叶林可能属于阔叶，也可能属于针叶，而常绿林同样可能属于阔叶或者针叶。按照常识，大多数落叶属于阔叶型，常绿多属于针叶型，但在利用EAGLE矩阵进行语义翻译时，并没有这一属性，所以在计算重叠矩阵之后，出现了落叶林与目标图例中的阔叶林、针叶林的重叠性相同，常绿林与目标图例中的阔叶林、针叶林的重叠性相同的现象。但由于后面进行像元归属性判断时，引入了条件概率与各产品用户精度，结合最后的判别函数综合考虑来进行最后的像元归属性判定，所以这在一定程度上使重叠矩阵出现的这种现象对最终细化结果的影响减弱。NLCD 2011地表覆盖产品中的混交林与目标图例混交林重叠分数最大。FROM-GLC-seg地表覆盖产品中的阔叶林与目标图例阔叶林重叠分数最大，针叶林与目标图例针叶林重叠分数最大，混交林与目标图例混交林重叠分数最大。

2. 条件概率与源数据产品精度

源数据各类属于目标图例类型的条件概率、源数据产品各类的精度都是由混淆矩阵计算得到的，在计算源数据各类属于目标图例类型的条件概率时，采用了上文提到的用于模型计算的第一组点，即来自不同来源的530个验证点和目视解译的962个点，共1492个点。

最终通过各混淆矩阵计算得到的条件概率与各地表覆盖产品精度如表7.11所示，由于表7.11中各精度进行计算时采用四舍五入，只保留了两位有效数字，所以各相应精度之和在（1-0.01）和（1+0.01）之间。

表7.11　条件概率与各地表覆盖产品精度

产品名称	类别\y	阔叶林	针叶林	混交林	其他	用户精度
NLCD 2011	41 落叶林	0.74	0.11	0.08	0.08	0.66
	42 常绿林	0.45	0.39	0.10	0.06	0.70
	43 混交林	0.45	0.14	0.30	0.10	0.67
FROM-GLC-seg	21 阔叶林	0.64	0.08	0.06	0.22	0.64
	22 针叶林	0.22	0.60	0.01	0.18	0.60
	23 混交林	0.30	0.15	0.51	0.04	0.51

表7.11中，NLCD 2011地表覆盖产品中落叶林属于阔叶型的条件概率是0.74，常绿林属于阔叶型的条件概率是0.45，混交林属于阔叶型的条件概率是0.45。FROM-GLC-seg地表覆盖产品中阔叶林属于阔叶型的条件概率是0.64，针叶林属于针叶型的条件概率是0.60，混交林属于混交型的条件概率是0.51。虽然，条件概率表明NLCD 2011产品中3种森

林类属于阔叶林的概率较大，但是最终的判别函数是根据 NLCD 2011 与 FROM-GLC-seg 两种地表覆盖产品进行计算的，所以并不会导致 NLCD 2011 中所有的像元都被分到阔叶林中。

3. 整合

对应于 GlobeLand30 森林像素的像素分别从 NLCD 2011 和 FROM-GLC-seg 中提取，并且使用式（7.7）计算属于每个类别（阔叶、针叶和混合）的每个像素的概率。例如，根据表 7.10 和表 7.11 的值，当 NLCD 上的像素是落叶林而 FROM-GLC-Seg 上的像素是阔叶林时，阔叶林的概率为 0.37×0.74×0.66+0.56×0.64×0.64＝0.41；针叶林的概率为 0.37×0.11×0.66+0.45×0.08×0.64＝0.0499，混交林的概率为 0.34×0.08×0.66+0.51×0.06×0.64＝0.0375。如果该像素在 NLCD 2011 中是常绿林，在 FROM-GLC-seg 中是针叶林，那个该像素计算结果属于阔叶林的概率是：0.38×0.45×0.70+0.45×0.22×0.60＝0.179；计算结果属于针叶林的概率是：0.38×0.39×0.70+0.56×0.60×0.60＝0.305；计算结果属于混交林的概率是：0.35×0.10×0.70+0.51×0.01×0.60＝0.028。取 0.179、0.305、0.028 这 3 个数的最大值时该像素所属的目标类为该像素的类，即该像素属于针叶林。

使用式（7.8）计算像素 x 的最终类型，即 3 个结果中的最大值。如此，计算并确定 GlobeLand30 的每个森林像素。最终，GlobeLand30（2010 期）林地类型二级细化示意图如图 7.13 所示。

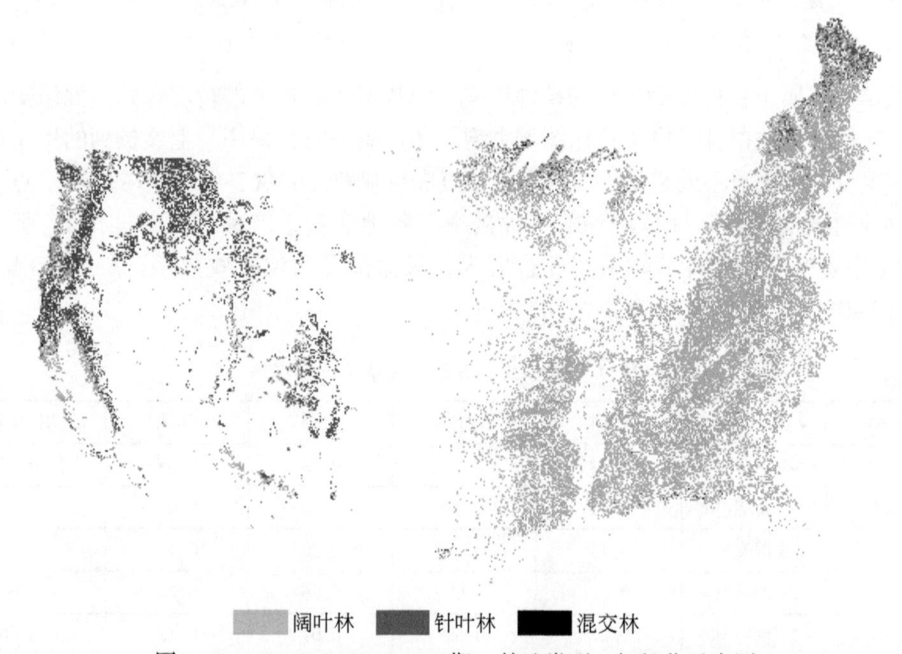

图 7.13　GlobeLand30（2010 期）林地类型二级细化示意图

图 7.14 描绘了几个局部区域的放大显示。图 7.14（a）显示了位于美国弗吉尼亚州的阔叶林。针叶林主要分布在美国西部，如图 7.14（b）所示，该地区位于蒙大拿州，偶尔有阔叶林。有几个地区都有 3 种森林类型，例如在美国北部的某些地方（如明尼苏达州），如图 7.14（c）所示，混交林经常伴有阔叶林和针叶林。

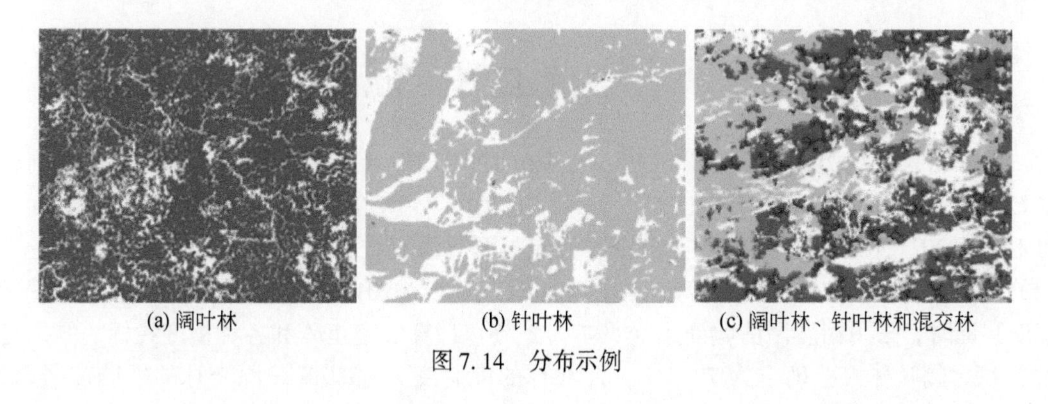

(a) 阔叶林　　(b) 针叶林　　(c) 阔叶林、针叶林和混交林

图 7.14　分布示例

GlobeLand30（2010 期）林地类型的二级类中阔叶林、针叶林的分布示意如图 7.15（a）、（b）所示，阔叶林、针叶林、混交林像元总数是 2161224640 个。由于细化结果中混交林总的像元数较少，共有 1982698 个像元，占细化后像元总数的约 0.3%，将不单独显示。

(a) 阔叶林　　(b) 针叶林

图 7.15　GlobeLand30（2010 期）阔叶林与针叶林分布示意图

从图 7.15（a）可以看出，阔叶林主要分布在美国整个区域，但东部地区较多，如明尼苏达州、阿肯色州、路易斯安那州、缅因州、纽约州、北卡罗来纳州、乔治亚州等，像元总数是 1762619637 个，占细化后像元总数的约 82%。从图 7.15（b）可以看出，针叶林主要分布在美国西部、东北部地区，如西部地区的华盛顿州、俄勒冈州、蒙大拿州、怀俄明州、科罗拉多州等，北部的明尼苏达州、威斯康星州等，东部的缅因州等，像元总数是 396622309 个，占细化后像元总数的约 18%。

最终的 GlobeLand30（2010 期）林地类型二级细化产品中，混交林的像元总数较少，这是由于所采用的用于整合的源数据（即 NLCD 2011、FROM-GLC-seg）的混交林类型并不相同，NLCD 2011 产品中是落叶与常绿混交，这种混交林中可以是针叶与阔叶混交、针叶常绿与落叶混交、阔叶常绿与落叶混交，而 FROM-GLC-seg 产品本身混交林总像元数就较少，共 2955146 个，当各地表覆盖数据进行叠加之后，剔除了部分像元，所以这就导致了本书研究结果中混交林的像元总数较少。而阔叶林像元总数最多，主要有两个原因，第一，FROM-GLC-seg 产品本身阔叶林像元总数就较多。第二，NLCD 2011 产品落叶林、常绿林、混交林三类中某些像元可能被分到目标类型阔叶林中。

7.5 精度分析

所得到的二级类细化图是以 GlobeLand30（2010 期）为基础的，通过大多数原则将 NLCD 2011、GlobeLand30（2010 期）、treecover2010、FROM-GLC-seg 进行叠加，辨别出 GlobeLand30（2010 期）可能存在的错分像元与漏分像元，然后在去除错分和补充漏分像元的基础上进行上文所述的计算。在进行 GlobeLand30（2010 期）林地类型二级细化图像精度验证时，采用精度评估验证点（见 7.3.3 节）计算混淆矩阵和各种精度指标。结果见表 7.12。阔叶林的准确率为 79.3%，针叶林的准确度为 65.9%。混交林的准确度最低，为 58.4%。NLCD 2011 产品具有很高的产品精度，然而，森林类型的分类系统有落叶林，常绿林和混交林，该系统与目标图例有很大不同，FROM-GLC-seg 产品数据的准确性相对较低，特别是对于混交林（用户精度为 0.51），混交林总数相对较小，因此在整合地图中产生的混交林像素很少。

表 7.12 混淆矩阵和各类用户准确性

细化地图	整体分类准确性	用户准确性	错分误差	漏分误差	制图精度
阔叶林		0.793	0.207	0.254	0.746
针叶林		0.659	0.341	0.209	0.791
混交林		0.584	0.416	0.482	0.518
总计	0.723				

要验证集成模型并评估产品精度对集成模型的影响，将删除集成模型中每个产品的用户准确性。仅考虑源数据、目标图例的重叠及所有类型的源数据属于目标图例类型的条件概率。模型是

$$g_y(x) = \sum_{k=1}^{2} O^k(\widehat{C_1}(x),\ y)\ P^k(y \mid \widehat{C_k}(x)) \tag{7.9}$$

其中每个参数的定义与式（7.7）中的相同。在式（7.9）的基础上，获得了 GlobeLand30 森林二级类型的分类，如图 7.16 所示。精度评估结果见表 7.13。

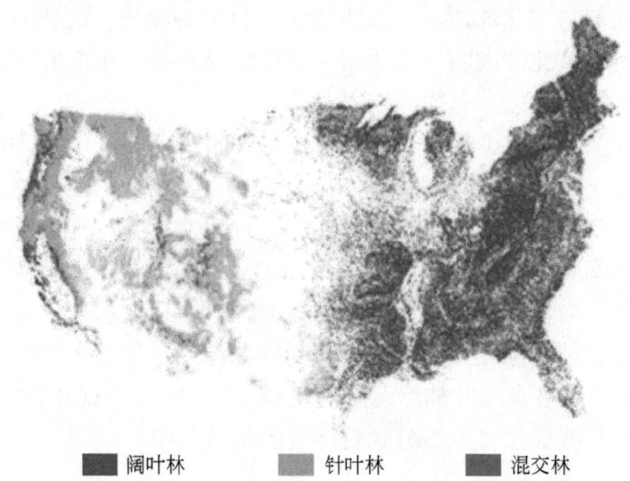

图 7.16 删除产品的整体精度后 GlobeLand30 森林类型的细化图

表7.13　混淆矩阵和各类用户准确性

细化地图	整体分类准确性	用户准确性	错分误差	漏分误差	制图精度
阔叶林		0.658	0.342	0.354	0.646
针叶林		0.570	0.430	0.355	0.645
混交林		0.409	0.591	0.423	0.577
总计	0.598				

表7.12、表7.13显示，当在整合模型中添加产品用户准确性时，阔叶林，针叶林和混交林的用户准确度分别为0.793，0.659和0.584。反之在综合模型中没有产品用户准确性时，阔叶林，针叶林和混交林的准确度相应地分别为0.658，0.570和0.584。添加产品用户精度后的整合模型适用于改进GlobeLand30森林类型。

通过整合现有的地表覆盖产品，生产出了GlobeLand30（2010期）林地类型的二级类细化产品，但是在整合过程还有很多的不足。首先，数据源较少。对GlobeLand30（2010期）林地类型进行二级细化时，由于GlobeLand30产品的空间分辨率是30m，所以在整合的过程中所要采用的数据源也应该至少具有30m空间分辨率，且产品的森林类要有二级类划分，源数据中至少有一种森林类的二级类型要与目标图例相似或相同，但是满足以上要求的地表覆盖产品寥寥无几。其次，在得到的GlobeLand30（2010期）林地类型二级类细化产品中，混交林的精度较低。数据源较少且数据源中混交林本身像元总数较少是导致细化图像中混交林的精度较低的首要原因。精度验证比较费时，虽然我们选取了可代表地表真实状况的参考数据集来做精度验证，但由于参考数据集数量有限，仍有一部分验证点经目视解译完成，需要逐一判别。另外，本书在计算源数据与目标图例的重叠性时，所采用的计算模型不能以最好的方式表达出这种重叠性，所以该计算模型还需继续改进。

参考文献

敖志刚. 2010. 人工智能及专家系统. 北京：机械工业出版社

陈畅，刘永坚，解庆. 2018. 融合纹理特征的SEEDS超像素分割算法. 微电子学与计算机，35（3）：64～67，73

陈迪，吴文斌，陆苗等. 2016. 基于多源数据整合的地表覆盖数据重建研究进展综述. 中国农业资源与区划，37（9）：62～70

陈晋，何春阳，史培军等. 2001a. 基于变化向量分析的土地利用/覆盖变化动态监测（Ⅰ）——变化阈值的确定方法. 遥感学报，5（4）：259～266

陈晋，何春阳，卓莉. 2001b. 基于变化向量分析（CVA）的土地利用/覆盖变化动态监测（Ⅱ）——变化类型的确定方法. 遥感学报，5（5）：346～352

陈军，陈晋，宫鹏等. 2011. 全球地表覆盖高分辨率遥感制图. 地理信息世界，9（2）：12～14

陈军，陈晋，廖安平等. 2014. 全球30m地表覆盖遥感制图的总体技术. 测绘学报，（6）：551～557

陈军，陈晋，廖安平. 2016. 全球地表覆盖遥感制图. 北京：科学出版社

陈军，廖安平，陈晋等. 2017. 全球30m地表覆盖遥感数据产品——GlobeLand30. 地理信息世界，24（1）：1～8

陈军，任惠茹，耿雯等. 2018. 基于地理信息的可持续发展目标（SDGs）量化评估. 地理信息世界，25（1）:1～7

陈泮勤. 1987. 国际地圈、生物圈计划——全球变化的研究. 中国科学院院刊，（3）：206～211

陈文康. 2016. 基于深度学习的农村建筑物遥感影像检测. 测绘，39（5）：227～230

陈旭. 2017. 全球生态地理分区知识库的构建与应用. 北京：北京建筑大学

陈永富，王振琴. 1996. 专家系统在TM遥感图像分类中的应用研究. 林业科学研究，9（4）：344～347

程叶青，张平宇. 2006. 生态地理区划研究进展. 生态学报，26（10）：3424～3433

蔡红艳，张树文，张宇博. 2010. 全球环境变化视角下的土地覆盖分类系统研究综述. 遥感技术与应用，25（1）：161～167

曹明，张友静，郑淑倩等. 2012. MODIS土地覆盖数据产品精度分析——以黄河源区为例. 遥感信息，27（4）:22～27

丁世飞. 2015. 人工智能（第二版）. 北京：清华大学出版社

杜国明，刘美，孟凡浩等. 2017. 基于地学知识的大尺度土地利用/土地覆盖精细化分类方法研究. 地球信息科学学报，19（1）：91～100

杜敬. 2017. 基于深度学习的无人机遥感影像水体识别. 江西科学，35（1）：158～161

傅伯杰，刘国华，陈利顶等. 2001. 中国生态区划方案. 生态学报，21（1）：1～6

高程程，惠晓威. 2010. 基于灰度共生矩阵的纹理特征提取. 计算机系统应用，19（6）：195～198

高江波，黄姣，李双成等. 2010. 中国自然地理区划研究的新进展与发展趋势. 地理科学进展，29（11）：1400～1407

甘淑，袁希平，何大明. 2003. 遥感专家分类系统在滇西北植被信息提取中的应用试验研究. 云南大学学报自然科学版，25（6）：553～557

宫攀，陈仲新，唐华俊等. 2006. 土地覆盖分类系统研究进展. 中国农业资源与区划，27（2）：35～40

宫鹏. 2009. 遥感科学与技术中的一些前沿问题. 遥感学报，13（1）：13～23

郭笑怡，张洪岩. 2013. 生态地理分区框架下的大兴安岭植被动态研究. 地理科学，33（2）：181～188

何宇华，谢俊奇，孙毅. 2005. FAO/UNEP土地覆被分类系统及其借鉴. 中国土地科学，19（6）：45～49

侯学煜. 1988. 中国自然生态区划与大农业发展战略. 北京：科学出版社
黄慧萍. 2003. 面向对象影像分析中的尺度问题研究. 中国科学院遥感应用研究所
黄昕. 2009. 高分辨率遥感影像多尺度纹理、形状特征提取与面向对象分类研究. 武汉：武汉大学
孔艳. 2013. 基于生态环境和遥感数据的生态地理分区研究. 南京：南京大学
匡薇，马勇刚，李宏等. 2014. 基于多期数据集的塔吉克斯坦土地利用和土地覆盖变化分析. 遥感信息，29（3）：108～116
廖安平，胡骏红，彭舒. 2015. 创 GlobeLand30 中国测绘品牌占全球地表覆盖国际高点. 中国测绘，(5)：28～30
李爱生，黄铁侠，柳健. 1992. 基于知识的遥感图像分类系统. 华中科技大学学报自然科学版，(4)：29～36
李博，雍世鹏，曾泗弟等. 1990. 生态分区的原则、方法与应用——内蒙古自治区生态分区图说明. 植物生态学与地植物学学报，14（1）：55～62
李德仁. 2003. 利用遥感影像进行变化检测. 武汉大学学报：信息科学版，28：7～12
李德仁. 2016. 展望大数据时代的地球空间信息学. 测绘学报，45（4）：379～384
李德仁，钱新林. 2010. 浅论自发地理信息的数据管理. 武汉大学学报（信息科学版），35（4）：379～383
林洲汉. 2014. 基于自动编码机的高光谱图像特征提取及分类方法研究. 哈尔滨：哈尔滨工业大学
刘吉羽，彭舒，陈军等. 2015. 基于知识的 GlobeLand30 耕地数据质量检查方法与工程实践. 测绘通报，(4)：42～48
刘晟呈. 2012. 城市生态红线规划方法研究. 上海城市规划，(6)：24～29
罗红霞. 2005. 地学知识辅助遥感进行山地丘陵区基于系统分类标准的土壤自动分类方法研究. 武汉：武汉大学
罗一英，于信芳，王世宽，高光明. 2012. 面向对象的遥感影像变化检测方法比较研究，中国自然资源学会学术年会
路鹏，陈圣波，周云轩等. 2009. FAO/UNEP 土地覆盖分类系统及其应用. 科学技术与工程，9（21）：6503～6507
路云阁，许月卿，蔡运龙. 2005. 基于遥感技术和 GIS 的小流域土地利用/覆被变化分析. 地理科学进展，24（1）：79～86
吕启，窦勇，牛新等. 2014. 基于 DBN 模型的遥感图像分类. 计算机研究与发展，51（9）：1911～1918
马骁，刘峡壁，高一轩等. 2017. 图像协同分割方法综述. 计算机辅助设计与图形学学报，29（10）：1767～1775
倪健，郭柯，刘海江等. 2005. 中国西北干旱区生态区划. 植物生态学报，29（2）：175～184
牛振国，宫鹏，程晓等. 2009. 中国湿地初步遥感制图及相关地理特征分析. 中国科学：地球科学，39（2）:188～203
彭晓明. 2001. PostgreSQL 对象关系数据库开发. 北京：人民邮电出版社
彭雨滕，马林兵，周博等. 2018. 自发地理信息研究热点分析. 世界地理研究，27（1）：129～140
阮建武，邢立新. 2004. 遥感数字图像的大气辐射校正应用研究. 遥感技术与应用，19（3）：206～208
邵鸿飞，孔庆欣. 2000. 遥感图像几何校正的实现. 气象，26（2）：41～44
沈丽琴，胡栋梁，戚飞虎. 1997. 基于知识的线状目标的综合理解. 自动化学报，23（6）：839～841
史培军. 2000. 土地利用/覆盖变化研究的方法与实践. 北京：科学出版社
宋策，李靖，周孝德. 2012. 基于水生态分区的太子河流域水生态承载力研究. 西安理工大学学报，28（1）:7～12
宋金易慧，崔亮伟，肖文. 2011. 土地利用和土地覆盖变化研究综述. 安徽农业科学，39（19）：

11862 ~ 11863
谭钢, 郝方平, 薛朝辉等. 2017. 基于堆栈稀疏自编码的高光谱遥感影像分类. 矿山测量, 45 (6): 53 ~ 58
汤小华. 2005. 福建省生态功能区划研究. 福州: 福建师范大学
王春瑶, 陈俊周, 李炜. 2014. 超像素分割算法研究综述. 计算机应用研究, 31 (1): 6 ~ 12
王荣, 李静, 王亚琴等. 2015. 面向对象最优分割尺度的选择及评价. 测绘科学, 40 (11): 10 ~ 110
王守成, 郭风华, 傅学庆等. 2014. 基于自发地理信息的旅游地景观关注度研究——以九寨沟为例. 旅游学刊, 29 (2): 84 ~ 92
王巍, 贺建军. 2007. 基于数据库技术的气流干燥专家系统知识库的建立. 自动化与仪表, 22 (3): 9 ~ 11
王卫红, 何敏. 2011. 面向对象土地利用信息提取的多尺度分割. 测绘科学, 36 (4): 160 ~ 161
吴顺祥, 吉国力. 1999. 数据库系统与知识库系统的对比分析. 计算机工程与应用, (9): 83 ~ 85
吴绍洪, 杨勤业, 郑度. 2003. 生态地理区域系统的比较研究. 地理学报, 58 (5): 686 ~ 694
武吉华, 张绅, 江源等. 2004. 植物地理学, 第4版. 北京: 高等教育出版社. 318 ~ 327
肖好良. 2015. 基于专家知识分类法的不同遥感影像分类方法研究. 城市建设理论研究, (22): 5230 ~ 5232
解焱, MacKinnon J. 2002. 中国生物地理区划研究. 生态学报, 22 (10): 1599 ~ 1615
谢振雷. 2017. 基于协同分割的遥感图像变化检测. 北京: 北京建筑大学
熊莉芸. 1994. 国际地圈-生物圈计划 (IGBP) 简介. 河海科技进展, (2): 106
徐登云, 李志娟. 2012. 面向对象的遥感影像分类方法在土地覆盖中的应用. 西部资源, (2): 95 ~ 97
徐佳, 袁春琦, 程圆娥等. 2018. 基于主动深度学习的极化SAR图像分类. 国土资源遥感, 30 (1): 72 ~ 77
杨勤业, 吴绍洪等. 2002a. 自然地域系统研究的回顾与展望. 地理研究, 21 (4): 407 ~ 417
杨勤业, 郑度, 吴绍洪. 2002b. 中国的生态地域系统研究. 自然科学进展, 12 (3): 287 ~ 291
杨小晴. 2011. 基于增量信息的地表覆盖数据更新方法研究. 长江: 中南大学
袁敏, 肖鹏峰, 冯学智等. 2015. 基于协同分割的高分辨率遥感图像变化检测. 南京大学学报自然科学, (5): 1039 ~ 1048
俞乐, 王杰, 李雪草等. 2014. 基于多源数据集成的多分辨率全球地表覆盖制图. 中国科学: 地球科学, (8): 1646 ~ 1660
张丰, 杜震洪, 刘仁义. 2012. GIS程序设计教程: 基于ArcGIS Engine的C#开发实例. 杭州: 浙江大学出版社
张戈丽, 欧阳华, 张宪洲等. 2010. 基于生态地理分区的青藏高原植被覆被变化及其对气候变化的响应. 地理研究, 29 (11): 2004 ~ 2016
张晶, 吴绍洪, 刘燕华等. 2007. 土地利用和地形因子影响下的西藏农业产值空间化模拟. 农业工程学报, 23 (4): 59 ~ 65
张俊珍. 2012. 图像分割方法综述. 科技信息, (6): 169
张俊, 汪云甲, 李妍等. 2009. 一种面向对象的高分辨率影像最优分割尺度选择算法. 科技导报, 27 (21):91 ~ 94
张清雨, 赵东升, 吴绍洪等. 2013. 基于生态分区的内蒙古地区植被覆盖变化及其影响因素研究. 地理科学, 33 (5): 594 ~ 601
张双益, 胡非. 2017. GlobeLand30地表覆盖产品应用于精细化风能资源评估. 资源科学, 39 (1): 125 ~ 135
张委伟, 陈军, 廖安平等. 2016. 顾及多元知识的GlobeLand30检核优化模型. 中国科学: 地球科学, (9)

张文元，秦昆，张成才等. 2007. 基于知识的遥感图像地物提取方法研究. 地理空间信息，5（1）：66～69

张晓平. 2015. 几种新超像素算法的研究. 控制工程，22（5）：902～907

张志杰，张浩，常玉光等. 2015. Landsat 系列卫星光学遥感器辐射定标方法综述. 遥感学报，19（5）：719～732

赵兴. 2015. 基于深度置信网集成的高光谱数据分类方法研究. 哈尔滨：哈尔滨工业大学

赵英时. 2013. 遥感应用分析原理与方法. 北京：科学出版社

赵忠明等. 2014. 遥感图像处理. 北京：科学出版社. 221～222

中华人民共和国外交部. 2016. 变革我们的世界：2030 年可持续发展议程. https：//www. un. org/zh/documents/ treaty/files/A-RES-70-1. shtml［2017-03-03］

周健民. 2013. 土壤学大辞典. 北京：科学出版社

周启鸣. 2011. 多时相遥感影像变化检测综述. 地理信息世界，9（2）：28～33

周卫阳. 1989. 专家系统在森林遥感图象分类中的应用. 林业科学研究，（5）：476～482

周晓光，曾联斌，袁愈才等. 2015. 四种基于像元的地表覆盖变化检测方法比较. 测绘科学，40（1）：52～57

周昀罡. 2013. 基于知识的道路信息提取方法研究. 成都：四川师范大学

周志华. 2016. 机器学习. 北京：清华大学出版社

Achanta R，Shaji A，Smith K，et al. 2012. SLIC superpixels compared to State-of-the-Art Superpixel Methods. IEEE Transactions on Pattern Analysis and Machine Intelligence，34（11）：2274～2282

Ahlqvist O. 2005. Using uncertain conceptual spaces to translate between land cover categories. International Journal of Remote Sensing，19：831～857

Ali S，Madabhushi A. 2012. An integrated region-，boundary-，shape-based active contour for multiple object overlap resolution in histological imagery. IEEE Transactions on Medical Imaging，31（7）：1448～1460

Anderson J R. 1976. Land use classification schemes used in selected geographic applications in remote sensing. Photogrammetric Engineering，37（4）：379～387

Arnold S，Kosztra B，Banko G，et al. 2013. The EAGLE concept-A vision of a future European Land Monitoring Framework. Earsel Symposium towards Horizon，Europe，CNR，Italy，551～568

Arnold S，Smith G，Hazeu G，et al. 2015. The EAGLE Concept：A Paradigm Shift in Land Monitoring. Land Use and Land Cover Semantics：Principles，Best Practices，and Prospects

Bailey R G. 1983. Delineation of ecosystem regions. Environmental Management，7（4）：365～373

Bailey R G. 1989. Explanatory（suppl.）to ecoregions map of the continents. Environmental Conservation，16（4）：307～309

Bailey R G. 2004. Identifying ecoregion boundaries. Environmental Management，34（1）：S14～S26

Bailey R G，Hogg H C. 1986. World ecoregions map for resource reporting. Environmental Conservation，13（3）：195～202

Baltsavias E P. 2004. Object extraction and revision by image analysis using existing geodata and knowledge：current status and steps towards operational systems. Isprs Journal of Photogrammetry an Remote Sensing，58（3）：129～151

Bartholomé E，Belward A S. 2005. GLC2000：a new approach to global land cover mapping from Earth observation data. International Journal of Remote Sensing，26：1959～1977

Bashkin V N，Bailey R G. 1993. Revision of map of ecoregions of the world（1992 — 1995）. Environmental Conservation，20（1）：75～76

Bicheron P，Defourny P，Brockmann C，Schouten L，Vancutsem C，Huc M，Bontemps S，Leroy M，Achard F，

Herold M, Ranera F, Arino O. 2008. GLOBCOVER: Products Description and Validation Report. Toulouse: MEDIAS-France

Bishr M, Mantelas L. 2008. A trust and reputation model for filtering and classifying knowledge about urban growth. Geo Journal, 72: 229 ~ 237

Blaschke T. 2005. A framework for change detection based on image objects. Manufacturing Engineer, 73 (1): 30 ~ 31

Blaschke T, Lang S, Lorup E, et al. 2000. Object-oriented image processing in an integrated gis/remote sensing environment and perspectives for environmental applications. Environmental Information for Planning. Politics and the Public, (2): 555 ~ 570

Boentje J P, Blinnikov M S. 2007. Post-Soviet forest fragmentation and loss in the Green Belt around Moscow, Russia (1991 ~ 2001): a remote sensing perspective. Landscape and Urban Planning, 82 (4): 208 ~ 221

Bontemps S, Bogaert P, Titeux N, et al. 2008. An object-based change detection method accounting for temporal dependences in time series with medium to coarse spatial resolution. Remote Sensing of Environment, 112 (6): 3181 ~ 3191

Bontemps S, Defourny P, van Bogaert E, Kalogirou V, Arino O. 2011. GLOBCOVER 2009: products description and validation report. UC Louvain and ESA

Bontemps S, Herold M, Kooistra L, van Groenestijn A, Hartley A, Arino O, Moreau I, Defourny P. 2012. Revisiting land cover observation to address the needs of the climate modelingcommunity. Biogeosciences, 9 (6): 2145 ~ 2157

Bossard M, Feranec J, Otahel J. 2000. CORINE land cover technical guide-Addendum 2000. Young, 9 (1): 633 ~ 638

Boykov Y, Kolmogorov V. 2004. An Experimental comparison of min-cut/max-flow algorithms for energy minimization in vision. IEEE Transactions on Pattern Analysis and Machine Intelligence, 26 (9): 1124 ~ 1137

Buck O. 2010. DeCOVER 2—the German GMES extension to support land cover systems: status and outlook. ESA Living Planet Symposium

Büttner G. 2014. CORINe land cover and land cover change products. In: Manakos I, Matthias B (eds). Land Use and Land Cover Mapping in Europe. London: Springer. 18: 55 ~ 74

Caccetta P A, Furby S L, O'Connell J, Wallace J F, Wu X. 2007. Continental monitoring: 34 years of land cover change using Landsat imagery. 32nd International Symposium on Remote Sensing of Environment, June 25 ~ 29, San José, Costa Rica

Canty M J. 2009. Boosting a Fast Neural Network for Supervised Land Cover Classification. Oxford: Pergamon Press Inc

Carver S, Evans A, Kingston R, Turton I. 2001. Public participation, GIS, and cyberdemocracy: evaluating on-line spatial decision support systems. Environment and Planning B-Planning and Design, 28: 907 ~ 921

Caselles V, Kimmel R, Sapiro G. 1997. Geodesic active contours. International Journal of Computer Vision, 22 (1): 61 ~ 79

Cayuela L, González-Espinosa M, Ramírez-Marcial N. 2006. Fragmentation, disturbance and tree diversity conservation in tropical montane forests. Journal of Applied Ecology, 43 (6): 1172 ~ 1181

CEOS. 2006. Satellite observation of the climate system: The Committee on Earth Observation Satellites (CEOS) response to the implementation plan for the Global Observing System for Climate in support of the UNFCCC. http://www.ceos.org[2019-10-30]

Chaudhuri D, Samal A. 2008. An automatic bridge detection technique for multispectral images. IEEE

Transactions on Geoscience and Remote Sensing, 46 (9): 2720~2727

Chen J, Chen J, Liao A P, Cao X, Chen L J, Chen X H, He C Y, Han G, Peng S, Lu M, Zhang W W, Tong X H, Mills J. 2015. Global land cover mapping at 30 m resolution: a POK-based operational approach. ISPRS Journal of Photogrammetry and Remote Sensing, 103: 7~27

Chen X, Liu S, Zhu Z, Vogelmann J, Li Z, Ohlen D. 2011. Estimating aboveground forest biomass carbon and fire consumption in the U. S. Utah High Plateaus using data from the Forest Inventory and Analysis Program, Landsat, and LANDFIRE. Ecological Indicators, 11: 140~148

Civco D. 1989. Knowledge-based land use and land cover mapping. Proceedings, Annual Convention of American Society for Photogrammetry and Remote Sensing, 3: 276~291

Coan J M, Homer C, Huang C, Wylie B K, Yang L M. 2004. Development of a 2001 National Landcover Database for the United States. Photogrammetric Engineering and Remote Sensing, 70 (7): 829~840

Comaniciu D, Meer P. 2002. Mean shift: a robust approach toward feature space analysis. IEEE Trans Pattern Analysis and Machine Intelligence, 24 (5): 603~619

Collins M D, Xu J, Grady L, et al. 2012. Random walks based multiimage segmentation: quasiconvexity results and GPU-based solutions. Proceedings of IEEE Conference on Computer Vision and Pattern Recognition. Los Alamitos: IEEE Computer Society Press. 1656~1663

Coppin P, Jonckheere I, Nackaerts K, et al. 2004. Digital change detection methods in ecosystem monitoring: a review . International Journal of Remote Sensing, 25 (9): 1565~1596

Defourny P, Bontemps S, Obsomer V, Schouten L, Bartalev S, Herold M, Bicheron P, Van Bogaert E, Leroy M, Arino O. 2010. Accuracy assessment of Global Land Cover Maps: lessons learnt from the GlobCover and GlobCorine experiences. Proceedings of the Living Planet Symposium, SP-686

Defries R S, Townshend J R G. 1994. NDVI-derived land cover classifications at a global scale. International Journal of Remote Sensing, 15 (17): 3567~3586

Defries R S, Hansen M, Townshend J R G, Sohlberg R. 1998. Global land cover classifications at 8 km spatial resolution: the use of training data derived from Landsat imagery in decision tree classifiers. Review of International Journal of Remote Sensing, 19: 3141~3168

Desclée B, Bogaert P, Defourny P. 2006. Forest change detection by statistical object-based method. Remote Sensing of Environment, 102 (1): 1~11

Di Gregorio A. 2005. Land Cover Classification System: Classification Concepts and User Manual. FAO. http://www.fao.org/3/y7220e/y7220e00.htm

Di Gregorio A, Jansen L J M. 2000. Land Cover Classification System (LCCS) —classification concepts and user manual, 177, environment and natural resources service, GCP/RAF/287/ITA africover—east africa project and soil resources, management and conservation service. FAO/UNEP/Cooperazione Italiana, Rome, Italy

Ding C H Q, He X, Zha H, et al. 2001. A min-max cut algorithm for graph partitioning and data clustering. IEEE International Conference on Data Mining. IEEE Computer Society, 107~114

Dinits E A. 1970. Algorithm for solution of a problem of maximum flow in networks with power estimation. Soviet Math Doklady, 11: 754~757

Dobson J E, Bright E A, Ferguson R L, Field D W, Wood L L, Haddad K D, Iredale III H, Jensen J R, Klemas V V, Orth R J, Thomas J P. 1995. NOAA Coastal Change Analysis Program (C-CAP): guidance for regional implementation. NOAA Technical Report NMFS 123, Seattle WA: U S Department of Commerce

Dobson M C, Pierce L E, Ulaby F T. 1996. Knowledge-based land-cover classification using ERS-1/JERS-1 SAR composites. IEEE Transactions on Geoscience and Remote Sensing, 34 (1): 83~99

Eidenshink J, Schwind B, Brewer K, Zhu Z, Quayle B, Howard S. 2007. A project for monitoring trends in burn severity. Fire Ecology, 3: 3 ~ 21

Eklundh L, Singh A. 1993. A comparative analysis of standardised and unstandardised Principal Components Analysis in remote sensing. International Journal of Remote Sensing, 14 (7): 1359 ~ 1370

Erickson W K, Likens W C. 1984. An application of expert systems technology to remotely sensed image analysis. Silver Spring, MD, Institute of Electrical and Electronics Engineers, Inc, 258 ~ 276

Feick R, Roche S. 2013. Understanding the value of VGI. In: Sui D, Elwood S, Goodchild M (eds). Crowdsourcing Geographic Knowledge. Dordrecht: Springer

Feng C C, Flewelling D M. 2004. Assessment of semantic similarity between land use/land cover classification systems. Computers, Environment and Urban Systems, 28: 229 ~ 246

Feranec J, Hazeu G, Christensen S, et al. 2007. Corine land cover change detection in Europe (case studies of the Netherlands and Slovakia). Land Use Policy, 24 (1): 234 ~ 247

Ford L, Fulkerson D. 1962. Flows in Networks. Princeton: Princeton University Press. 208

Friedl M A, McIver D K, Hodges J C F, Zhang X Y, Muchoney D, Strahler A H, Woodcock C E, Gopal S, Schneider A, Cooper A, et al. 2002. Global land cover mapping from MODIS: algorithms and early results. Remote Sens Environ, 83: 287 ~ 302

Friedl M A, Sulla- Menashe D, Tan B, Schneider A, Ramankutty N, Sibley A, Huang X. 2010. MODIS Collection 5 global land cover: algorithm refinements and characterization of new datasets. Remote Sensing of Environment, 114: 168 ~ 182

Fritz S, McCallum I, Schill C, Perger C, See L, Schepaschenko D, van der Velde M, Kraxner F, Obersteiner M. 2011a. Geo- Wiki: an online platform for improving global land cover. Environmental Modelling and Software, 31: 110 ~ 123

Fritz S, You L, Bun A, et al. 2011b. Cropland for sub- Saharan Africa: a synergistic approach using five land cover data sets. Geophysical Research Letters, 38 (4): 155 ~ 170

Fry J A, Coan M J, Homer C G, Meyer D K, Wickham J D. 2008. Completion of the National Land Cover Database (NLCD) 1992 ~ 2001 land cover change retrofit product. U S Geological Survey Open-File Report 2008-1379, 18

Fry J A, Xian G, Jin S, Dewitz J A, Homer C G, Yang L, Barnes C A, Herold N D, Wickham J. 2011. Completion of the 2006 national land cover database for the conterminous United States. Photogrammetric Engineering and Remote Sensing, 77: 858 ~ 864

Gallant A L, Loveland T R, Sohl T L, Napton D E. 2004. Using an ecoregion framework to analyze land- cover and land- use dynamics. Environmental Management, 34: S89 ~ S110

GCOS. 2006. Systematic observation requirements for satellite- based products for climate. Supplemental details to the satellite- based component of the Implementation Plan for the Global Observing System for Climate in Support of the UNFCCC. GCOS- 107, September 2006. http://www. wmo. int/pages/prog/gcos/publications/ gcos-107. pdf

Giri C, Pengra B, Long J, et al. 2013. Next generation of global land cover characterization, mapping, and monitoring. International Journal of Applied Earth Observation and Geoinformation, 25 (1): 30 ~ 37

Giri C, Zhu Z, Reed B. 2005. A comparative analysis of the Global Land Cover 2000 and MODIS land cover data sets. Remote Sensing of Environment, 94: 123 ~ 132

Giri C P. 2012. Remote Sensing of Land Use and Land Cover: Principles and Applications. CRC Press

Gong P, Wang J, Yu L, et al. 2013. Finer resolution observation and monitoring of global land cover: first mapping results with Landsat TM and ETM + data. International Journal of Remote Sensing, 34 (7): 2607 ~ 2654

Goodchild M F. 2008. Commentary: whither VGI? GeoJournal, 72: 239 ~ 244

Goodchild M F, Glennon J A. 2010. Crowdsourcing geographic information for disaster response: a research frontier. International Journal of Digital Earth, 3: 231 ~ 241

Haklay M. 2013. Citizen science and volunteered geographic information: overview and typology of participation. In: Sui D, Elwood S, Goodchild M (eds). Crowdsourcing Geographic Knowledge. Dordrecht: Springer

Hansen M C, DeFries R S. 2004. Detecting long-term global forest change using continuous fields of treecover maps from 8-km advanced very high resolution radiometer (AVHRR) data for the years 1982-99. Ecosystems, 7: 695 ~ 716

Hansen, M C, Loveland T R. 2012. A review of large area monitoring of land cover change using Landsat data. Remote Sensing of Environment, 122: 66 ~ 74

Hansen M C, DeFries R S, Townshend J R G, Sohlberg R. 2000. Global land cover classification at 1 km spatial resolution using a classification tree approach. Int J Remote Sens, 21 (6-7): 1331 ~ 1364

Haralick R M, Shanmugam K, Dinstein I. 1973. Textural features for image classification. Systems Man & Cybernetics IEEE Transactions on, 3 (6): 610 ~ 621

He N, Zhang P. 2009. Varitional level set image segmentation method based on boundary and region information. Acta Electronica Sinica, 37 (10): 2215 ~ 2219

Herbertson A J. 1905. The major natural regions: an essay in systematic geography. Geographical Journal, 25 (3): 300 ~ 312

Herold M, Mayaux P, Woodcock C E, Baccini A, Schmullius C. 2008. Some challenges in global land cover mapping: an assessment of agreement and accuracy in existing 1 km datasets. Remote Sensing of Environment, 112: 2538 ~ 2556

Herold M, Woodcock C, di Gregorio A, Mayaux P, Belward A, Latham J, Schmullius C C. 2006. A joint initiative for harmonization and validation of land cover datasets. IEEE Transactions on Geoscience and Remote Sensing, 44 (7): 1719 ~ 1727

Herold M, Woodcock C E, Stehman S V, Nightingale J, Friedl M A, Schmullius C. 2009. The GOFC-GOLD/CEOS land cover harmonization and validation initiative: technical design and implementation. 33rd ISRSE, Stresa, Italy

Hinton G E, Osindero S, Teh Y W. 2006. A fast learning algorithm for deep belief nets. Neural Computation, 18 (7): 1527 ~ 1554

Hinz S, Baumgartner A. 2003. Automatic extraction of urban road networks from multi-view aerial imagery. Isprs Journal of Photogrammetry and Remote Sensing, 58 (1-2): 83 ~ 98

Hochbaum D S, Singh V. 2009. An efficient algorithm for co-segmentation. Proceedings of the 12th IEEE International Conference on Computer Vision. Los Alamitos: IEEE Computer Society Press. 269 ~ 276

Holdridge L R. 1967. Life Zone Ecology. San Jose: Tropical Science Center. 1 ~ 146

Homer C H, Fry J A, Barnes C A. 2012. The national land cover database. Fact Sheet

Homer C, Dewitz J, Fry J, et al. 2007. Completion of the 2001 National Land Cover Database for the Conterminous United States. Photogrammetric Engineering and Remote Sensing, 73 (4): 858 ~ 864

Homer C, Dewitz J, Yang L, et al. 2015. Completion of the 2011 national land cover database for the conterminous united states—representing a decade of land cover change information. Photogrammetric Engineering and Remote Sensing, 81 (5): 345 ~ 354

Huang C, Davis L S, Townshend J R G. 2002. An assessment of support vector machines for land cover classification. International Journal of Remote Sensing, 23 (4): 725 ~ 749

Huang X, Jensen J R. 1997. A machine- learning approach to automated knowledge- base building for remote sensing image analysis with GIS data. Photogrammetric Engineering and Remote Sensing, 63 (10): 1185 ~ 1194

Huan Y, Zhang S Q, Kong B, et al. 2010. Optimal segmentation scale selection for object-oriented remote sensing image classification. Journal of Image and Graphics, 15 (2): 352 ~ 360

Hudson-Smith A, Batty M, Crooks A, Milton R. 2009. Mapping for the masses: accessing web 2.0 through crowdsourcing. Socialence Computer Review, 27 (4): 524 ~ 538

Huertas A, Cole W, Nevatia R. 1990. Detecting runways in complex airport scenes. Computer Vision Graphics and Image Processing, 51 (2): 107 ~ 145

Ingram K, Knapp E, Robinsojn W. 1981, Change detection technique development for improved urbanized area delineation, technical memorandum CSCITM-81/6087. Computer Sciences Corporation, Silver Springs, Maryland

Iwao K, Nasahara K N, Kinoshita T, Yamagata Y, Patton D, Tsuchida S. 2011. Creation of new global land cover map with map integration. Journal of Geographic Information System, 3: 160 ~ 165

Iwao K, Nishida K, Kinoshita T, Yamagata Y. 2006. Validating land cover maps with degree confluence project information. Geophysical Research Letters, 33: L23404

Jansen L J M, Gregorio A D. 2001. Land Cover Classification System (LCCS): classification concepts and user manual. Rome: FAO

Jia T, Yu X, Shi W, Liu X, Li X, Xu Y. 2019. Detecting the regional delineation from a network of social media user interactions with spatial constraint: a case study of Shenzhen, China. Physica A: Statistical Mechanics and its Applications, 531: 121719

Jin S, Sader S A. 2005. Comparison of time series tasseled cap wetness and the normalized difference moisture index in detecting forest disturbances. Remote Sensing of Environment, 94 (3): 364 ~ 372

Jin S, Yang L, Danielson P, Homer C, Fry J, Xian G. 2013. A comprehensive change detection method for updating the National Land Cover Database to circa 2011. Remote Sensing of Environment, 132: 159 ~ 175

Johnson R D, Kasischke E S. 1998. Change vector analysis: a technique for the multispectral monitoring for land cover and condition. International Journal of Remote Sensing, 19 (3): 411 ~ 426

Joulin A. 2012. Multi-class cosegmentation. IEEE Conference on Computer Vision and Pattern Recognition. IEEE Computer Society, 542 ~ 549

Joulin A, Bach F, Ponce J. 2010. Discriminative clustering for image co-segmentation. Computer Vision and Pattern Recognition. IEEE, 1943 ~ 1950

Jun C, Ban Y F, Li S N. 2014. China: Open access to Earth land-cover map. Nature, 514: 434

Jung M, Henkel K, Herold M, et al. 2006. Exploiting synergies of global land cover products for carbon cycle modeling. Remote Sensing of Environment, 101 (4): 534 ~ 553

Kennedy R E, Yang Z, Cohen W B. 2010. Detecting trends in forest disturbance and recovery using yearly Landsat time series: 1. LandTrendr—temporal segmentation algorithms. Remote Sensing Environment, 114 (12): 2897 ~ 2910

Kichenassamy S, Kumar A, Olver P, et al. 1996. Conformal curvature flows: from phase transitions to active vision. Archive for Rational Mechanics and Analysis, 134 (3): 275 ~ 301

Kim G, Xing E P, Li F F, et al. 2011. Distributed cosegmentation via submodular optimization on anisotropic diffusion. Proceedings of IEEE International Conference on Computer Vision. Los Alamitos: IEEE Computer Society Press. 169 ~ 176

Kinoshita T, Iwao K, Yamagata Y. 2014. Creation of a global land cover and a probability map through a new map integration method. International Journal of Applied Earth Observation and Geoinformation, 28: 70 ~ 77

Kolmogorov V, Zabih R. 2004. What energy functions can be minimized via graph cuts? Pattern Analysis & Machine Intelligence IEEE Transactions on, 26 (2): 147 ~ 159

Kozak J, Estreguil C, Vogt P. 2007. Forest cover and pattern changes in the Carpathians over the last decades. European Journal of Forest Research, 126 (1): 77 ~ 90

Lambin E, Meyfroidt P. 2011. Global land use change, economic globalization, and the looming land scarcity. Proceedings of the National Academy of Sciences, 108: 3465 ~ 3472

Latifovic R, Pouliot D A. 2005. Multitemporal land cover mapping for Canada: methodology and products. Canadian Journal of Remote Sensing, 31: 347 ~ 363

Le Y, Jie W, Peng G. 2013. Improving 30 m global land- cover map FROM- GLC with time series MODIS and auxiliary data sets: a segmentation-based approach, International Journal of Remote Sensing, 34: 16, 5851 ~ 5867

Linke J, Mcdermid G J. 2011. A conceptual model for multi- temporal landscape monitoring in an object- based environment. IEEE Journal of Selected Topics in Applied Earth Observations & Remote Sensing, 4 (2): 265 ~ 271

Linke J, McDermid G J, Laskin D N. 2009. A disturbance- inventory framework for flexible and reliable landscape monitoring. Photogrammetric Engineering and Remote Sensing, 75 (8): 981 ~ 995

Linke J, Mcdermid G J, Laskin D N, et al. 2011. A disturbance-inventory framework for object-based environment. IEEE Journal of Selected Topics in Applied Earth Observations & Remote Sensing, 4 (2): 265 ~ 271

Linke J, Mcdermid G J, Pape A D, et al. 2008. The influence of patch- delineation mismatches on multi- temporal landscape pattern analysis. Landscape Ecology, 24 (2): 157 ~ 170

Li X, Tian Z. 2007. Optimum cut- based clustering. Signal Processing, 87 (11): 2491 ~ 2502

Loveland T R, Belward A S. 1997a. The IGBP- DIS global 1 km land cover data set, DISCover: first results. International Journal of Remote Sensing, 18: 3291 ~ 3295

Loveland T R, Belward A S. 1997b. The international geosphere biosphere programme data and information system global land cover data set (DISCover) . Acta Astronautica, 41: 681 ~ 689

Loveland T R, Reed B C, Brown J F, Ohlen D O, Zhu Z, Yang L, Merchant J W. 2000. Development of a global land cover characteristics database and IGBP DISCover from 1 km AVHRR data. International Journal of Remote Sensing, 21: 1303 ~ 1330

Loveland T R, Sohl T L, Sayler K, Gallant A, Dwyer J, Vogelmann J E, Zylstra G J. 1999. Land cover trends: rates, causes, and consequences of late-twentieth century U. S. land cover change. U S Environmental Protection Agency, EPA/600/R-99/105, 52

Loveland T R, Sohl T L, Stehman S V, Gallant A L, Sayler K L, Napton D E. 2002. A strategy for estimating the rates of recent United States land- cover changes. Photogrammetric Engineering and Remote Sensing, 68: 1091 ~ 1099

Luan Q Z, Liu H P, Xiao Z Q. 2007. Comparison between algorithms of ortho- rectification for remote sensing images. Remote Sensing Technology and Application. (6): 743 ~ 747, 674

Lu D, Mausel P, Brondízio E, et al. 2004. Change detection techniques. International Journal of Remote

Sensing, 25 (12): 2365 ~ 2401

Lung T, Schaab G. 2006. Assessing fragmentation and disturbance of west Kenyan rainforests by means of remotely sensed time series data and landscape metrics. African Journal of Ecology, 44 (4): 491 ~ 506

Masek J G, Vermote E F, Saleous N E, Wolfe R, Hall F G, Huemmrich K F, Gao F, Kutler J, Lim T. 2006. A Landsat surface reflectance dataset for North America, 1990 — 2000. IEEE Geoscience and Remote Sensing Letters, 3 (1): 68 ~ 72

Mas J F. 2005. Change estimates by map comparison: a method to reduce erroneous changes due to positional error. Transactions in GIS, 9 (4): 619 ~ 629

Masroor H, et al. 2013. Change detection from remotely sensed images: from pixel-based to object-based approaches. ISPRS Journal of Photogrammetry and Remote Sensing, 80: 91 ~ 106

Mayaux P, Eva H, Gallego J, Strahler A H, Herold M, Agrawal S, Naumov S, De Miranda E E, Di Bella C M, Ordoyne C, Kopin Y, Roy P S. 2006. Validation of the global land cover 2000 map. Geoscience and Remote Sensing, IEEE Transactions on, 44: 1728 ~ 1739

McCallum I, Obersteinr M, Nilsonn S, Shvidenko A. 2006. A spatial comparison of four satellite derived 1 km global land cover datasets. International Journal of Applied Earth Observation and Geoinformation, 8: 246 ~ 255

Mcdermid G J, Linke J, Pape A D, et al. 2008. Object- based approaches to change analysis and thematic map update: challenges and limitations. Canadian Journal of Remote Sensing, 34 (5): 462 ~ 466

Meng F, Cai J, Li H. 2016. Cosegmentation of multiple image groups. Computer Vision and Image Understanding, 146: 67 ~ 76

Meng F M, Li H L, Liu G H. 2012a. A new co-saliency model via pairwise constraint graph matching. Proceedings of International Symposium on Intelligent Signal Processing and Communications Systems. Los Alamitos: IEEE Computer Society Press. 781 ~ 786

Meng F M, Li H L, Liu G H. 2012b. Image co-segmentation via active contours. Proceedings of IEEE International Symposium on Circuits and Systems. Los Alamitos: IEEE Computer Society Press. 2773 ~ 2776

Meng F M, Li H L, Liu G H, et al. 2012c. Object co-segmentation based on shortest path algorithm and saliency model. IEEE Transactions on Multimedia, 14 (5): 1429 ~ 1441

Meng F M, Li H L, Ngan K N, et al. 2014. Cosegmentation from similar backgrounds. Proceedings of IEEE International Symposium on Circuits and Systems. Los Alamitos: IEEE Computer Society Press. 353 ~ 356

Michael V D B, Boix X, Roig G, et al. 2015. SEEDS: superpixels extracted via energy-driven sampling. International Journal of Computer Vision, 111 (3): 298 ~ 314

Michaelsen E, Stilla U, Soergel U, et al. 2010. Extraction of building polygons from SAR images: grouping and decision-level in the GESTALT System. Pattern Recognition in Remote Sensing

Moore P D. 1998. Climate change and the global harvest: potential impacts of the greenhouse effect on agriculture. Nature, 393: 33 ~ 34

Moore A, Prince S, Warrell J, et al. 2008. Superpixel lattices. Proc of IEEE Conference on Computer Vision and Pattern Recognition, 1 ~ 8

Moore A, Prince S, Warrell J. 2010. Lattice cut- constructing superpixels using layer constraints. Proceedings of IEEE Conference on Computer Vision and Pattern Recognition, 2117 ~ 2124

Mora B, Tsendbazar N E, Herold M, et al. 2014. Global Land Cover Mapping: Current Status and Future Trends. Land Use and Land Cover Mapping in Europe. Netherlands: Springer. 250 ~ 261

Mukherjee L, Singh V, Dyer C R. 2009. Half-integrality based algorithms for cosegmentation of images. Proceedings of IEEE Conference on Computer Vision and Pattern Recognition. Los Alamitos: IEEE Computer

Society Press. 2028 ~ 2035

Nagao M, Matsuyama T. 1980. A Structural Analysis of Complex Aerial Photographs. Boston: Springer

Olofsson P, Stehman S V, Woodcock C E, Sulla-Menashe D, Sibley A M, Newell J D, Friedl M A, Herold M. 2012. A global land-cover validation data set, part I: fundamental design principles. International Journal of Remote Sensing, 33: 5768 ~ 5788

Olson D M, Eric D, Wikramanayake E D, et al. 2001a. A new map of life on earth. Bioscience, 30 (2): 505 ~ 509

Olson D M, Eric D, Wikramanayake E D, et al. 2001b. Terrestrial ecoregions of the world: a new map of life on Earth. Bioscience, (11): 11

Omernik J M. 1987. Ecoregions of the conterminous United States. Annals of the Association of American Geographers, 77: 118 ~ 125

Pérez-Hoyos A, García-Haro F J, San-Miguel-Ayanz J. 2012. A methodology to generate a synergetic land-cover map by fusion of different land-cover products. International Journal of Applied Earth Observation and Geoinformation, 19 (10): 72 ~ 87

Portolese J, Hart T F Jr, Henderson F M. 1998. TM-based coastal land cover change analysis and its application for state and local resource management needs. Geoscience and Remote Sensing Symposium Proceedings, IGARSS '98, 1998 IEEE International, 882: 882 ~ 884

Qin Q M, Chen S J, Wang W J. 2004. The founding and application of pattern database for building recognition. IEEE International Geoscience and Remote Sensing Symposium

Ran Y H, Li X, Lu L, Li Z Y. 2012. Large-scale land cover mapping with the integration of multi-source information based on the Dempster-Shafer theory. International Journal of Geographical Information Science, 26: 1, 169 ~ 191

Ren X, Malik J. 2003. Learning a classification model for segmentation. Proceedings Ninth IEEE International Conference on Computer Vision, 1: 10 ~ 17

Rother C, Minka T, Blake A, et al. 2006. Cosegmentation of Image Pairs by Histogram Matching-Incorporating a Global Constraint into MRFs. Computer Vision and Pattern Recognition, 1: 993 ~ 1000

Rubio J C, Serrat J, López A, et al. 2012. Unsupervised co-segmentation through region matching. Proceedings of IEEE Conference on Computer Vision and Pattern Recognition. Los Alamitos: IEEE Computer Society Press. 749 ~ 756

Schepaschenko D, McCallum I, Shvidenko A, et al. 2011. A new hybrid land cover dataset for Russia: a methodology for integrating statistics, remote sensing and in situ information. Journal of Land Use Science, 6 (4): 245 ~ 259

Schepaschenko D, See L, Lesiv M, McCallum I, Fritz S, Salk C, Moltchanova E, Perger C, Shchepashchenko M, Shvidenko A, Kovalevskyi S, Gilitukha D, Albrecht F, Kraxner F, Bun A, Maksyutov S, Sokolov A, Dürauer M, Obersteiner M, Karminov V, Ontikov P. 2015. Development of a global hybrid forest mask through the synergy of remote sensing, crowdsourcing and FAO statistics. Remote Sensing of Environment, 162: 208 ~ 220

See L, Schepaschenko D, Lesiv M, McCallum I, Fritz S, Comber A, Perger C, Schill C, Zhao Y, Maus V, Siraj M A, Albrecht F, Cipriani A, Vakolyuk M Y, Garcia A, Rabia A H, Singha K, Marcarini A A, Kattenborn T, Hazarika R, Schepaschenko M, van der Velde M, Kraxner F, Obersteiner M. 2015. Building a hybrid land cover map with crowdsourcing and geographically weighted regression. ISPRS Journal of Photogrammetry and Remote Sensing

Sexton J O, Noojipady P, Anand A, Song X P, McMahon S, Huang C, Feng M, Channan S, Townshend J R.

2015. A model for the propagation of uncertainty from continuous estimates of tree cover to categorical forest cover and change. Remote Sensing of Environment, 156: 418 ~ 425

Shi J, Malik J. 1997. Normalized cuts and image segmentation. Computer Vision and Pattern Recognition, 1997, Proceedings, 1997 IEEE Computer Society Conference

Shi J, Malik J. 2000. Normalized cuts and image segmentation. IEEE Transactions on Pattern Analysis and Machine Intelligence, 22 (8): 888 ~ 905

Singh A. 1989. Review Article digital change detection techniques using remotely- sensed data. International Journal of Remote Sensing, 10 (6): 989 ~ 1003

Singh A, Harrison A. 1985. Standardized principal components. International Journal of Remote Sensing, 6 (6): 883 ~ 896

Sohl T L, Gallant A L, Loveland T R. 2004. The characteristics and interpretability of land surface change and implications for project design. Photogrammetric Engineering and Remote Sensing, 70 (4): 439 ~ 448

Song X P, Huang C Q, Feng M, Sexton J O, Channan S, Townshend J R. 2014. Integrating global land cover products for improved forest cover characterization: an application in North America. International Journal of Digital Earth, 7: 9, 709 ~ 724

Stehman S V, Sohl T L, Loveland T R. 2003. Statistical sampling to characterize recent United States land-cover change. Remote Sensing of Environment, 86: 517 ~ 529

Stehman S V, Olofsson P, Woodcock C E, Herold M, Friedl M A. 2012. A global land-cover validation data set, II: Augmenting a stratified sampling design to estimate accuracy by region and land- cover class. Int J Remote Sens, 33: 6975 ~ 6993

Su L, Wang J, Li X. 2002. Architecture and services of a remote sensing spectral knowledge base. Communications, Circuits and Systems and West Sino Expositions, IEEE 2002 International Conference on, IEEE, 2: 1620 ~ 1623

Sundaresan A, Varshney P K, Arora M K. 2005. Robustness of change detection algorithms in the presence of registration errors. Photogrammetric Engineering and Remote Sensing, 73 (4): 375 ~ 383

Sun J B. 2003. Principles and Applications of Remote Sensing . Wuhan: Wuhan University Press

Tateishi R, Hoan N T, Kobayashi T, et al. 2014. Production of Global Land Cover Data– GLCNMO2008. Journal of Geography and Geology, 4 (1): 22 ~ 49

Tateishi R, Uriyangqai B, Al- Bilbisi H, Ghar M A, Tsend- Ayush J, Kobayashi T, Kasimu A, et al. 2011. Production of global land cover data—GLCNMO. Int J Digit Earth, 4 (1): 22 ~ 49

Townshend J R, Brady M A, et al. 2006. A revised strategy for GOFC- GOLD. GOFC- GOLD Report 24

Townshend J R, Masek J G, Huang C Q, et al. 2012. Global characterization and monitoring of forest cover using Landsat data: opportunities and challenges. International Journal of Digital Earth, 5 (5): 373 ~ 397

Trinder J C, Wang Y. 1998. Knowledge-based road interpretation in aerial images. International Archives of Photogrammetry and Remote Sensing, 32: 635 ~ 640

Tsendbazar N E. 2016. Global land cover map validation, comparison and integration for different user communities. Wageningen: Wageningen University

Tsendbazar N E, de Bruin S, Fritz S, Herold M. 2015. Spatial accuracy assessment and integration of Global Land Cover Datasets. Remote Sensing, 7: 15804

Tsendbazar N E, de Bruin S, Mora B, Schouten L, Herold M. 2016. Comparative assessment of thematic accuracy of GLC maps for specific applications using existing reference data. International Journal of Applied Earth Observation and Geoinformation, 44: 124 ~ 135

Tseng M H, Chen S J, Hwang G H, et al. 2008. A genetic algorithm rule-based approach for land-cover classification. ISPRS Journal of Photogrammetry and Remote Sensing, 63 (2): 202 ~ 212

Turner B L, Meyer W B, Skole D L. 1994. Global land-use land-cover change—towards an integrated study. Ambio, 23: 91 ~ 95

U S Environmental Protection Agency. 1999. Level III ecoregions of the continental United States. National Health and Environmental Effects Research Laboratory, Corvallis, Oregon

Verbesselt J, Zeileis A, Herold M. 2012. Near real-time disturbance detection using satellite image time series. Remote Sensing Environment, 123: 98 ~ 108

Vicente S, Kolmogorov V, Rother C. 2010. Cosegmentation Revisited: Models and Optimization. Lecture Notes in Computer Science. Computer Vision—ECCV 2010. Berlin Heidelberg: Springer

Vicente S, Rother C, Kolmogorov V. 2011. Object cosegmentation. Proceedings of IEEE Conference on Computer Vision and Pattern Recognition. Los Alamitos: IEEE Computer Society Press. 2217 ~ 2224

Vogelman J E, Howard S M, Yang L M, et al. 2001. Completion of the 1990s national land cover data set for the conterminous United States from Landsat thematic mapper data and ancillary data sources. Photogrammetric Engineering and Remote Sensing, 67 (6): 650 ~ 662

Wang S, Siskind J M. 2001. Image segmentation with minimum mean cut. Computer Vision, Proceedings. Eighth IEEE International Conference on, IEEE Xplore, 517 ~ 524

Wang S, Siskind J M. 2003. Image segmentation with ratio cut. Pattern Analysis and Machine Intelligence IEEE Transactions on, 25 (6): 675 ~ 690

Wang Y H, Wang J G, Wang Q. 2010. An expert system for road extraction from remote sensing image. International Symposium on Intelligent Information Technology Application Workshops, IEEE

Weidner U, Förstner W. 1995. Towards automatic building extraction from high-resolution digital elevation models. Isprs Journal of Photogrammetry and Remote Sensing, 50 (4): 38 ~ 49

Wentz E A, Nelson D, Rahman A, et al. 2008. Expert system classification of urban land use/cover for Delhi, India. International Journal of Remote Sensing, 29 (15): 4405 ~ 4427

Wickham J, Homer C G, Vogelmann J E, McKerrow A, Mueller R, Herold N D, Coulston J. 2014. The Multi-Resolution Land Characteristics (MRLC) Consortium-20 years of development and integration of USA national land cover data. Remote sensing, 6: 7424 ~ 7441

Xian G, Homer C. 2009. Updating the 2001 National Land Cover Database imperviousn surface products to 2006 using Landsat imagery change detection methods. Remote Sensing of Environment, 114: 1676 ~ 1686

Xian G, Homer C, Fry J. 2009. Updating the 2001 National Land-Cover Database land coverclassification to 2006 by using Landsat imagery change detection methods. Remote Sensing of Environment, 113 (6): 1133 ~ 1147

Xian G, Homer C, Yang L. 2011. Development of the USGS National Land-Cover Database over two decades. In: Weng Q H (ed) . Advances in Environmental Remote Sensing—Sensors, Algorithms, and Applications. Boca Raton FL: CRC Press. 525 ~ 543

Xie Z, Shi R, Zhu L, Peng S, Chen X. 2017. A change detection method based on cosegmentation. 2017 IEEE International Geoscience and Remote Sensing Symposium (IGARSS)

Xu G, Zhang H, Chen B, et al. 2014. A Bayesian based method to generate a synergetic land-cover map from existing land-cover products. Remote Sensing, 6 (6): 5589 ~ 5613

Yang L, Jin S, Danielson P, et al. 2018. A new generation of the United States National Land Cover Database: requirements, research priorities, design, and implementation strategies. ISPRS Journal of Photogrammetry and Remote Sensing, 146: 108 ~ 123

Yuan D, Elvidge C. 1998. NALC land cover change detection pilot study: Washington D. C. area experiments. Remote Sensing of Environment, 66 (2): 166 ~ 178

Yu L, Wang J, Gong P. 2013. Improving 30 m global land-cover map FROM-GLC with time series MODIS and auxiliary data sets: a segmentation-based approach. International Journal for Remote Sensing, 34 (16): 5851 ~ 5867

Zhang N J, Tateishi R. 2013. Integrated use of Existing Global Land Cover Datasets for producing a New Global Land Cover Dataset with a higher accuracy: a case study in Eurasia. Advances in Remote Sensing, 2: 365 ~ 372

Zhao Y, Peng G, Yu L, Hu L, Li X, Li C, et al. 2014. Towards a common validation sample set for global land-cover mapping. International Journal of Remote Sensing, 35 (13): 4795 ~ 4814

Zheng W, Zeng Z Y. 2004. A review on methods of atmospheric correction for remote sensing images. Remote Sensing Information, (4): 66 ~ 70

Zhu H Y, Meng F M, Cai J F, et al. 2016. Beyond pixels: a comprehensive survey from bottom-up to semantic image segmentation and cosegmentation. Journal of Visual Communication and Image Representation, 34: 12 ~ 27

Zhu L, La Y X, Shi R M, Peng S. 2019a. Land cover spurious change detection using a geo-eco zoning rule base. 2019 IEEE International Geoscience and Remote Sensing Symposium

Zhu L, Sun Y, Shi R M, La Y X, Peng S. 2019b. Exploiting cosegmentation and geo-eco zoning for land cover product updating. Photogrammetric Engineering and Remote Sensing, 85 (8): 597 ~ 611

Zhu L, Wei X Y, Shi R M, 2019c. Fragment polygon removal in incremental land cover map updating. 2019 IEEE International Geoscience and Remote Sensing Symposium